Dr. Sandra Ruzicka

TRAGEERSCHÖPFUNG BEIM PFERD

Wege zu einem tragfähigen Pferderücken

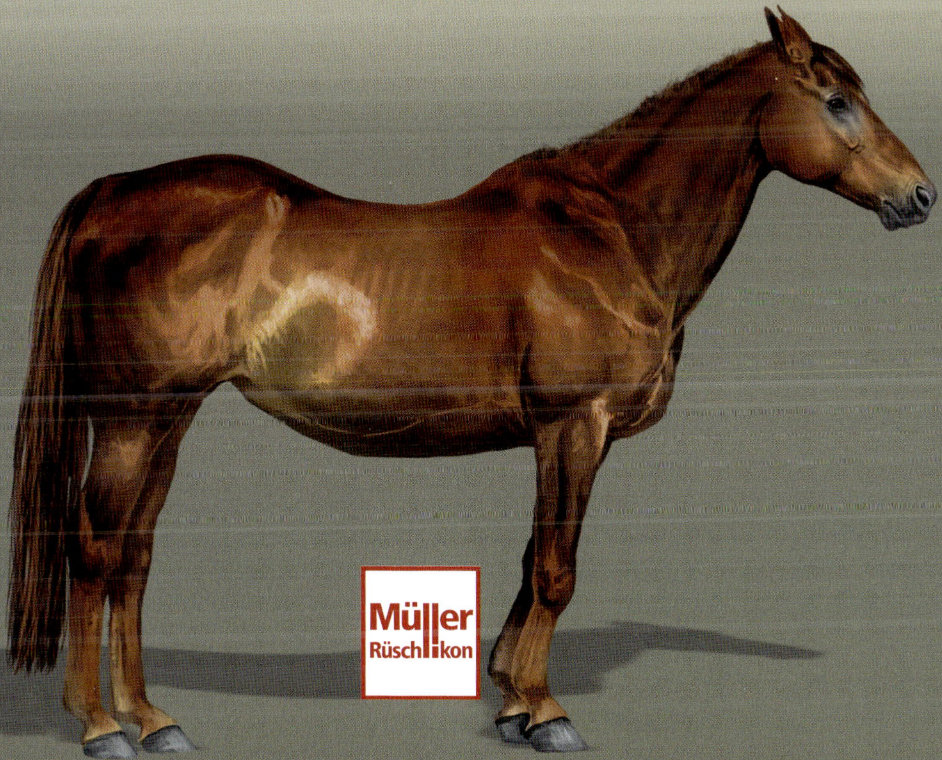

Müller Rüschlikon

IMPRESSUM

Einbandgestaltung: R2 I Ravenstein, Verden
Titelbild: Miriam Grau

Bildnachweis:
Wenn am Bild nicht anders vermerkt, wurde das Artwork von Miriam Grau erstellt.

Mein Dank gilt **Miriam Grau**, die das beeindruckende Artwork zur Veranschaulichung meiner Texte gezeichnet hat.

Dr. Sandra Ruzicka

ISBN 978-3-275-02283-0

Postfach 103743, 70032 Stuttgart
Ein Unternehmen der Paul Pietsch Verlage GmbH & Co. KG

5. Auflage 2026

Sie finden uns im Internet unter
www.mueller-rueschlikon-verlag.de

Lektorat: Claudia König
Innengestaltung: r2 | Ravenstein, Verden
Druck und Bindung: Graspo CZ, 76302 Zlin
Printed in Czech Republic

INHALT

TRAGEERSCHÖPFUNG BEIM PFERD

EIN WORT VORAB

Liebe Leserinnen und Leser,

ich möchte vorab ein paar Dinge zur emotionalen Wirkung von Texten sagen. Es kann vorkommen, dass das geschriebene Wort fehlinterpretiert wird, insbesondere auf der Gefühlsebene. Deshalb möchte ich betonen, dass dieses Buch keineswegs als erhobener Zeigefinger zu verstehen ist. Ich möchte niemanden anklagen, denn ich bin der Überzeugung, dass jeder von uns sein Bestes gibt und das Wohl der Pferde im Fokus hat. Allerdings kann es aufgrund von Unwissenheit zu Handlungen kommen, die ihrer physischen oder psychischen Gesundheit nicht zuträglich sind.

Es ist mir vielmehr ein Anliegen, das Thema der Trageerschöpfung genauer zu durchleuchten. Viele Verhaltensauffälligkeiten und vermeintliche Widersetzlichkeiten haben eine körperliche Ursache. Es wäre unfair, von einem Pferd Leistungen einzufordern, die es aufgrund körperlicher Grenzen nicht erbringen kann. Indem wir die Warnsignale der Überlastung durch Trageerschöpfung besser verstehen, können wir zu verständnisvolleren Pferdemenschen werden und effektive Gesundheitsvorsorge betreiben.

Dieses Buch soll der Wissensvermittlung dienen und uns alle im Sinne der Pferde weiterbringen. Ich jedenfalls habe mir beim Schreiben noch etliche Sinnzusammenhänge verdeutlichen können. Ich werde einige Missverständnisse in der Pferdewelt aufzeigen, insbesondere im Hinblick auf Bewegungsmuster. Bitte versteht es, sollte es euch betreffen, als Anregung zur Veränderung. Fehler sind Teil des Lernprozesses – ohne sie findet keine Entwicklung statt! Dieses Buch soll uns dabei helfen, Anpassungen vorzunehmen und Behandlungs- sowie Trainingsmöglichkeiten aufzeigen. Es bietet Ideen und Richtungen an; es ersetzt jedoch keinesfalls Trainer, Tierärzte oder Therapeuten.

Alle Pferde sind wertvoll und es geht darum, Neutralität zu bewahren – zu beurteilen und nicht zu verurteilen. Auch wenn ich im Folgenden an Fallbeispielen öffentlicher Fotos Symptome von Trageerschöpfung aufzeige, tue ich das nur zur Aufklärung und nicht zur Anschuldigung. Die Wertschätzung gilt auch für uns Menschen. Jeder von uns geht seinen eigenen Weg. Wir sollten genauso wohlwollend und verständnisvoll mit unseren Mitmenschen umgehen wie mit unseren Tieren und vor allem auch uns selbst gegenüber nachsichtig sein. Oft sind wir unser eigener größter Kritiker. Bei mir klappt das nicht immer, aber immer öfter ...

Lasst uns nicht zu Fehlerguckern werden, sondern mit offenem Geist unser volles Entwicklungspotenzial entfalten!

Ich habe dieses Buch nach bestem Wissen und Gewissen verfasst. Obwohl die Abbildungen lediglich der Veranschaulichung dienen und keinen veterinärmedizinischen Standard erreichen, haben wir uns die größte Mühe gegeben, sie möglichst aussagekräftig und fachlich korrekt zu gestalten. Trotzdem möchte ich betonen, dass vor allem auch ich nicht den Anspruch erhebe, fehlerfrei zu sein. Sollten euch Unstimmigkeiten in Text oder Illustration auffallen, würde ich mich über eine Kontaktaufnahme durch meine Internetseite freuen. Auch wenn das Buch bereits von anderen Experten gegengelesen wurde, kann es immer mal wieder vorkommen, dass uns etwas entgangen ist.

Dies ist mein aktueller Ansatz, dieses große Thema bestmöglich zu verstehen und zu vermitteln.

Es steckt mein ganzes Herzblut in diesem Buch. Ich bin gespannt, wie es euch gefällt und wünsche euch viele Aha-Momente beim Lesen.

Liebe Grüße, Sandra

ALLGEMEINE GRUNDLAGEN

Foto: © iStockphoto.com/GlobalP

Bevor wir zum eigentlichen Thema kommen, brauchen wir einige wenige theoretische Grundlagen.

Exterieur

Das Exterieur beschreibt die äußeren Merkmale des Pferdes, sein Gebäude. Es besteht aus zwei Anteilen: dem vererbten und dem erworbenen. Genetische Voraussetzungen und körperliche Entwicklung bilden gemeinsam den aktuellen Zustand. Interessant wird es, wenn man versucht, das individuelle Ideal des jeweiligen Pferdes zu visualisieren. Was ist veränderbar und was nicht? Auf die Länge der Knochen haben wir keinen Einfluss, wohl aber auf ihre relative Ausrichtung.

Die meisten Anzeichen von Trageerschöpfung sieht man aus der lateralen[1] Perspektive. Der Körper erzählt auch ohne Bewegung bereits einiges über vorherrschende Gangbilder, weil sich seine Form in der Art und Weise aufbaut, wie er genutzt wird. Im Rahmen des Buches werden wir uns daher mit der Sichtanalyse, der Adspektion aus der Seitenansicht beschäftigen. Vor Ort betrachtet man typischerweise ebenso von vorn, von hinten und von schräg oben, weil dann auch Aussagen über die Symmetrie getätigt werden können. Außerdem liefern Gangbildanalyse und Abtasten weitere Informationen.

Die Adspektion gibt Aufschluss über die Anordnung von Knochen und Gelenken. Wo liegt der ungefähre Schwerpunkt? Außerdem liefert sie Informationen zu Proportionen, Fundament, Ernährungs- und Gesundheitszustand, Bemuskelung und

1 **lateral**: seitlich gelegen; **medial**: in Richtung der Körpermitte gelegen.

Faszienspannung, Erregungslevel und Ausdruck. Dadurch kann man auch bereits Rückschlüsse auf das Interieur ziehen.

Die meisten Exterieurmerkmale haben einen funktionellen Hintergrund und Einfluss auf die Bewegungsmuster. Der Gesamteindruck ist deshalb so wichtig, weil er auf Stärken und Schwächen schließen lässt. Manche Pferde bringen exterieurbedingt eine höhere Belastbarkeit, ausgeprägtere Versammlungsfähigkeit und größeres Leistungspotenzial mit. Ein Gebäude mit guten Proportionen und regelmäßiger Gliedmaßenstellung erhöht Energieeffizienz und Bewegungsfunktionalität und reduziert den potenziellen Verschleiß.

Aber es gibt nicht das eine perfekte Exterieur. Verschiedene Disziplinen stellen völlig unterschiedliche Anforderungen an den Körperbau. Auch wenn ein Pferd nicht das optimale Gebäude für seine entsprechende Nutzung aufweist – gutes Training, Leistungswille und Kooperationsbereitschaft kompensieren etliche konformationsbedingte Mängel.

Es kommt im Wesentlichen auf die Gangqualität an, denn einhergehend mit den Bewegungen entwickelt sich der Körperbau. Das Exterieur ist nie fertig!

Terminologie der Körperteile

Biotensegrität und Biomechanik

Faszien sind Bindegewebe, die den Körper wie ein durchgehendes Netzwerk umgeben, durchdringen und strukturieren. In ihrer Gesamtheit gelten sie als Bewegungsorgan. Zu ihnen zählen nicht nur die großen flächigen Strukturen, sondern auch Gelenkkapseln, Muskelhüllen, Bänder und Sehnen.

Sie bilden ein Kontinuum, das als *Tensegrity* bezeichnet wird. Dies ist eine Wortkreation aus *tension* (Zugspannung) und *integrity* (Zusammenhalt). Bei Lebewesen spricht man auch von *Biotensegrity* oder Biotensegrität. Ein tensegrales System besteht aus starren und elastischen Elementen, wobei letztere nicht unbedingt dehnbar sein müssen. Der Körper eines Pferdes kann als so eine Spannstruktur verstanden werden, in der Knochen die stabilen Bauteile verkörpern und die Muskeln und Faszien die flexiblen, spannungskreierenden Komponenten sind. Die starren Elemente berühren sich dabei nicht. Durch die Verspannung wird das System in einem stabilen Gleichgewicht gehalten und der Körper kann als komplexe, dynamische Einheit betrachtet werden. Es wird ein Raum aufgespannt, der sich stabil gegenüber Kräften verhält.

Faszien sind neben der Stabilität auch wichtig für die Mobilität, indem sie geschmeidige Muskelbewegungen ermöglichen. Außerdem erfüllen sie diverse andere Aufgaben: Sie spielen eine Rolle im Stoffwechsel und sind Teil der Immunabwehr, da sie als Immunzellenspeicher dienen. Sie schützen Organe und Muskeln und halten sie an ihrem Platz. Darüber hinaus sind Faszien reich an Nervenenden und Rezeptoren – sie leiten sowohl Schmerzen weiter, während sie selbst auch schmerzempfindlich sind.

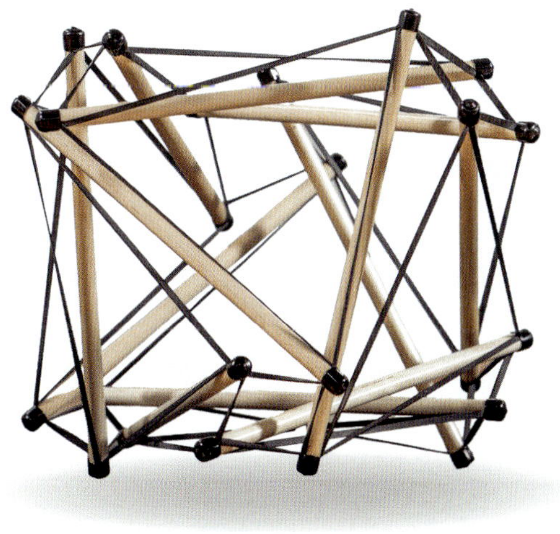

Foto: © iStockphoto.com/CasarsaGuru:

Tensegritätsmodell

Ihre Steuerung läuft über das vegetative Nervensystem. Eine Sympathikus[2]-Aktivierung führt zu einer Erhöhung der Faszienspannung. Deshalb reagieren sie empfindlich auf Stress: Emotionaler Stress kann dazu führen, dass sich die Faszien verkrampfen und verhärten, was durch die enge Verbindung auch zu Muskelverspannungen führt. Körperlicher Stress wie Überlastung oder Übertraining kann zu ihrer Verletzung und Entzündung führen. Auch mangelnde oder immer gleiche Bewegung sowie Dauerdruck können die Faszien zum Negativen verändern. Chronischer Stress verändert ihre Struktur und reduziert die Elastizität; es folgen Funktionsstörungen. All diese stressinduzierten Folgen führen zu Schmerzen im System.

Es gibt zunehmend Hinweise darauf, dass Faszien auch eine wichtige Rolle bei der Verarbeitung von Emotionen und Traumata spielen. Eine Theorie besagt, dass traumatische Erlebnisse im Körper gespeichert werden und sich unter anderem in ebendiesen Bindegeweben manifestieren.

2 Der **Sympathikus** ist der sogenannte „Stressnerv"; der **Parasympathikus** wird als „Ruhenerv" bezeichnet.

Aufgrund dessen, was wir gerade gelernt haben, können sich Verspannungen, Schmerzen und andere körperliche Symptome ergeben.

Werden Bewegungen über ein funktionales, das heißt ein elastisch schwingendes und verschiebbares Fasziennetz stabilisiert und übertragen, wird die auf den Körper wirkende Last auf das gesamte System verteilt. Somit werden Muskulatur als auch Knochenstruktur entlastet. Wenn der Körper optimal funktioniert, werden all seine Strukturen physiologisch belastet. Das reduziert den Verschleiß, spart Energie und optimiert die Effizienz – es entstehen gesunde Bewegungsmuster. Ergo kann tensegrale Gesundheit Verletzungen vorbeugen. Im Umkehrschluss belastet jede verspannte Laufmanier die Biotensegrität und somit den Pferdekörper. Die Qualität der Bewegungsmuster ist daher von absoluter Wichtigkeit.

Dieses Modell erklärt die Wichtigkeit der Mobilität für die Gesundheit: Da jede Bewegung an einer Stelle durch das Spannungsnetz immer auch an alle anderen Regionen weitergeleitet wird, können Verklebungen und Verhärtungen den reibungslosen Ablauf einschränken und zu verschleißenden Bewegungsabläufen sowie infolgedessen zu Verletzungen führen. Durch dieses Kontinuum kann eine Läsion (und die mit ihr einhergehenden Verspannungen und Schonhaltungen) auch weit entfernt vom eigentlichen Ursprungsort Folgeschäden auslösen. Ein kausaler Zusammenhang ist häufig durch diese räumliche Trennung schwer erkennbar.

Ein gesundes System steht dauerhaft unter einer physiologischen[3] Vorspannung und verleiht dem Körper Form und Stabilität. Es spielt eine wichtige Rolle in der Bewegung, da es Spannungskräfte überträgt und ebenso ausgleicht. Energie kann – indem sich das gesamte Netz verformt – gespeichert und wieder freigelassen werden. Beim sogenannten Katapulteffekt befindet sich das System in einem Gleichgewicht aus Energiespeicherung und -abgabe. Werden die faszialen Strukturen gedehnt, schnellen sie anschließend ohne Muskelkraft zurück in ihre Ausgangslage und darüber hinaus, was wiederum die gegenläufigen Strukturen dehnt. Ein Beispiel ist das Zusammenspiel des Nackenrückenbandes mit dem ventralen[4] Längsband. Eine schwingende Wirbelsäule nutzt beide Strukturen, um sich energiesparend zu stabilisieren, indem im dauernden Wechsel immer eine die Energie speichert, während die andere sie freilässt. Der Katapulteffekt ist am funktionalsten, wenn Muskeln und Faszien elastisch sind. Dies hängt wiederum mit dem Zustand der Losgelassenheit zusammen – Stress verspannt! Man könnte sagen: Das Pferd geht in eine Stimmungsvorspannung – im Positiven wie im Negativen. Wie sich das Pferd fühlt, hat unmittelbare Auswirkungen auf die Spannung im tensegralen System. Die Bedeutung von Lernatmosphäre und Beziehung zwischen Fluchttier und Mensch ist auch hier die Basis für verschleißarme Bewegungsabläufe. Der Aufbau von Vertrauen ist eine aktive Gesundheitsvorsorge, denn Bewegungsmuster und psychische Verfassung bedingen sich gegenseitig.

Im Gegensatz zum Modell der Biotensegrität beruht die Biomechanik auf Hebelgesetzen und bezieht diese auf einen lebenden Körper. Dieser wird als Summe seiner einzelnen mechanischen Einheiten betrachtet, auf die bestimmte Kräfte einwirken. Es besteht die Gefahr, dass Bewegung durch falsche Vorstellungen über die

3 Der Begriff „**physiologisch**" beschreibt alles, was im Einklang mit der normalen Funktionsweise des Körpers steht.

4 **dorsal**: rückenseitig, zum Rücken hin oder oben gelegen; **ventral**: bauchseitig, zum Bauch hin oder unten gelegen.

Funktionsweise einzelner Hebel auf bestimmte Körperstellen reduziert wird. So kommt es nicht nur auf die Position der Nasenlinie oder den absoluten Vorgriff des Hinterhufes an; vielmehr geht es darum, wie sich der restliche Körper ausrichtet und schwingt, um diese Idealvorstellungen zu ermöglichen.

Biotensegrität und Biomechanik sind zwei verschiedene Erklärungsmodelle, Bewegungsmechanismen zu beschreiben. Mir gefällt die Idee des vernetzten Kontinuums, um die unterschiedlichen Wechselbeziehungen im Körper zu erklären. Auch Therapieformen und wunderbare Ideen zu inneren Trainingsbildern beruhen meiner Meinung nach auf diesem Modell. Die Biomechanik begründet exterieurbedingte Unterschiede im Bewegungspotenzial. So ist ein längerer Hals oft dehnungsbereiter und die Höhe des Widerrists und die Länge des Rückens haben Einfluss auf das Gangbild. Also werde ich bei den Erklärungen der Bewegungsmodelle auf beide Theorien zurückgreifen und nehme mir somit ein Vorbild an der Physik, in der beide Bereiche koexistieren. Ich finde, die Modelle ergänzen sich hervorragend, um körperliche Zusammenhänge und Bewegungsmuster darzustellen.

Hirschhals

Halsformen

Eigentlich hatte ich das Kapitel über die Halsformen schon ausformuliert, aber es fiel wichtigeren Themen zum Opfer ...

Essenziell für uns sind nur einige wichtige Details: Ein gut bemuskelter Hals zeigt eine schöne Wölbung, hat wenig Unterhalsmuskulatur und verjüngt sich gleichmäßig zum Genick hin. Sowohl skelettale als auch muskuläre Form und auch seine Länge haben Einfluss auf die Bewegungsmuster.

Manche Pferde haben an der Stelle, an der der Hals in den Widerrist übergeht, eine deutliche Kerbe. Sie wird Axthieb genannt. Pferde mit hohem Vollblutanteil zeigen eine Veranlagung dazu.

Der Hirschhals ist die einzige Halsform, auf die ich näher eingehen möchte, weil er durch Trageerschöpfung erworben werden kann. Er sitzt aufgrund einer nach unten verlagerten Halsbasis tief an und geht mit einem Axthieb, einem ausgeprägten Unterhals und einem steilen, kurzen Genick einher. Ein Pferd mit Hirschhals hat Schwierigkeiten, sich im Widerrist zu heben und das Nackenrückenband in eine Funktionalität zu bringen. Es zeigt fast immer eine hohe Kopfhaltung, einen festgehaltenen Rücken und dadurch eine mangelnde Elastizität im Bewegungsablauf.

Vordergliedmaßen

Seitenansicht

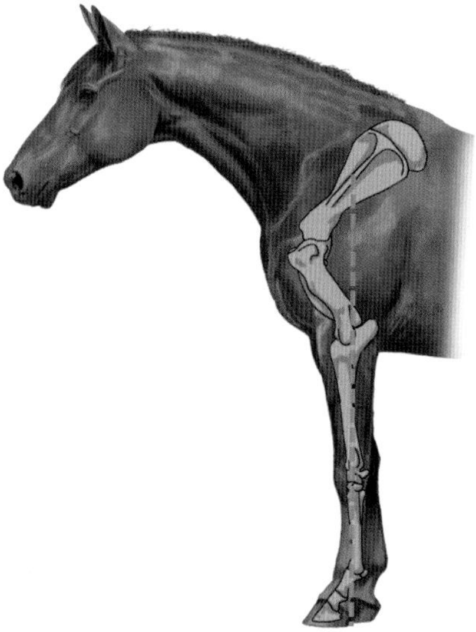

regelmäßig

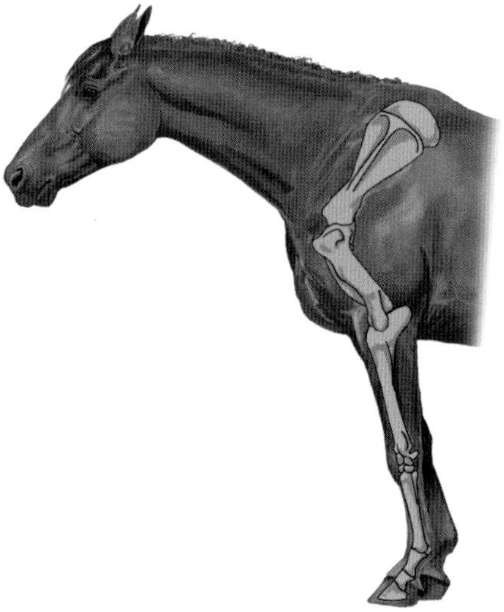

rückständig

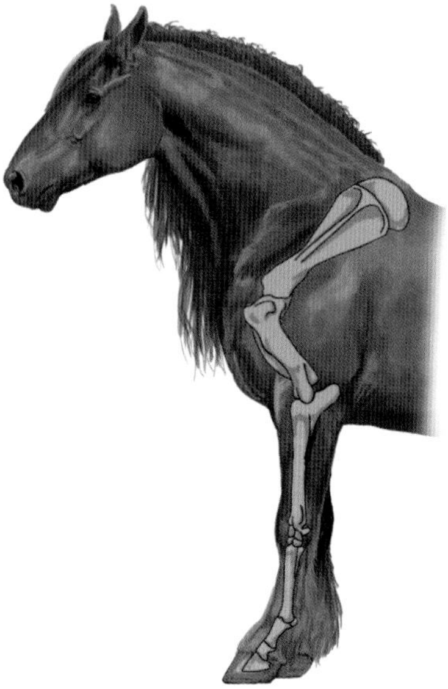

vorständig

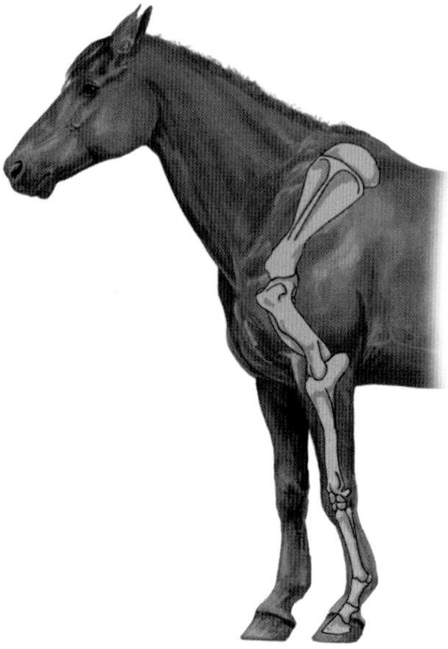

vorbiegig

Die Vorhand trägt bereits beim stehenden, reiterlosen Pferd circa 60 Prozent des Körpergewichts, in der Bewegung und ganz besonders im Moment der Landung nach dem Sprung sogar ein Vielfaches davon. Die wichtigste Funktion der Vorhand ist die eines Stoßdämpfers. Sie ist dafür zuständig, den Abstand zwischen Rumpf und Boden entgegen der Schwerkraft aufrechtzuerhalten.

Um einen Verschleiß möglichst gering zu halten, sollten die Vorderbeine regelmäßig unter dem Pferd stehen, und zwar von der Seite ebenso wie von vorn betrachtet. Im Seitenbild soll ein durch das Ellenbogengelenk gefälltes Lot die Gliedmaße teilen und den Ballen tangierend auf den Boden treffen.

Abweichungen von der regelmäßigen Stellung können sowohl angeboren oder infolge von Fehlbelastung und Erkrankungen erworben sein. Jede Abweichung ist mit vermehrter Belastung der Strukturen verbunden und Fehlstellungen sind irgendwann immer an den Hufen erkennbar. Allerdings bedingt auch die Form der Hufe die Stellung der Gliedmaße. Allgemein kann man sagen: Je schiefer das Bein, desto schiefer der Huf und umgekehrt! Je mehr die Stellung von der regelmäßigen abweicht, desto stärker können degenerative Kräfte potenziell wirken.

Fehlstellungen

Die im weiteren Verlauf des Buches erwähnten Abweichungen von der regelmäßigen Vorhand sind folgende:

Rückständigkeit oder auch Unterständigkeit

Das Bein ist in sich gerade, aber nach hinten – unter den Rumpf – gestellt. In der Realität ist eine geringe beidseitige Rückständigkeit allerdings bei vielen Pferden angeboren. Oft tritt diese in Kombination mit steiler Schulter, steiler Fessel, kurzer Zehe und hohen Trachten auf. Eine einseitige Rückständigkeit immer desselben Beins ist oft einer ausgeprägten körperlichen Schiefe geschuldet.

Vorständigkeit

Das Bein ist ebenfalls in sich gerade, aber insgesamt nach vorne versetzt. Oft sieht man diese Fehlstellung in Kombination mit weicher Fesselung, langer Zehe und flachen Trachten. Achtung! Eine beidseitige Vorständigkeit kann ein Zeichen für eine akute Hufrehe sein. Bei nur einem vorständigen Bein kann das ein Zeichen für eine Stützbeinproblematik sein, also für Schmerzen in diesem Bein.

Vorbiegigkeit

Bei der Vorbiegigkeit ist das Bein in sich nicht gerade, stattdessen liegt das Karpalgelenk vorn, während die Röhre im unteren Bereich nach hinten hin verschoben ist. Diese Fehlstellung kann durch Verletzungen der Beugesehnen, der Fesselträger oder der Gleichbeine verursacht werden oder das Pferd hat Schmerzen im hinteren Teil des Hufs. Oft ist eine Schwellung direkt oberhalb der Fessel vorhanden. Steht das Pferd am Ende des Trainings in dieser Art, ist das ein Warnsignal für Überforderung.

Frontalansicht

Die Vorderbeinstellung ist regelmäßig, wenn ein vom Buggelenk aus gefälltes Lot Gelenke und Huf halbiert.

Bei einer bodenengen Stellungsabweichung liegt das Lot außerhalb, bei einer bodenweiten innerhalb des Beins. Es gibt eine Vielzahl weiterer

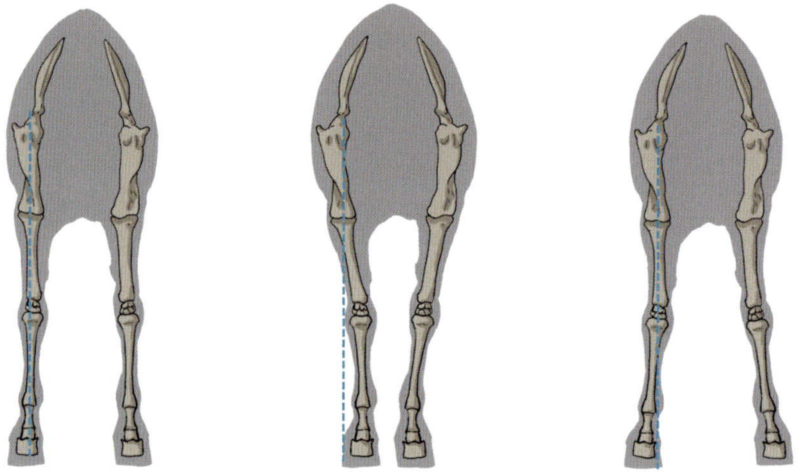

Abweichungsmöglichkeiten, die hier in ihrer Gänze nicht erläutert werden.

Rumpf

Der Rumpf besteht aus zwei Hohlräumen, dem Brustkorb (Thorax) und dem Bauchraum (Abdomen), die durch das Zwerchfell voneinander getrennt sind. Der Brustkorb ist ein knöcherner Käfig, der aus Rippen, dem Brustbein und der Brustwirbelsäule besteht und das Herz, die Lunge sowie die großen Gefäße schützt. Der Bauchraum beinhaltet Organe und große Teile des Verdauungsapparats.

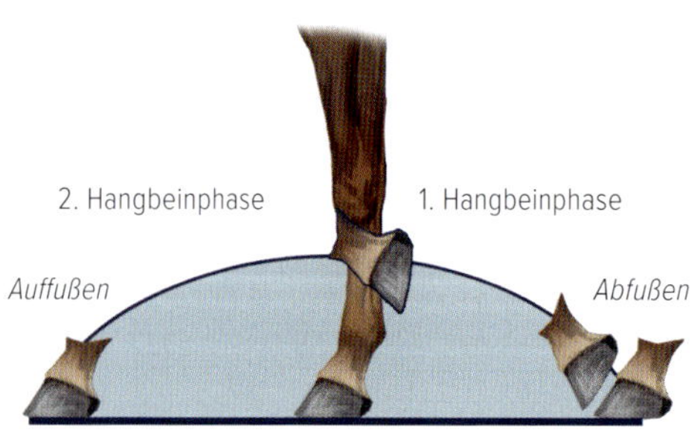

Fußungsphasen

Der Fußungsphasen-Kreislauf lautet: Abfußen[5]; erste Hangbeinphase bis zum Passieren des kontralateralen[6] Beins; zweite Hangbeinphase bis zum Auffußen; erste Stützbeinphase bis die Röhre senkrecht zum Boden steht und zweite Stützbeinphase bis zum erneuten Abfußen.

5 **Abfußen** bezeichnet den Moment, in dem die Gliedmaße den Boden verlässt, **Auffußen** hingegen den erneuten Bodenkontakt.

6 Die Bezeichnung **kontralateral** ist eine anatomische Richtungsbezeichnung und bedeutet, dass sich etwas auf der gegenüberliegenden Körperseite befindet.

Rücken

Der Rücken eines Pferdes bezieht sich auf den Teil der Oberlinie zwischen dem Widerrist und der Kruppe. Seine skelettale Grundlage sind Brust- und Lendenwirbelsäule. Es besteht eine direkte Beziehung zwischen der Form des Rückens und dem Leistungspotenzial des Pferdes. Der Rücken fungiert als Verbindung zwischen dem Hinterhand-Motor und der stoßdämpfenden Vorhand. Beurteilungskriterien sind unter anderem seine Länge, der Verlauf der Rückenlinie, Breite und Bemuskelung.

Bei der Palpation – der Untersuchung durch Abtasten – ist ein gut bemuskelter und druckunempfindlicher Rücken erwünscht. Er sollte frei von Verhärtungen, Dellen, warmen oder kalten Stellen, Triggerpunkten und Wunden sein.

Der Widerrist wird in seiner Form durch die Dornfortsätze der Brustwirbel 3 bis 9 gebildet. Für eine gute Sattellage möchte man einen ausgeprägten, ausreichend hohen und fließend weit in den Rücken hineinragenden Widerrist. Der Widerrist hat als Drehpunkt für das Nackenrückenband Relevanz für die Bewegungsmechanik. Außerdem dient er als Ansatz für Muskeln des Halses, der Schulter und des Rückens. Je länger die Dornfortsätze, desto größer ist der aufwölbende Effekt in der Dehnungshaltung. Außerdem hat das Training des Rumpftrageapparats großen Einfluss auf diese Region – ein trainierter Schultergürtel hebt den Widerrist an, macht ihn breiter und auch länger.

Rückenformen

Der ideale Rücken steigt hinter dem Widerrist in sanftem Bogen über die Lendenpartie zur Kruppe hin an. Er sollte möglichst kräftige, aber elastische Muskulatur aufweisen. Ein funktionstüchtiger Rücken und eine gut trainierte Bauchmuskulatur gehen Hand in Hand. Der ideale Rücken bietet sowohl Mobilität als auch Stabilität. Pferde mit kurzem Rücken stehen meist im Quadratformat[7]. Ihr Rücken gilt als stabiler und belastbarer. Pferde mit

Idealer Rücken

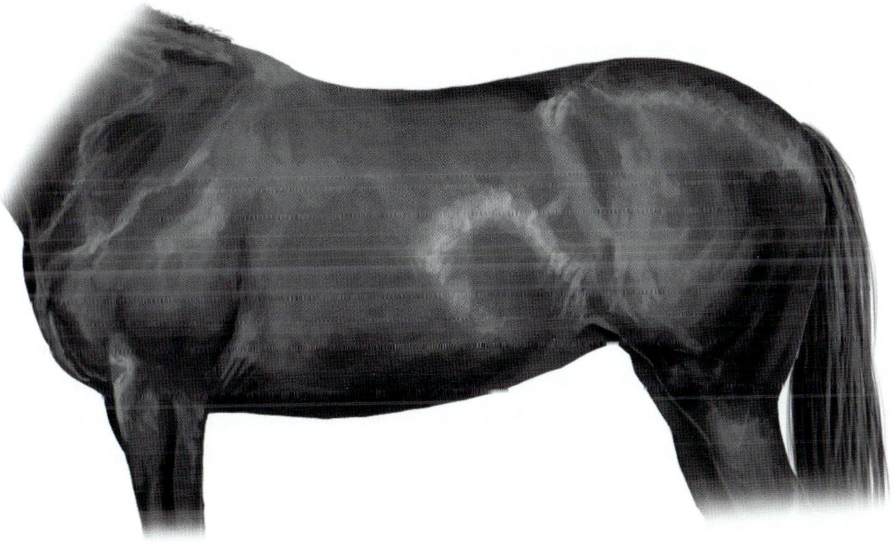

7 **Quadratformat:** Rumpflänge (Bug bis Sitzbeinhöcker) entspricht Stockmaß (Widerristhöhe).
Rechteckformat: Rumpflänge größer als Widerristhöhe.

einem langen Rücken stehen im Rechteckformat. Man sagt dem langen Rücken nach, dass er leichter zum Schwingen gebracht werden kann. Er gilt aber gleichzeitig als instabiler und schwächer im Vergleich zum kurzen Rücken. Das birgt die Gefahr, dass schneller Verschleißerscheinungen auftreten.

Allerdings kommt es bei der Länge signifikant darauf an, wie das Verhältnis von Brust- zu Lendenwirbelsäule ist: Eine lange Brust in Kombination mit einer kurzen Lendenwirbelsäule ist in der Dressur erwünscht, weil sie noch ausreichend Stabilität für die Versammlung mitbringt. Ist der Bereich der Lende im Verhältnis zur Brustwirbelsäule jedoch lang, besitzt der Rücken exterieurbedingt erst mal eine schwache Verbindung zur Kruppe.

Stuten sind häufig in dieser Art gebaut, um ausreichend Platz für ein Fohlen zu bieten. Diese Konformation macht es schwerer, Kraft von der Hinterhand zu übertragen und sie ermüdet schneller. Die Gefahr, die Lendenregion dabei in eine ungesunde Überstreckungssituation zu bringen, ist groß.

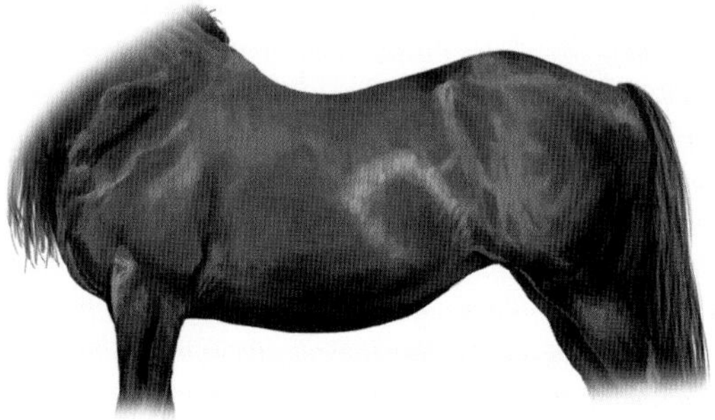

Senkrücken

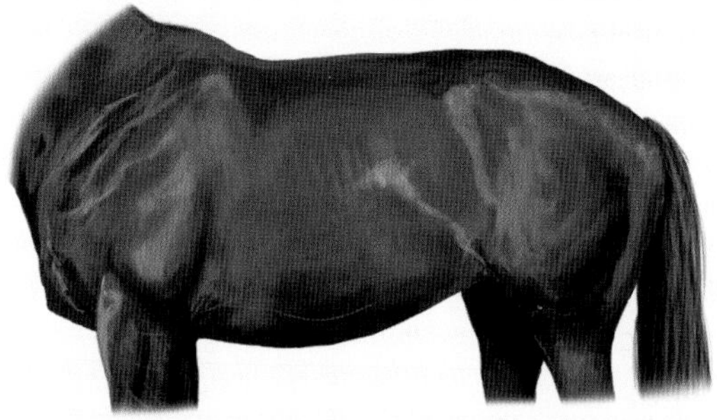

Karpfenrücken

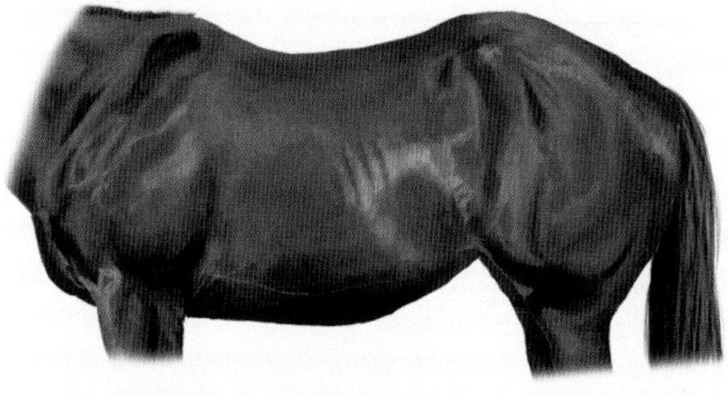

Matter Rücken

Unerwünschte Abweichungen

Es sind Abweichungen der Rückenlinie nach unten oder oben möglich.

Senkrücken

Eine Abweichung der idealen Linie nach unten (Lordose) wird als hohler, weicher Rücken bezeichnet. Der Senkrücken ist selten angeboren, sondern oft erworben. Die Wirbelsäule steht in einer Dauerextensionsstellung; die deformierte Rückenlinie fällt hinter dem Widerrist stark nach unten ab. Sowohl Rücken- als auch Bauchlinie hängen durch. Diese Form ist fast immer mit Rückenschmerzen verbunden. Der Senkrücken ist kraftlos, nur bedingt tragfähig, ermüdet schnell und ist außerdem prädestiniert für Kissing Spines.

Der Senkrücken ist ein typisches Anzeichen für Trageerschöpfung. Die Ursachen sind zum einen ein passives Hängenlassen, zum anderen ein aktives Wegdrücken des Rückens. Falsches, zu frühes oder zu lang andauerndes Training, unpassender Sattel oder häufiger Zuchteinsatz, Übergewicht von Pferd oder Reiter, ungünstige Gebäudevoraussetzungen wie ein langer, schwacher Rücken oder Kalziummangel im Wachstum begünstigen die Ausbildung eines Senkrückens. Auch ist er eine Alterserscheinung besonders bei Hypermobilität.

Karpfenrücken

Beim Karpfenrücken (Kyphose) ist die hintere Brust- und die Lendenwirbelsäule deutlich nach oben gewölbt. Die angeborene Verformung bereitet einem Pferd kaum Probleme. Der geringgradige Karpfenrücken ist kein gravierender Mangel, eher ein Schönheitsfehler. Er gilt als stabil und tragfähig und ermüdet langsam, weswegen er bei manchen Lasttierrassen rassespezifisch ist. Pferde mit einem Karpfenrücken bieten weniger Sitzkomfort, weil diese Rückenform nicht elastisch schwingt. Sie können aber häufig sehr kraftvoll springen.

Allerdings gibt es auch erworbene Formen des Karpfenrückens. Bei einem trageerschöpften Pferd kompensiert der Lendenbereich den abgesackten Rumpf, indem er Gegenzug aufbaut und sich aufwölbt (oft in Kombination mit hochgeschürztem Bauch). Ebenfalls können organische Ursachen im Bauchraum die Bauchlinie hochziehen und den Lendenbereich verspannen.

Matter Rücken

Der Begriff „matter Rücken" bezieht sich auf die Lendenregion. Diese befindet sich dabei in einer Absenkung, einer dauerhaften Extensionsstellung. Die Kraftübertragung der Hinterhand ist stark eingeschränkt, weil der lumbosakrale Übergang mit betroffen ist, und die Kreuzbeinhöcker stehen kantig hervor.

Hintergliedmaßen

Die Hinterhand eines Pferdes setzt sich aus den Hinterbeinen und dem Beckenring zusammen. Unabhängig von der Disziplin, in der das Pferd eingesetzt wird, gilt: Das Kraftzentrum sitzt hinten und die Effizienz ist direkt von Winkelung und Bewegungsmustern abhängig. Knie und Sprunggelenk fungieren als eine funktionale Einheit. Die Hinterhand kann beschleunigend oder bremsend arbeiten und sie kann in der Versammlung Last aufnehmen.

Die ***Spannsägenkonstruktion*** *ist eine Gleichschaltung von Knie und Sprunggelenk, das heißt, dass die Gelenke bei einem gesunden Pferd nicht separat bewegt werden können. Sie ist wichtig für die Fortbewegung und spielt eine Rolle bei der passiven Stehvorrichtung: Das Pferd kann eine Kniescheibe einrasten und so diese Hintergliedmaße immobilisieren. Dies befähigt die andere dazu sich zu entlasten. Der Spannsägenmechanismus ermöglicht eine energiesparende Ruheposition. Optimal nutzbar ist diese geniale Konstruktion für den Katapulteffekt allerdings nur in Kombination mit einem gesunden und trainierten restlichen myofaszialen System.*

Es gibt Hilfslinien, um eine Hinterhand auf Regelmäßigkeit hin zu beurteilen: zum Beispiel ein Lot gefällt vom Sitzbeinhöcker die Länge der Rückseite der Röhre tangierend; die hintere Röhre steht senkrecht zum Boden. Bei der Betrachtung der Hintergliedmaßen von kaudal[8] soll für geringstmöglichen Verschleiß ein von den Sitzbeinhöckern gefälltes Lot Sprunggelenk, Hinterröhre, Fessel und Huf in gleiche Teile teilen.

8 **kaudal** = schweifwärts; **kranial** = kopfwärts.

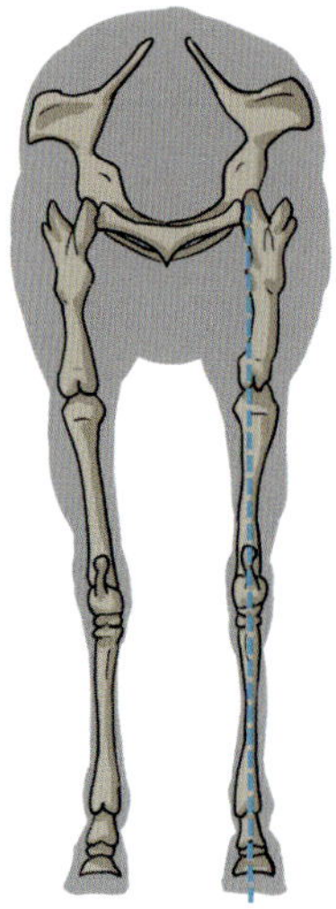

regelmäßig

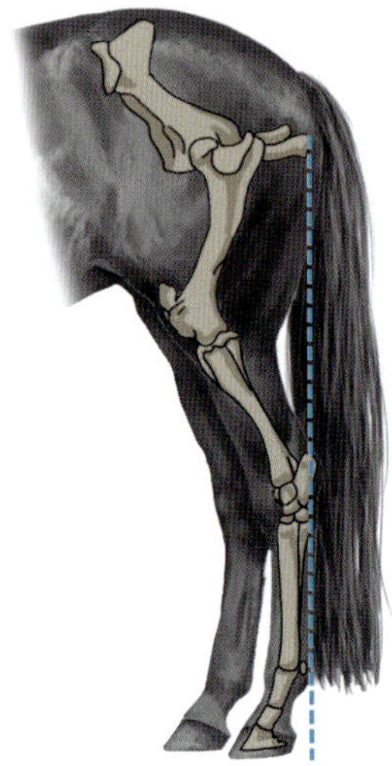

regelmäßig

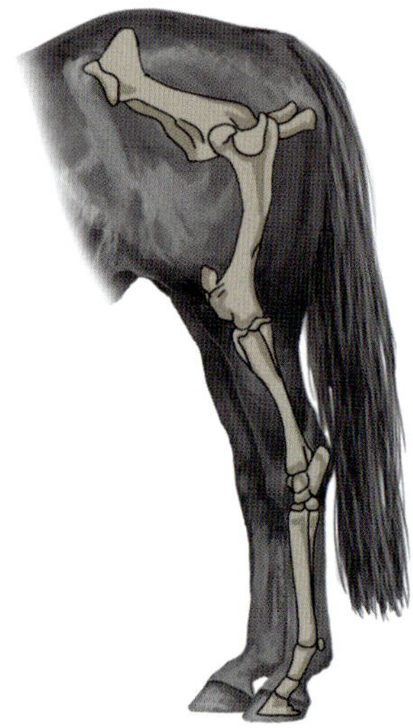

überstreckt

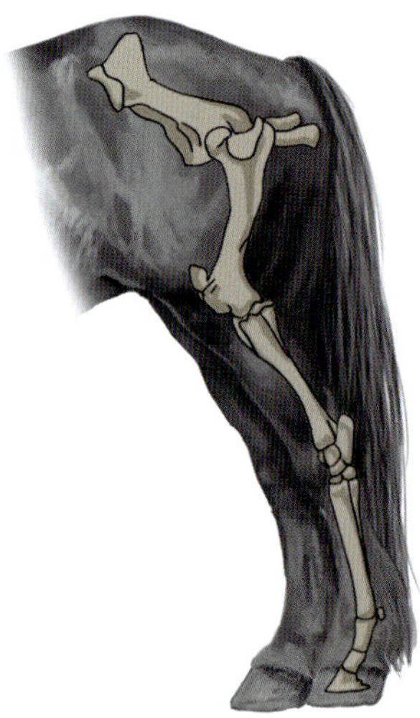

rückständig

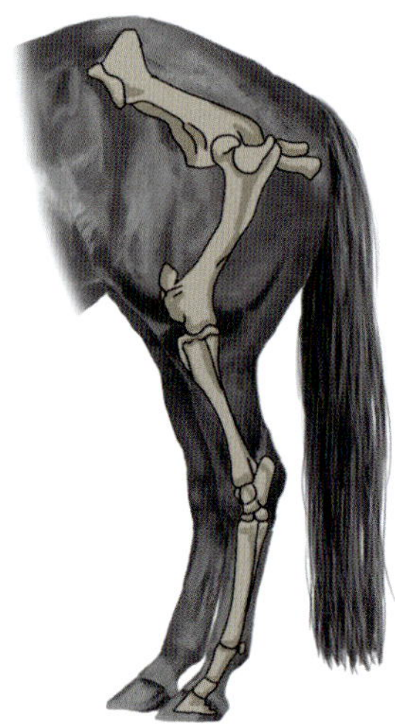

vorständig

Fehlstellungen

Eine **überstreckte** Hintergliedmaße beschreibt eine Stellung, bei der alle Winkel größer als im Ideal sind. Eine **rückständige** Gliedmaße ist nach hinten herausgestellt, eine **vor- oder unterständige** Gliedmaße wird nach vorn unter den Körper positioniert. Alle gehen zulasten von Knie und Sprunggelenk, denn ihre Winkel werden vergrößert. Dadurch steigt ihre Verschleißanfälligkeit. Die drei Fehlstellungen sind Kompensationen, die in Zusammenhang mit Trageerschöpfung auftreten.

Außerdem gibt es **bodenenge und bodenweite** Abweichungen. Diese sind analog zur Vorhand.

Schwerpunktbestimmung

Das Leistungsdreieck liefert eine grobe Idee, wo sich der Schwerpunkt des Pferdes aktuell befindet. Man zieht zwei Linien: eine entlang der Schulterblattgräte (*Spina scapulae*), während die zweite durch Hüfthöcker und Hüftgelenk verläuft. Wichtig zu beachten ist, dass das Pferd möglichst geschlossen stehen sollte, da ansonsten die Winkelungen verfälschen. Ein im Schnittpunkt gefälltes Lot dieser beiden Hilfslinien zeigt den ungefähren Schwerpunkt an. Wenn man es genau nimmt, liegt er natürlich innerhalb des Pferdekörpers auf dieser Linie. Im besten Fall stimmt der Schwerpunkt mit dem antiklinalen Brustwirbel überein und bildet den tiefsten Punkt der Sattellage. Dann hätte das Pferd eine gute Ausgangsposition, einen Reiter zu tragen. Oft liegt der Schwerpunkt allerdings deutlich weiter vorn.

Eine schrägere Schulter oder ein steileres Becken verlagern ihn nach hinten.

*Der **antiklinale Brustwirbel** ist der, dessen Dornfortsatz in senkrechter Position steht. Beim Pferd handelt es sich meist um einen der drei Brustwirbel 14 bis 16. Er ist von daher interessant, da bei ihm die Kipprichtung der Dornfortsätze wechselt. Kranial des antiklinalen Wirbels sind diese schweifwärts geneigt, kaudal davon bis einschließlich der Lendenwirbelsäule ist ihre Neigung zum Kopf hin gerichtet.*

Leistungsdreieck

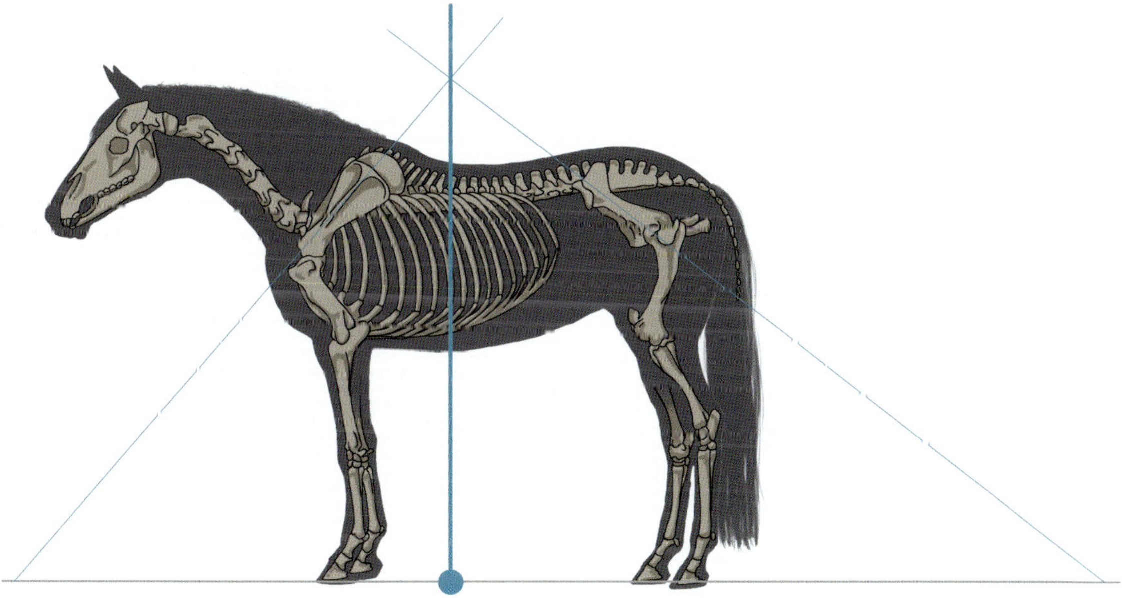

Skelett

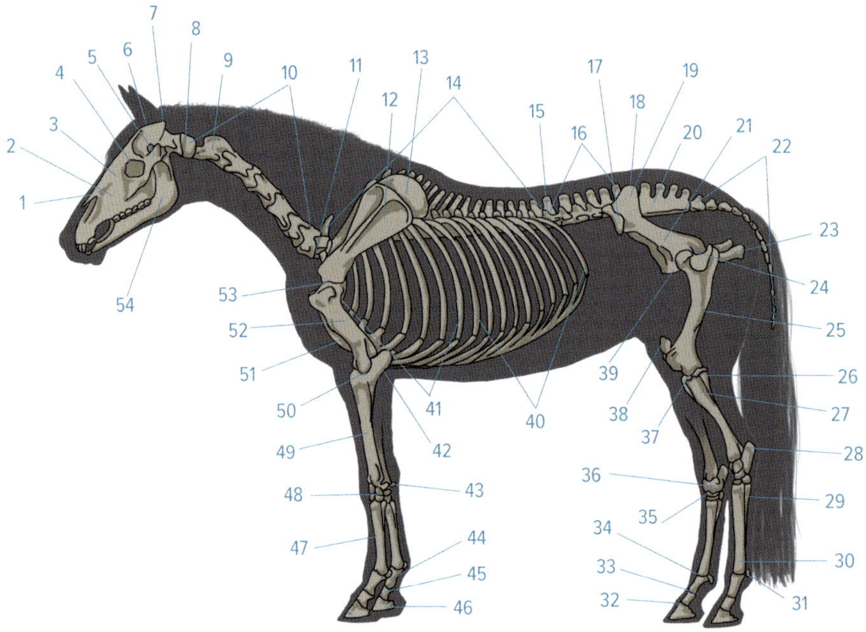

	Bezeichnung	lateinisch
1	Nasenbein	*Os nasale*
2	Oberkiefer	*Maxilla*
3	Hirnschädel	*Cranium*
4	Augenhöhle	*Orbita*
5	Kiefergelenk	*Articulatio temporomandibularis*
6	Scheitelbein	*Os parietale*
7	Hinterhauptbein	*Os occipitale*
8	Kopfträger	*Atlas*
9	Kopfdreher	*Axis*
10	Halswirbel	*Vertebrae cervicales*
11	Cervicothorakaler ÜG	*Articulatio cervicothoracalis*
12	Schulterblatt	*Scapula*
13	Schulterblattknorpel	*Cartilago scapulae*
14	Brustwirbel	*Vertebrae thoracicae*
15	Thorakolumbaler ÜG	*Articulatio thoracolumbalis*
16	Lendenwirbel	*Vertebrae lumbales*
17	Hüfthöcker	*Tuber coxae*

	Bezeichnung	lateinisch
18	Lumbosakraler ÜG	*Articulatio lumbosacralis*
19	Kreuzbeinhöcker	*Tuber sacrale*
20	Kreuzbein	*Os sacrum*
21	Beckenring	*Pelvis*
22	Schweifwirbel	*Vertebrae caudales*
23	Sitzbeinhöcker	*Tuber ischiadicum*
24	Hüftgelenk	*Articulatio coxae*
25	Oberschenkel	*Femur*
26	Wadenbein	*Fibula*
27	Schienbein	*Tibia*
28	Fersenbein	*Calcaneus*
29	Griffelbeine	*Ossa metatarsale* 2 und 4 – vorn *Ossa metacarpale* 2 und 4
30	Röhrbein hinten	*Os metatarsale* 3
31	Gleichbein	*Os sesamoidale proximalia*
32	Hufgelenk	*Articulatio interphalangea distalis*
33	Krongelenk	*Articulatio interphalangea proximales*
34	Fesselgelenk	*Articulatio metacarpophalangea*

	Bezeichnung	lateinisch
35	Sprunggelenk	*Articulatio tarsi*
36	Rollbein	*Talus*
37	Kniegelenk	*Articulatio genus*
38	Kniescheibe	*Patella*
39	Schambein	*Os pubis*
40	Atmungsrippen	*Costae asternal*
41	Tragerippen	*Costae sternal*
42	Ellenbogenhöcker	*Olecranon*
43	Erbsenbein	*Os carpi accessorium*
44	Fesselbein	*Phalanx proximalis – Os compedale*

	Bezeichnung	lateinisch
45	Kronbein	*Phalanx media – Os coronale*
46	Hufbein	*Phalanx distalis – Os ungulare*
47	Röhrbein vorn	*Os metacarpale 3*
48	Vorderfußwurzelgelenk	*Articulatio carpi*
49	Unterarmknochen	*Radius* und *Ulna*
50	Ellenbogengelenk	*Articulatio cubiti*
51	Brustbein	*Sternum*
52	Oberarmknochen	*Humerus*
53	Buggelenk	*Articulatio humeri*
54	Unterkiefer	*Mandibula*

Das Skelett des Pferdes besteht aus über 200 Knochen, paarigen und unpaarigen, deren Anzahl je nach Alter und Rasse variieren kann. Es bildet ein stützendes Gerüst, ermöglicht Fortbewegung und schützt Organe. Gemeinsam mit dem Bindegewebe bildet das Skelett den passiven Bewegungsapparat. Es ist in Kopf, Rumpfskelett (bestehend aus Wirbelsäule, Rippen und Brustbein) und Gliedmaßen unterteilt. Im Gegensatz zu uns Menschen besitzt das Pferd kein Schlüsselbein, weshalb die Hinterbeine und das Rumpfskelett eine funktionale Einheit bilden.

Die verschiedenen Abschnitte der Wirbelsäule haben unterschiedliche Bewegungsmöglichkeiten und die Gesamtbewegung im Rücken kommt durch die Summe aller kleinen Bewegungen zustande, zu der die jeweiligen Wirbelgelenke fähig sind. Dazu zählen Rotation, Seitwärtsbiegung sowie Streckung beziehungsweise Beugung. Die Wirbelkörper der Pferdewirbelsäule haben eine andere Anordnung als die Oberlinie zunächst vermuten lässt, da die Wirbelreihe an tieferer Stelle verläuft und die Dornfortsätze unterschiedlich hoch sind.

Schlüsselstellen

Es gibt zwei anatomische Schlüsselregionen im Körper des Pferdes, die für die Bewegungsmuster von großer Bedeutung sind. Die erste Schlüsselstelle ist die Halsbasis. Diese steht durch ihre Verbindung mit dem Brustkorb in direktem Zusammenhang mit der Tragfähigkeit eines Pferdes.

Die zweite befindet sich im Bereich der Lendenwirbelsäule und ihrer umliegenden Gelenke. Hier entscheidet es sich, in welcher Qualität die in der Hinterhand generierte Energie durch die Wirbelsäule nach vorn geleitet werden kann. Eine optimale Übertragung ist wichtig für eine kraftvolle und effiziente Bewegung. Stabilität und zugleich Flexibilität in diesem Bereich ist daher von großer Bedeutung. Diese Region steht in unmittelbarem Zusammenhang mit der Tragkraft, denn die Energie, die den Rumpf anhebt, wird auch von der Hinterhand zur Verfügung gestellt.

Die Art und Weise, in der sich diese beiden Schlüsselstellen ausrichten, stabilisieren und bewegen, ist von entscheidender Bedeutung für die Art der Bewegungsmuster. Wir werden im Laufe des Buches immer wieder auf sie zurückkommen.

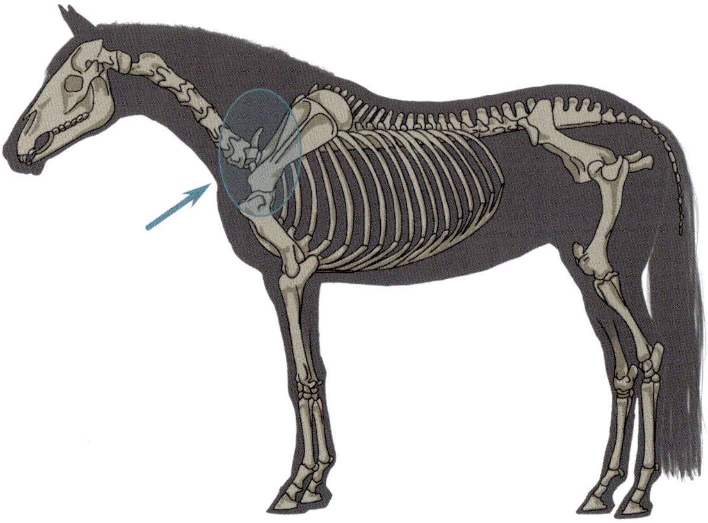

Halsbasis

Der cervicothorakale[9] Übergang (kurz CTÜ) ist eine Schlüsselstelle des Körpers und spielt eine wichtige Rolle in der Pathophysiologie[10]. Anatomisch ist er genau genommen das Gelenk zwischen letztem Halswirbel und erstem Brustwirbel funktional kann man die Halsbasis vom fünften Hals- bis zum fünften Brustwirbel zusammenfassen. Bei angehobenem Kopf ist sie die tiefste Stelle der Wirbelreihe und bildet die untere Krümmung der S-Kurve, die die Halswirbelsäule beschreibt. Sie befindet sich – außer beim Grasen – anatomisch bereits in einer Strecksituation. Der Bereich gilt als instabil und als potenzielle Schwachstelle, weil hier der beweglichste Teil der Wirbelsäule in einen deutlich unbeweglicheren übergeht und es kein von ventral unterstützendes Band gibt. Durch die unmittelbare Verbindung mit dem Brustkorb hat dessen vertikale Ausrichtung direkten Einfluss auf die Halsbasis: Ein Anheben, wie es in gesunden Bewegungsabläufen geschieht, reduziert die Lordose in der unteren Halswirbelsäule, dehnt den Hals und entlastet den gesamten Bereich.

***Beugung** wird auch Flexion genannt und meint ein Aufwölben des Rückens und verlängert (divergiert) alles in Oberlinie und Wirbelsäule. Es wird auch der Begriff „Kyphose“ verwendet. Die **Streckung** ist eine Extension und meint das Nach-unten-Biegen von Wirbelsäule und Oberlinie in eine Hohlkreuzsituation. Diese wird auch als Lordose bezeichnet und geht mit einer Verkürzung (Konvergenz) der Wirbelsäule einher, auch wenn das etwas verwirrend von der Wortwahl her ist.*

9 **cervico**: zum Hals gehörend,
thorakal: zum Brustkorb gehörend.

10 **Pathophysiologie** bezeichnet die Funktionsweise des Körpers unter krankhaften Veränderungen. Dabei wird die Pathologie, also die Lehre von den krankhaften Veränderungen am Körper mit der Physiologie, der Lehre von der normalen Funktionsweise des Körpers kombiniert. Die Pathophysiologie untersucht, welche Funktionsmechanismen zu der krankhaften Veränderung führen und wie sich der Körper unter diesen Bedingungen verhält.

Wenn bei der Trageerschöpfung der Thorax allerdings absinkt, verstärkt sich die Extension im CTÜ. Dann wird die Halsbasis überstreckt (die S-Kurve verstärkt sich) und in Richtung Boden verschoben. (In diesem Fall bezieht sich „Streckung“ auf das weitere Verschärfen des Knicks des CTÜs, nicht auf ein Verlängern des Halses.) Eine Hyperextension in diesem Bereich führt zu regionalen Kompressionen und der erhöhte Druck kann eine Entzündung (Arthritis) der Zwischenwirbelgelenke und schließlich eine knöcherne Veränderung (Arthrose) verursachen, die zu Schädigungen wie der Einengung des Wirbelkanals, der Zwischenwirbellöcher und dadurch auch der dort austretenden Nerven (insbesondere des *Plexus brachialis*, des großen Armgeflechts) und Blutgefäße führen kann. Das wiederum beeinflusst die Reizweiterleitung negativ und kann zu Funktionsstörungen wie einer verzögerten Muskelantwort und Beeinträchtigung der Bewegungsmuster führen. Außerdem verspannt der Unterhals.

Ein großer Teil der Pferde weist schmerzhafte, knöcherne Veränderungen im Bereich der Halsbasis auf. Diese stehen in Verbindung mit Schäden an vorderen Gliedmaßen und Rücken. Typische Symptome sind Taktunreinheit, Stolpern und Stürze, Ataxie, verkürzte und unkoordinierte Bewegungen bis hin zu Lähmungen der Vorhand sowie Rittigkeitsprobleme, insbesondere bei Biegung und Losgelassenheit. Darüber hinaus können Blockaden der ersten Rippe und Atemprobleme beobachtet werden. Eine weitere Folge ist die Pseudonarkolepsie. Durch Blockaden der Halsbasis sacken dem Pferd die Beine weg, sobald es eine gewisse Halshöhe unterschreitet.

Tests

Führen an lockerem Strick auf gerader Linie und Beobachten von vorn: Pendelt der Hals gleichmäßig zu beiden Seiten?

Seitliche Beweglichkeit: Langsam durch sanften Zug am Halfter den Hals in einem weiten Bogen biegen – repetitive (wiederholbare) Ausweichbewegungen mit der Hinterhand deuten auf eine Schmerzproblematik hin.

Ein sanftes Greifen des Muskelursprungs des Kopf-Arm-Muskels lässt auf Schmerzen im Bereich der Halsbasis schließen, wenn das Pferd Ausweich- oder Abwehrreaktionen zeigt.

Schweißbild beachten: Schwitzt nur der Unterhals, ist das ein Indiz für unphysiologische Bewegungsabläufe und Probleme am CTÜ.

Palpation: Werden beim Abtasten Wärmeunterschiede, Druckdolenz und Schwellungen gefunden, können sie Anzeichen für Schwierigkeiten sein.

Sollte nach diesen Tests die Vermutung bestehen, dass dein Pferd Probleme in der Halsbasis hat, konsultiere bitte einen Fachmann.

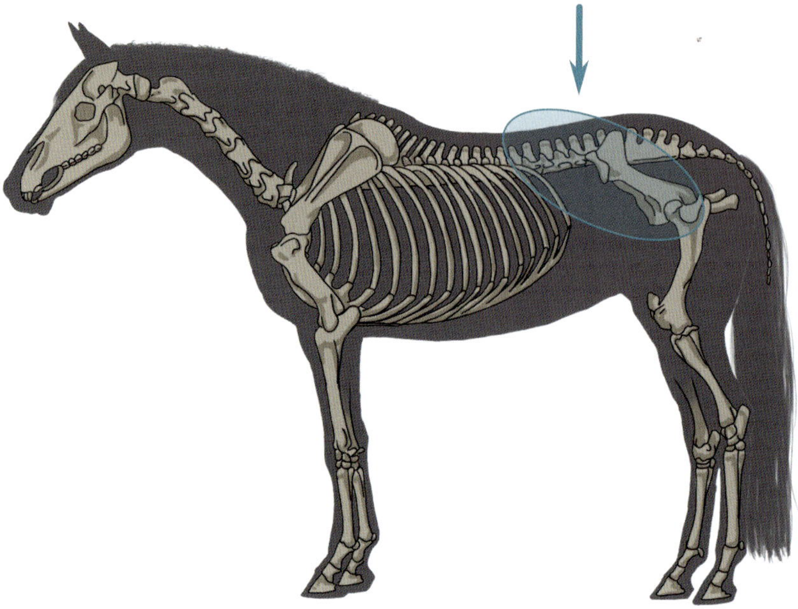

Becken-Lenden-Region

Die Becken-Lenden-Region, wie ich sie definieren möchte, startet beim antiklinalen Wirbel. Sie umfasst die letzten Brustwirbel, den thorakolumbalen Übergang, die Lende, den lumbosakralen Übergang (LSÜ), das Kreuzbein, die Iliosakralgelenke und das Becken. Sie agiert als eine funktionale anatomische Einheit im Bewegungsablauf und bildet den „hinteren Hebel". Die Aufgabe dieser Region ist, die Kraftübertragung zu gewährleisten. Die Art und Weise, in welcher sich dabei die einzelnen Bausteine zueinander ausrichten, ist maßgeblich entscheidend für die Qualität des Bewegungsmusters in Hinblick auf Effizienz und Verschleißanfälligkeit.

Wirbelsäulenabschnitte haben unterschiedliche Bewegungsspielräume. Diese hängen stark davon ab, wie stabil der entsprechende Bereich sein muss: Der gesamte Bauchraum ist von unten an der Lendenwirbelsäule befestigt. Bei erhöhter Geschwindigkeit bestünde die Gefahr eines Aufschaukelns. Die Wirbelsäule würde überdimensional strapaziert werden und Schaden nehmen. Um das zu verhindern, ist die Lendenwirbelsäule durch lange und breite Dorn- und Querfortsätze sehr unbeweglich. Tatsächlich ist sie der Abschnitt der Wirbelsäule mit der geringsten Mobilität, denn nur eine relativ starre Struktur kann die Energie der Hinterhand adäquat nach vorn transportieren. In ihr sind fast ausschließlich Streckung und Beugung möglich.

Das Kreuzbein verknöchert erst im sechsten Lebensjahr. Das hat Einfluss auf die Belastbarkeit junger Pferde: Eine zu frühe oder auch zu starke Belastung führt unweigerlich zu kompensatorischen Körperhaltungen und verschleißenden Bewegungsmustern, weil das Kreuzbein noch eine gewisse Beweglichkeit aufweist. Die Kreuzbeinflügel bilden über die Iliosakralgelenke eine Verbindung mit dem Beckenring. Diese sind sehr stabil, weil ihre Mobilität durch straffe Bänder eingeschränkt ist. Physiologisch ist der Winkel zwischen Kreuzbein und Becken so gut wie fix – beide bewegen sich simultan. Durch Verletzungen und verschleißende Bewegungsmuster kann sich das allerdings etwas verschieben.

Der lumbosakrale Übergang (kurz LSÜ) verbindet Lendenwirbelsäule und Kreuzbein und gilt als eine der Schlüsselstellen des Bewegungsablaufs. In ihm ist eine Beugung von bis zu 20 Grad möglich. Der Übergang befindet sich genau vor der höchsten knöchernen Struktur der Kruppe, den Kreuzbeinhöckern. Beim Abtasten ist er als Zwischenraum direkt davor tastbar, weil die Dornfortsätze der Lendenwirbelsäule kopfwärts und die des Kreuzbeins schweifwärts geneigt sind. Da nur eine gekoppelte Bewegung zwischen Kreuzbein und Iliosakralgelenken möglich ist, führt ein Öffnen des lumbosakralen Übergangs zu einem Senken des kaudalen Endes des Sakrums und das wiederum zwangsläufig zu einem Steilerstellen des Beckens. Allerdings können Becken und Kreuzbein auch ohne dass der LSÜ sich weit öffnet steiler kippen. Wie genau das möglich ist und was der Unterschied für die Bewegungsmuster bedeutet, erkläre ich euch später. Ihr könnt euch aber schon mal merken: Was der LSÜ macht, ist von entscheidender Bedeutung für die Gangqualität!

Muskulatur

Allgemeines und im Folgenden Wichtiges

Das Pferd hat über 500 Muskeln, von denen die meisten paarig angelegt sind. Sie sind über Sehnen mit dem Skelett verbunden und machen je nach Trainingszustand etwa die Hälfte des Körpergewichts aus. Die Skelettmuskulatur ist Teil des aktiven Bewegungsapparats und wird hauptsächlich zur Energiegenerierung verwendet. Die Muskeln des Pferdes dienen vor allem der Fortbewegung, aber sie können auch andere Funktionen ausführen, wie beispielsweise die Unterstützung der Atmung, das Schließen von Körperöffnungen und die Organtätigkeit.

Training führt zu einer Belastung der Muskulatur, auf die sie mit Anpassung reagiert, indem sie an Masse und Kraft zunimmt. Allerdings ist es essenziell zu beachten, dass sie eine Regenerationsphase benötigt, um sich aufzubauen. Ein Übertraining kann dazu führen, dass die Muskulatur nicht ausreichend Zeit zur Erholung hat und sie sich trotz eines großen Trainingspensums sogar abbaut.

Für den Katapulteffekt befinden sich beim Pferd unterhalb des Vorderfußwurzelgelenks und Sprunggelenks keine Muskeln, sondern nur Sehnen und Bänder.

Es gibt sehnige und fleischige Muskulatur. Die verschiedenen Strukturen sind für unterschiedliche Funktionalitäten geschaffen: Sehnig durchzogene Muskulatur dient eher Statik und Haltearbeit, während fleischige Muskulatur für Dynamik zuständig ist. Essenziell für gesunde Gangbilder ist, dass die Bewegungsmuskeln ihrer Aufgabe nachkommen können! Da beispielsweise der lange Rückenmuskel fleischig aufgebaut ist, gehört er zu diesen. Er wird nur dann zum Haltemuskel, wenn andere Teile des Körpers nicht funktionell arbeiten können.

Die Rückenmuskulatur des Pferdes besteht aus kurzen und langen Muskeln. Die kurzen Muskeln liegen näher an der Wirbelsäule, spielen eine wichtige Rolle bei der Stabilisierung des Rückens und sind für die Feinabstimmung der Körperhaltung notwendig. Die langen Muskeln hingegen sind für die großen Bewegungen des Pferdes verantwortlich.

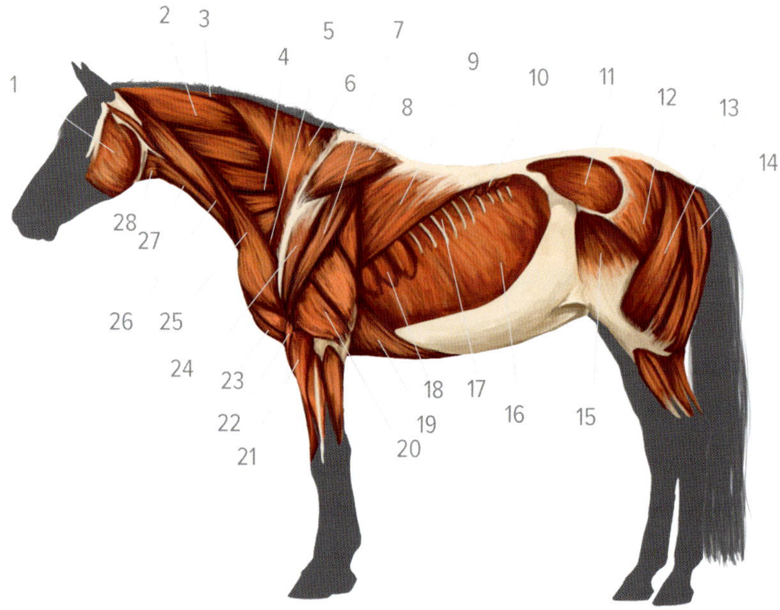

	Bezeichnung	lateinisch
1	Äußerer Kaumuskel	*M. masseter*
2	Riemenmuskel	*M. splenius*
3	Rautenmuskel	*M. rhomboideus*
4	Halsteil unterer gesägter Muskel	*M. serratus ventralis cervicis*
5	Unterschlüsselbeinmuskel	*M. subclavius*
6	Halsteil Trapezmuskel – Kapuzenmuskel	*M. trapezius pars cervicis*
7	Deltamuskel	*M. deltoideus*
8	Brustteil Trapezmuskel – Kapuzenmuskel	*M. trapezius pars thoracis*
9	Breiter Rückenmuskel	*M. latissimus dorsi*
10	Oberer gesägter Muskel	*M. serratus dorsalis*
11	Mittlerer Kruppenmuskel	*M. glutaeus medius* (von Faszie überdeckt)
12	Oberflächlicher Kruppenmuskel	*M. glutaeus superficialis*
13	Zweiköpfiger Oberschenkelmuskel	*M. biceps femoris*
14	Halbsehniger Muskel	*M. semitendinosus*
15	Spanner der Schenkelfaszie	*M. tensor fasciae latae*
16	Äußerer schräger Bauchmuskel	*M. obliquus externus abdominis*
17	Äußere Zwischenrippenmuskeln	*Mm. intercostales externi*
18	Brustteil unterer gesägter Muskel	*M. serratus ventralis thoracis*

	Bezeichnung	lateinisch
19	Tiefer Brustmuskel	*M. pectoralis profundus*
20	Dreiköpfiger Oberarmmuskel	*M. triceps brachii*
21	Äußerer Speichenmuskel	*M. extensor carpi radialis* (funktionaler Beuger)
22	Ellenbogenbeuger und Buggelenksstrecker	*M. brachialis*
23	Oberflächlicher Brustmuskel	*M. pectoralis superficialis descendens*
24	Unterer Grätenmuskel	*M. infraspinatus*
25	Schulter-Querfortsatz-Muskel	*M. omotransversarius*
26	Arm-Kopf-Muskel	*M. brachiocephalicus* (zusammengesetzt aus *M. cleidomastoideus* und *M. cleidobrachialis*)
27	Brustbein-Unterkiefer-Muskel	*M. sternomandibularis*
28	Brustbein-Zungenbeinmuskel	*M. sternohyoideus*

Die Muskelgenetik eines Pferdes ist angeboren und kann nur geringfügig verändert werden. Daher ist es sinnvoll, ein Pferd immer nur mit sich selbst zu vergleichen.

Muskelspannungen

Speck und Muskeln sind auf den ersten Blick nicht leicht zu unterschieden. Nur weil ein Pferd einen kräftigen Hals und eine ausgeprägte Kruppe hat, bedeutet das nicht automatisch, dass es gut bemuskelt ist. Es kann auch einfach nur zu dick sein.

Gesunde, funktionale Muskulatur ist elastisch, gut durchblutet und leistungsbereit, sie ist weder hyper- noch hypoton[11]. Im Gegensatz dazu ist Kompensationsmuskulatur verspannt und verhärtet oder auch schlaff und mit zu wenig Tonus versehen. Ist Muskulatur dauerhaft verkürzt, werden die sich in ihr befindlichen Gefäße verengt, die Durchblutung eingeschränkt und der Stofftransport reduziert. Dadurch sinkt die Nährstoffversorgung und Stoffwechselabfallprodukte werden nicht ausreichend abtransportiert; die Muskulatur beginnt zu schmerzen, da sie mit der Zeit übersäuert.

Die Schmerzen wiederum führen zu Bewegungseinschränkungen und diese langfristig zu einem Verlust von Muskelmasse. Es kommt zu Atrophie in den betroffenen Bereichen und leider ist dieses Absterben von Muskelzellen irreversibel. Dauerhaft verkürzte Muskulatur verliert ihre Kraft, ermüdet schneller und ist eingeschränkt in ihrer Funktion – andere Strukturen kompensieren, das heißt übernehmen die entsprechenden Aufgaben und werden ihrerseits überlastet. Außerdem führen permanente Muskelverspannungen zu einer Störung im Gleichgewicht mit ihren Gegenspielern.

Die ***reziproke Hemmung*** *ist ein physiologischer Prozess, der eine wichtige Rolle bei der Bewegungssteuerung und Koordination spielt. Sie gewährleistet, dass sich im Gegenspielerprinzip einzelne Muskeln oder funktional synergetisch arbeitende Ketten nur abwechselnd zusammenziehen können. Wenn ein Muskel kontrahiert, hemmt er automatisch den antagonistischen Muskel, der für die entgegengesetzte Bewegung verantwortlich ist, indem er ihn entspannt. Dadurch können sich Muskeln bewegen, ohne sich gegenseitig zu behindern.*

11 **hyperton**: erhöhter Muskeltonus, verspannt; **hypoton**: erniedrigter Muskeltonus, schlaff.

Muskelverspannungen können die reziproke Hemmung stören und zu eingeschränkter Beweglichkeit führen. Daher ist es wichtig, die Flexibilität und das Zusammenspiel der Muskeln zu fördern, um eine optimale Funktion des Bewegungsapparats zu gewährleisten.

Um Muskelverspannungen bei Pferden vorzubeugen oder zu behandeln, ist es wichtig, die Ursachen zu identifizieren und gezielt anzugehen. Sie können aufgrund einer Vielzahl von Faktoren entstehen, sind also meist multikausal. Zu den möglichen Ursachen gehören unpassende Ausrüstung, Sitzfehler des Reiters oder nicht pferdegerechtes Training sowie zu wenig freie Bewegung. Ein weiterer Faktor sind unphysiologische Bewegungsmuster und Körperhaltungen, in denen allein schon das Stehen unnötig energieaufwendig ist. Auch Muskelschwächen – insbesondere Instabilität aufgrund von Hypermobilität – können Verspannungen auslösen.

Myopathien[12] wie beispielsweise PSSM oder futterbedingte Übersäuerung können ebenso eine Rolle spielen wie Gliedmaßenfehlstellungen oder Schmerzen. Auch Magnesiummangel kann Verspannungen auslösen. Neben körperlichen Ursachen kann Stress durch Missverständnisse in der Kommunikation zwischen Pferd und Reiter zu Muskelverspannungen führen, da dieser den Fluchtinstinkt aktiviert.

Dorsale und ventrale Kette

Muskeln arbeiten nicht isoliert, sondern in myofaszialen[13] Ketten. Eine mögliche Einteilung differenziert in Strecker- und Beugerkette. Das Verhältnis ihres Zusammenspiels hat Auswirkungen auf Körperhaltung und Gangbilder.

Die sogenannte Streckerkette wird auch dorsale Kette genannt, was ihrer Lage oberhalb der Wirbelsäule geschuldet ist. Sie reicht vom Hinterkopf über die gesamte Oberlinie und schließt ebenfalls die Rückseite der Hinterhand bis hinunter zum Huf mit ein. Sie bildet eine synergistisch arbeitende funktionale Einheit und ist für die Streckung der Wirbelsäule verantwortlich. In Gefahrensituationen wird sie vom Sympathikus aktiviert, um eine schnellstmögliche Flucht zu gewährleisten. Erkennbar ist die Verkürzung der Oberlinie unter anderem an der Position des Schweifes, da dieser das Ende der Wirbelsäule bildet. Bei Flucht oder hohem Erregungszustand ist er aufgestellt.

Die Beugerkette, auch ventrale Kette genannt, beugt die Wirbelsäule und stabilisiert diese von unten. Sie ist der Gegenspieler zur dorsalen und verläuft an der Unterseite der Halswirbelsäule bis über den Halsansatz, und vom Brustbein über die Bauchmuskeln bis hin zu Becken und Lende. Die ventrale Kette wölbt die Wirbelsäule auf, indem sie die Unterlinie verkürzt. Einige der anatomischen Beuger habe ich bewusst weggelassen, weil es mir um die funktionelle Anatomie gesund erhaltender Bewegungsmuster geht. Der Kopf-Arm-Muskel beispielsweise ist rein anatomisch in seiner Wirkweise durchaus als Beuger zu bezeichnen; in verschleißfreien Bewegungsmustern soll er allerdings seiner Funktion als Beweger der Vorhand nachkommen. Dies wird verhindert, wenn er beidseitig kontrahiert, was zum Beugen des Halses geschieht, oder wenn er als Hilfstragemuskel aktiv werden muss.

12 **Myopathie:** Erkrankung der Muskulatur

13 Der Begriff „**myofaszial**" beschreibt die Verbindung zwischen Bindegewebe und Muskeln, die gemeinsam eine funktionale Einheit bilden.

Die Anzahl der an der Streckerkette beteiligten Muskeln überwiegt die der Beugerkette bei Weitem. All diese Muskeln müssen in der Lage sein loszulassen, damit die Muskeln der ventralen Kette aktiv werden können. Das ist nur möglich, wenn die Oberlinie nicht durch Stress dauerhaft verspannt und quasi festgestellt ist und dann die reziproke Hemmung die Funktionalität der Unterlinie blockiert.

Gut ausgebildete Reitpferdemuskulatur

Bestenfalls arbeiten beide Muskelketten in einem ausgeglichenen Verhältnis, in dem keine von beiden (auch die Beugerkette nicht) prominent ist.

Die Abbildungen sind zur Veranschaulichung stark vereinfacht dargestellt und zeigen weder exakte Ursprünge, Ansätze noch Verläufe der Muskulatur!

Reitpferdemuskulatur

Durch Training in gesunden Bewegungsmustern kann die sogenannte Reitpferdemuskulatur entwickelt werden. Diese ist harmonisch und gleichmäßig ausgebildet. Sie ermöglicht es dem Pferd, einen Reiter ohne Schaden tragen zu können. Korrekte Ausbildung eines Pferdes ist an dessen Körper ablesbar.

Besonders aussagekräftig ist die Oberlinie, die lang und rund, aber nicht kantig, wirken sollte. Eine gut bemuskelte und gewölbte Oberhalsmuskulatur sowie eine Wirbelsäule, die zwischen den Muskelsträngen eingebettet ist, sind dabei essenziell (natürlich der jeweiligen Genetik entsprechend). In Bewegung ist ein abwechselndes An- und Abspannen in der Sattellage erkennbar.

Ein harmonischer Lendenschluss, eine rund geformte Kruppe, kräftige Brustmuskulatur und ein straffer Bauch sind ebenfalls von funktionaler Bedeutung; die Bauchmuskulatur ist athletisch, aber nicht verspannt. Der Widerrist sollte gut bemuskelt sein, nicht hervorstehen oder Kuhlen aufweisen. Auch der Umriss der Oberkante des Schulterblatts ist nicht deutlich sichtbar und der Unterhals ist weich. Die Sitzbeinmuskeln sind nicht scharf abgegrenzt oder überproportional ausgebildet, es sei denn, es handelt sich um ein Rennpferd im voll konditionierten Trainingszustand.

Alle Muskeln, insbesondere die des Rückens, sollten elastisch sein und keine Schmerzen anzeigen. Die Oberlinie wirkt lang und prominent, die Unterlinie im Vergleich dazu eher geschlossen. Ein ausgeglichenes Verhältnis von Muskulatur in Vor- und Hinterhand sowie eine möglichst symmetrische Ausbildung auf beiden Seiten sind ebenfalls wichtige Merkmale für eine gut ausgebildete Reitpferdemuskulatur.

TRAGE-ERSCHÖPFUNG

Kommen wir zum eigentlichen Thema dieses Buches. Trageerschöpfung ist derzeit in aller Munde, allerdings handelt es sich nicht um eine Modeerscheinung, denn betroffene Pferde gab es schon immer. Wahrscheinlich wird ihre Anzahl jedoch durch moderne Reiterei und aktuelle Zuchtziele verstärkt. Und leider sind sie nicht die Ausnahme, sondern eher die Regel – der weitaus größte Teil der Tiere zeigt Symptome.

Aber warum ist Trageerschöpfung so schwer zu erkennen? Pferde gleichen einen Mangel an Tragkraft auf individuelle Weise aus, wodurch sich etliche Kompensationsvarianten ergeben. Trageerschöpfung ist bei Pferden weit verbreitet, jedoch kann sie aufgrund der Vielfalt der möglichen Veränderungen des Exterieurs und der Folgeschäden nicht leicht identifiziert werden. Trageerschöpfung sieht nicht immer gleich aus!

Fluch und Segen zugleich ist: **Das Exterieur des Pferdes ist nie fertig!** Das bedeutet, dass der Körper sich in dauernden Umbauprozessen befindet. Seine Entwicklungsrichtung kann das jeweils individuelle Ideal, oder aber – unter ungünstigen Bedingungen – das trag**UN**fähige Exemplar sein. Die rechte Abbildung auf der nächsten Seite zeigt ein tragkräftiges Pferd, in der linken ist das trageerschöpfte Exemplar der Titelseite zu sehen. Prinzipiell sind beide Potenziale in jedem Pferd vorhanden.

Wir haben das Cover bewusst so provokativ gestaltet, um die Aufmerksamkeit auf die weit fortgeschrittene Trageerschöpfung zu lenken. Es ist deutlich zu erkennen, dass das Pferd große Schwierigkeiten hat, allein sein eigenes Gewicht zu tragen und nicht nach vorn umzufallen. Selbst Laien sehen, dass diese Körperhaltung nicht funktional ist. Tatsächlich stehen Pferde in dieser fortgeschrittenen Form auch nicht mehr in der Art mit der Vorhand; vielmehr stehen sie die meiste Zeit in einer Schrittstellung und gleichen so den verlagerten Schwerpunkt etwas aus, weil das vordere Bein nach hinten stemmen kann. Da das aber lange nicht mehr so spektakulär aussieht, haben wir uns für diese Variante entschieden. Obwohl das Wort „TrageERSCHÖPFUNG" verharmlosend wirken mag, beschreibt es doch einen ernsthaften Zustand.

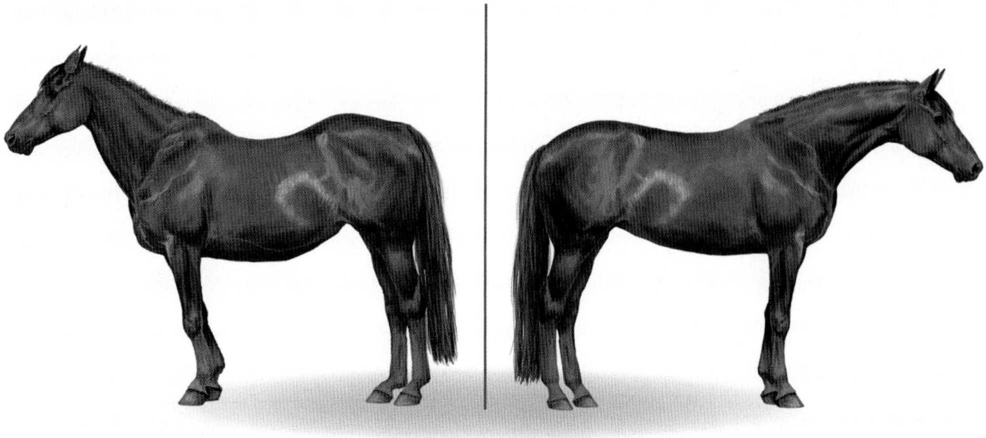

Körperliche Potentiale ins Positive wie ins Negative

Fakt ist: Trageerschöpfte Pferde sind nicht in der Lage, einen Reiter zu tragen, ohne sich selbst dabei zu schaden. Sie haben vielmehr schon genug Schwierigkeiten mit ihrem eigenen Gewicht. Das Pferd ist nicht einfach nur müde; es besteht ein grundlegendes Problem, das sich nicht allein durch eine Erholungspause regenerieren wird.

Der Name ist zunächst unabhängig von der Ursache, denn Trageerschöpfung muss nicht zwingend durch das Tragen eines Reiters, sondern kann auch schon durch falsches Tragen des eigenen Rumpfes entstehen. Wenn dann noch unser Gewicht obenauf kommt, wird die Entwicklung in die falsche Richtung rapide beschleunigt.

Da der Begriff der Trageerschöpfung sich aber mittlerweile etabliert hat, wird er dennoch verwendet. Synonyme dafür sind Trageermüdung, Toplinesyndrom und myofasziale Dysbalance. Trageerschöpfung ist ein Syndrom – eine Gruppe von Symptomen, die gemeinsam auftreten, deren Ursache aber schwer zu erkennen ist. Die Trageerschöpfung ist keine Erkrankung im eigentlichen Sinn, sondern eher ein zugrunde liegendes Problem, das diverse Folgeschäden hervorrufen kann.

Es handelt sich hierbei um einen Oberbegriff für Schonhaltungen, die auf einem Mangel an Tragkraft beruhen. Insbesondere handelt es sich um eine – durch eine chronische Überlastung entstandene – Fehlentwicklung der Rumpfträger und die anschließend erfolgenden Kompensationen des restlichen Gebäudes. Durch Mobilitätseinschränkungen und Ausgleichsbewegungen entwickeln sich dauerhaft ungesunde und verschleißende Gangbilder, die es dem Tier unmöglich machen Last aufzunehmen, die seine Leistungsfähigkeit negativ beeinflussen, und die unsere geliebten Partner vorzeitig altern lassen. Dieser Zustand ist zumindest beim Reiten, aber in vielen Fällen leider auch dauerhaft schmerzvoll und führt immer zu pathologischen Spätfolgen!

Trageerschöpfung ist ein chronischer Zustand und wird als schleichender Prozess oft erst spät erkannt. Ein Problem ist, dass sie kein diagnostischer Begriff ist: Oft wird ein Tierarzt für eine Folgeerscheinung von Trageerschöpfung gerufen, aber die Ursachen liegen an ganz anderer Stelle. Solange diese nicht behoben werden, wird es immer wieder zu einem ähnlichen Schaden oder auch Problemen an anderen Stellen kommen. Leider kapituliert der Pferdekörper irgendwann.

Obwohl die Trageerschöpfung ab einem bestimmten Stadium nicht mehr vollständig reversibel ist – wenn Strukturen unwiderruflich in Mitleidenschaft gezogen wurden –, kann man die Situation in der Regel verbessern. Im Folgenden werden wir uns mit Symptomen und Ursachen, Blickschulung für die Qualitätsbeurteilung von Körperhaltungen und Bewegungsmustern und dem Erstellen eines Rehabilitationsprogramms beschäftigen.

Zusammenhänge

Natürlich sehen die Muskeln reell anders aus; sie sind flächiger und voluminöser und so schön bunt sind sie auch nicht.

Zum Rumpftrageapparat gehörige Muskulatur

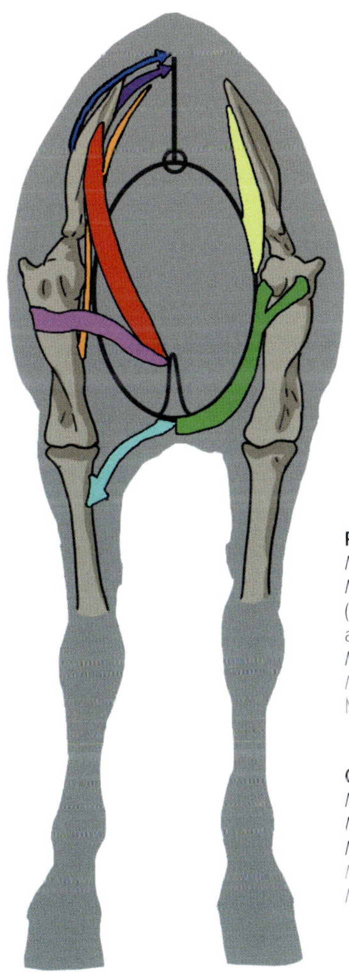

Rumpfträger
M. serratus ventralis – unterer gesägter Muskel
Mm. pectoralii – Brustmuskeln
(oberflächlicher querverlaufender, oberflächlicher absteigender und tiefliegender)
M. subclavius – unterer Schlüsselbeinmuskel
M. sternomandibularis – Brustbein – Unterkiefer-Muskel

Gliedmaßenträger
M. trapezius – Trapezmuskel
M. rhomboideus – Rautenmuskel
M. latissimus dorsi – breiter Rückenmuskel
M. brachiocephalicus – Arm-Kopf-Muskel
M. omotransversarius – Schulter-Hals-Muskel

Warum kann es überhaupt zur Trageerschöpfung kommen?

1. **Das Pferd hat kein Schlüsselbein.**
Dieses würde bei einer Landung nach dem Sprung der Belastung nicht standhalten und brechen. Außerdem würde eine knöcherne Verbindung dem Pferd die nötige Flexibilität im Schultergürtel nehmen.

2. **Stattdessen ist der Rumpf über Weichteilgewebe zwischen den Vorderbeinen aufgehängt.**
Dies nennt sich Rumpftrageapparat beziehungsweise thorakale Muskelschlinge und besteht aus Sehnen, Bändern, Muskeln, und Faszien. Zum Rumpftrageapparat gehören die Rumpfträger (Muskeln, die den Brustkorb aufhängen) und die Gliedmaßenträger (diese verbinden die Schultergliedmaße mit dem restlichen Körper). Hauptträger ist der untere gesägte Muskel, der *Musculus serratus ventralis*.

3. **Das Fehlen des Schlüsselbeins dient der Stoßdämpfung.**
Ist das myofasziale System des Schultergürtels trainiert und vereint Elastizität mit Stabilität, ist es in der Lage, die auf den Rumpf wirkenden Kräfte federnd wie ein Trampolin durch einen funktionalen Katapulteffekt abzufangen und umzuleiten.

4. **Ist der Rumpftrageapparat in seiner Funktion eingeschränkt, geht das zulasten der Stoßdämpfung.**
Ist ein physiologisches Schwingen in der thorakolumbalen Schlinge nicht möglich, werden die einwirkenden Kräfte direkt auf die Vordergliedmaße übertragen, was deren Belastung vor allem im unteren Bereich erhöht.

5. **Der Rumpf sackt zwischen den Schulterblättern ab und hängt dort fest. Von diesem Moment an bezeichnet man die Situation als Trageerschöpfung.**
Wenn Verspannungen im Rumpftrageapparat entstehen, fixieren sie den Brustkorb in der tiefen Position.

6. **Der Schwerpunkt verlagert sich nach vorn.**
Immer! Auch wenn die Pferde temporäre Ausgleichsbewegungen machen, weil sie den Gleichgewichtsverlust als unangenehm empfinden.

7. **Kompensationen im restlichen Gebäude folgen.**

Wichtigster Rumpfträger – *M. serratus ventralis*

Die stärkste Verbindung zwischen Rumpf und Vordergliedmaßen – und damit der Hauptträger des Brustkorbs und ein wichtiger Teil des Schultergürtels – ist der untere gesägte Muskel (*M. serratus ventralis*). Er besteht aus einem Hals- und einem Brustteil. Sein Ursprung liegt an der oberen Innenseite des Schulterblatts und der thorakale Anteil inseriert ebenfalls am Schulterblattknorpel. Der halswärtige Teil zieht von dort aus an die unteren vier Halswirbelquerfortsätze, der zur Brust hin gelegene Teil zu den Tragerippen (1 bis 8). Beide Teile sind fächerförmig angelegt. Der thorakale Teil ist mit mehreren Streifen sehnig durchsetzt, was eine Haltarbeit erleichtert und ihn analog der Faszientherorie energieeffizient federn lässt.

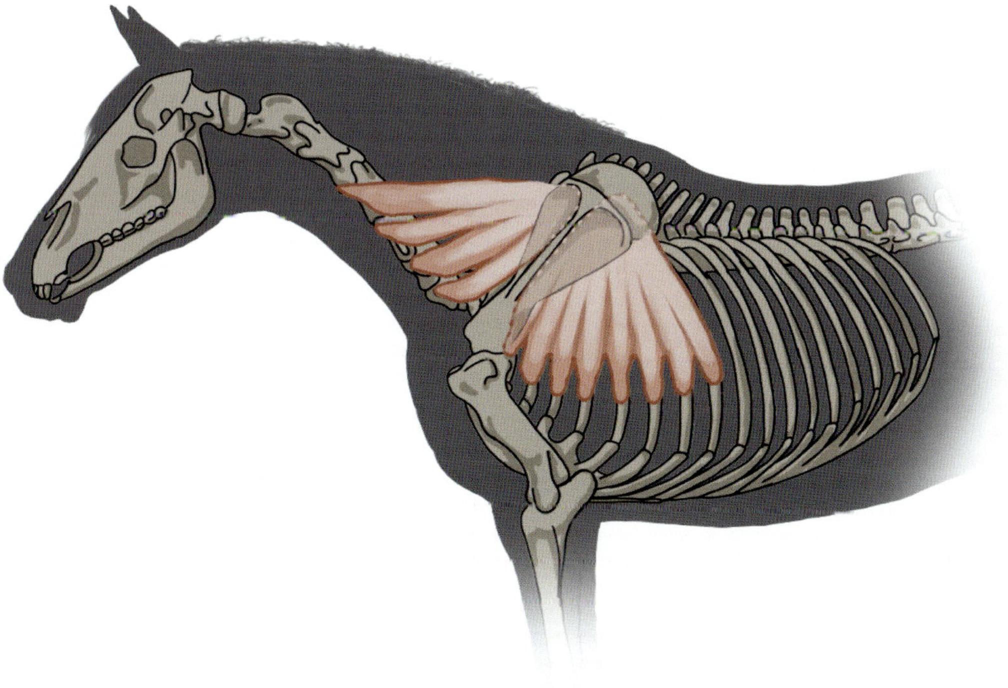

Der gesägte Muskel fungiert in trainiertem Zustand in seiner Funktion als Hauptrumpfträger als Stoßdämpfer der Vorhand. Durch seine Elastizität schützt er ihre unteren Strukturen vor unphysiologischer Belastung, indem er Erschütterungen in der Stützbeinphase abpuffert. Die Fesseln müssen nicht so weit durchfedern, was eine direkte Entlastung von Zehengelenken, Beugesehnen und Fesselträgern bedeutet.

So hat er eine Hebefunktion inne, die effektiv den Brustkorb und damit den Widerrist anheben kann. Dies ist eine unbedingte Voraussetzung für gesunde Bewegungsmuster. Außerdem stabilisiert er das Schulterblatt. Ist der Brustanteil schmerzhaft verspannt, kann das eine Ursache für Sattel- oder Gurtzwang sein. Er unterstützt als Hilfsinspirator zusätzlich die Einatmung.

Der Halsteil kann – einen gedehnten Hals vorausgesetzt – als Halsträger die Halsbasis in der Beugung unterstützen. Dadurch ergibt sich eine Beteiligung an der Halswölbung. Eine CTÜ-Blockierung führt durch die Verbindung über diesen Rumpfträger zu einer Rotation der Schulterblätter in der Art, dass ihre Oberkanten kopfwärts gezogen werden – das stellt sie steiler und die Sattellage direkt dahinter fällt ein.

Ein gut trainierter *M. serratus ventralis* arbeitet federnd elastisch, lässt Pferde im Stockmaß wachsen und hebt die Halsbasis an.

Vertikale Beweglichkeit des Thorax zwischen den Schultern

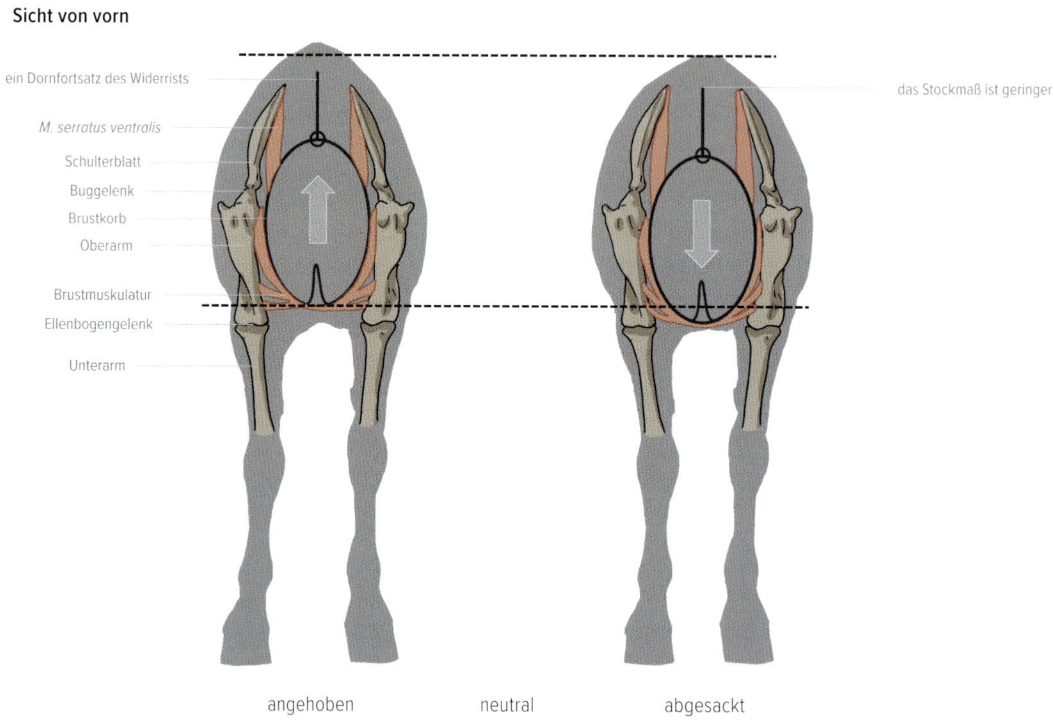

Für ein besseres Verständnis kann man die Höhe des Brustkorbs zwischen den Schulterblättern in drei Stufen unterteilen. Die neutrale Position hat keine eigene Abbildung. Sie liegt zwischen der angehobenen und der abgesackten. Sie entspricht der Rumpfhöhe eines untrainierten, gesunden Pferdes. Um diese Rumpfhöhe herum federt ein Pferd mit dem Brustkorb in der Bewegung. Kommt nun Reitergewicht oder auch eine andere Belastung hinzu (oder ruht es und lässt sich entspannt hängen), dann sackt der Brustkorb in eine tiefere Position ab. Dort unten ist nur leider kein elastisches Federn mehr möglich. Beim Ruhen braucht es das auch nicht, wohl aber, um Belastung in Bewegung auszugleichen.

Dann gibt es noch eine weitere Position: In dieser ist der Rumpf aktuell aktiv angehoben oder so gut trainiert, dass er sich die meiste Zeit auf dieser höheren Stufe befindet (zum Ruhen im Stand verlagert sich der Rumpf immer noch nach unten). Kommt nun Belastung hinzu, sinkt der Brustkorb in diesem Fall nur bis zur neutralen Stufe hinunter und die Bewegungen bleiben physiologisch.

In der ersten Variante mit Belastung schwingt das Pferd in Bewegung nach unten, in der zweiten schwingt es nach oben. Natürlich sind diese drei Positionen nicht fix, sondern die Übergänge zwischen ihnen fließend. Man könnte sagen, dass alle Pferde eine natürliche Trageschwäche zeigen. Jedes untrainierte Tier ist zunächst trageschwach, was das Tragen eines Reiters angeht.

Absacken in der Schiefe

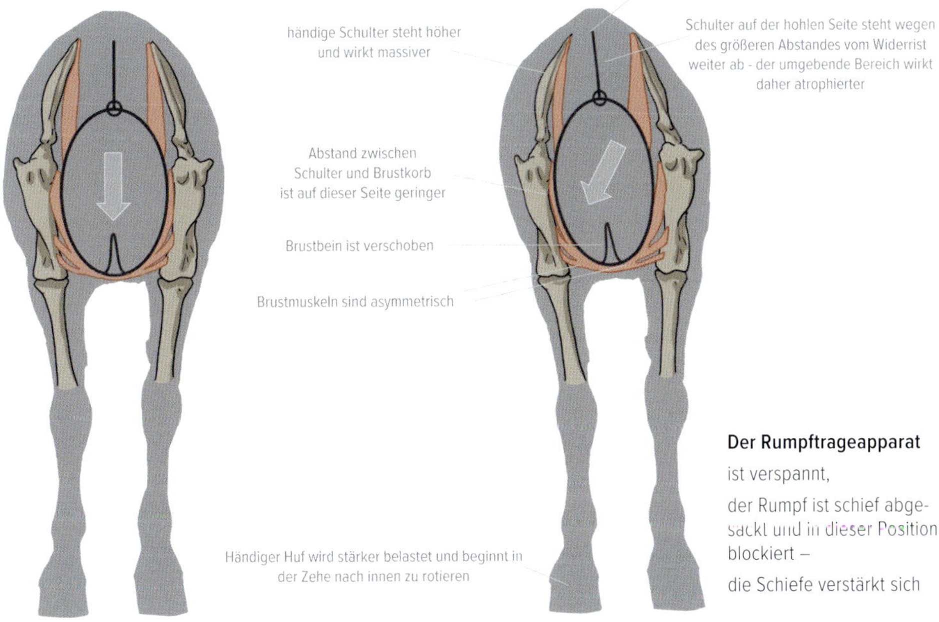

Zur Trageerschöpfung kommt es nun, wenn der Rumpf in der abgesackten Position fixiert wird. Was zunächst temporär beginnt – nach Beenden der Belastungssituation hebt sich der Thorax wieder zurück auf das ursprüngliche Niveau – wird schnell dauerhaft. Da es dem untrainierten Pferd in diesem Bereich an Muskelstärke fehlt, wird der Brustkorb unter Belastung nach unten verlagert. In der tiefen Position ist kein physiologisches Schwingen im myofaszialen System möglich, weil es zu Dehnungsschmerz kommt. In Folge verspannt der Rumpftrageapparat und der Brustkorb wird festgestellt. Das ist übrigens auch ein Grund, warum man Pferde sorgfältig auf das Reiten vorbereitet, dieses nur bedachtsam steigert und viel Wert auf die Körperhaltung legt.

Das Absacken geschieht in der Regel nicht exakt vertikal nach unten, sondern unter einer Verstärkung der Schiefe. Typische Folgen sind der Abbildung zu entnehmen.

Kompensationskette einer Trageerschöpfung

Trageerschöpfung verändert die gesamte Körperhaltung. Es gibt keine exakte chronologische Reihenfolge und auch die Ausgleichsbewegungen variieren sehr, somit sind Folgeerscheinungen individuell. Dennoch gibt es Regelmäßigkeiten. Die Kompensationsfolgekette beginnt mit dem Absacken des Rumpfes.

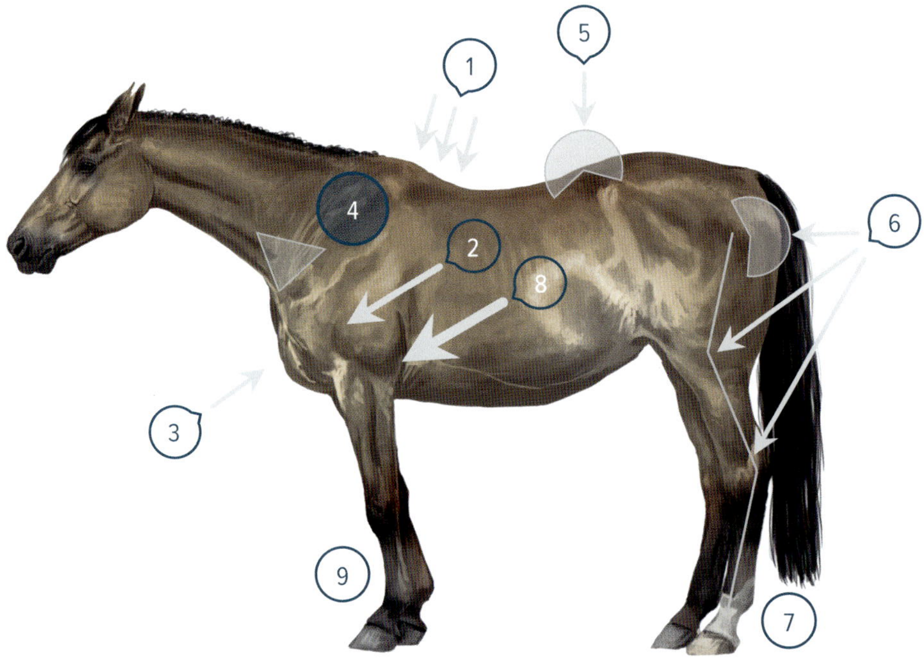

Ursachen für Trageerschöpfung treten auf.

1. Das Pferd kann das eigene Gewicht oder die Last des Reiters nicht tragen oder ertragen.
2. Der Brustkorb rutscht nach vorn/unten ab und der Schwerpunkt verlagert sich nach vorn.
3. Schulter-Vorführer und vordere Brustmuskeln versuchen dagegen zu spannen.
4. Innere und äußere Schulterblattmuskeln stabilisieren, indem sie verkrampfen. Der Knick des CTÜs verschärft sich und die einhergehende Kompression verursacht Schutzspannungen und Blockaden im Bereich der Halsbasis.
5. Die Lende geht in eine kompensatorische Beugung, die Kruppenmuskeln und die inneren Lendenmuskeln versuchen von hinten den Rücken anzuheben – wenn das fehlschlägt, gerät die Lende in eine Dauerextension.
6. Die Sitzbeinmuskeln halten gegen, um das Becken zu stabilisieren, überstrecken aber dadurch Knie und Sprunggelenk.
7. Die Stellung der hinteren Gliedmaßen passt sich an; in den meisten Fällen werden die Hinterbeine vorständig.

Eine überstreckte Hinterhand hat weniger Tragkraft und die Vorhandlastigkeit steigt – der Teufelskreis schließt sich!

8. Der Rumpf sackt immer weiter nach vorn/unten ab und wird in dieser Position fixiert. Die Schiefe verstärkt sich.
9. Weil die Hinterhand dysfunktional wird, entstehen Bewegungsmuster, in denen das Pferd sich über die Vorhand zieht. Die einhergehende Kompensationsmuskulatur bewirkt in den allermeisten Fällen zumindest temporär vorn eine Rückständigkeit.

Weitere Verspannungen zur Stabilisierung entstehen und Faszien verkleben.

Bewegungsmuskeln arbeiten nicht mehr als Beweger, sondern müssen Haltearbeit übernehmen.

Der Körper passt sich an und baut sich um und die Trageerschöpfung verursacht Sekundärerkrankungen.

(Die Ursachen, die dazu geführt haben, kann man in anderen Folgeketten zusammenfassen. Bei dieser hier geht es darum zu schauen, was die Brustkorbverlagerung auslöst.) Das Absacken des Brustkorbs führt anschließend immer zu einer Schwerpunktverlagerung nach vorn. Um diese auszugleichen, reagiert der restliche Körper mit Kompensationen. Irgendwann sind weite Teile betroffen, da Strukturen Aufgaben übernehmen müssen, für die sie nicht oder zumindest nicht in dem Ausmaß geschaffen sind und Verspannungen entstehen. Der Teufelskreis schließt sich, wenn die Hinterhand keine Last mehr aufnehmen kann. Aus dieser Negativspirale kann das Pferd in der Regel nicht mehr von allein gelangen und benötigt Hilfe.

Durch den abgesunkenen Thorax herrscht ein permanenter Zug am hinteren Rücken und der Hinterhand. Es folgt ein Feststellen der tiefen, wirbelsäulennahen Muskulatur und die gesamte Gliedmaßenstellung verändert sich.

Die Kompensationshaltung verursacht Schmerzen und damit einhergehend Stress; das Nervensystem schaltet auf Fluchtmodus und die dorsale Kette steht unter Dauerspannung. (Genaueres werdet ihr im Laufe des Buches erfahren.) Das verändert nicht nur die Ober-, sondern die Unterlinie gleich mit. Die Vorspannung des Nackenrückenbandes geht verloren (auch dazu kommt später mehr); Hals und Thorax werden nicht mehr von oben getragen, sondern von unten gestützt. Im Laufe der Zeit nimmt der schädliche Druck auf die Halsbasis immer weiter zu.

Das Fasziennetz verliert seine Elastizität und verklebt, der Bewegungsapparat nimmt Schaden. Dies führt nicht nur zu Blockaden, sondern ruft auch eine Veränderung von Bewegungsmustern und Rittigkeit hervor.

Huf- und Zahnsituation verändern sich, die Durchblutung leidet, organische Folgeschäden entstehen und durch Umbauprozesse verändert sich das gesamte Exterieur. Zusätzlich hat der allgegenwärtige Stress auch noch Auswirkungen auf die Psyche. Trageerschöpfung reduziert das Wohlbefinden eines Pferdes drastisch.

Symptome

Der Körper sieht irgendwann so aus, wie er genutzt wird und erzählt dem aufmerksamen Beobachter seine Geschichte. Was sind typische Warnsignale und Symptome der Trageerschöpfung? Wichtig zu wissen ist, dass kein Pferd alle Anzeichen gleichzeitig zeigt, weil sich einige gegenseitig ausschließen. Dennoch gibt es Gemeinsamkeiten wie die Änderung von Wirbelsäulenausrichtung, Oberlinie, Muskeltonus und Gliedmaßenstellung.

Kompensationsmuskulatur ist kantig und sie ist aufgrund diverser Schmerzgeschehen meist hyperton oder stellenweise auch schlaffer als gesund. Halsbasis und Lende sind immer verspannt. In der Ersatzmuskulatur sind mache Stellen hypertroph[14], andere hingegen atrophiert. Die Bemuskelung bekommt auffällige Verhärtungen; verspannte Muskeln schmerzen und bilden regelrechte Beulen aus.

Durch den abgesackten Brustkorb sinkt das Stockmaß um mehrere Zentimeter.

Häufig stehen die Pferde in einem Gliedmaßen-„V", das heißt die Vorhand ist rück- und die Hinterhand vorständig, was ihre Standfläche verkleinert. Aber es gibt Ausnahmen, die sich zumindest temporär anders hinstellen. Außerdem stehen trageerschöpfte Pferde von allein nicht geschlossen, und wenn nur unter erhöhter Erregung für kurze Zeit. Ansonsten stellen sie sich in eine Schrittstellung. Die Hinterhand sieht im Vergleich zur Vorhand meist unterentwickelt aus, als wären es zwei unterschiedliche Pferde.

---

14 **Hypertrophie:** Zunahme von Volumen, **Atrophie:** Muskelschwund

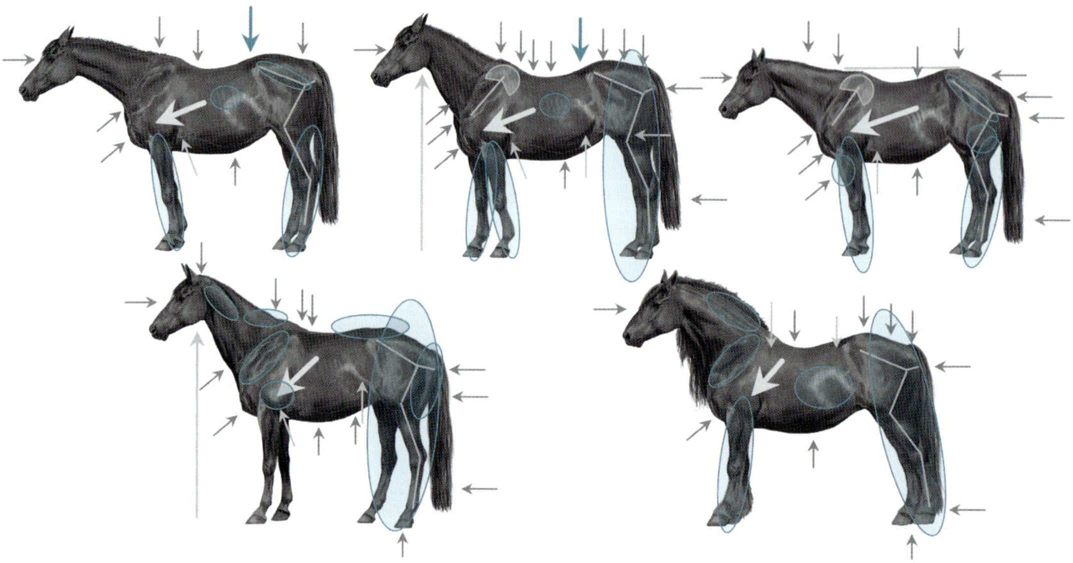

Die Mimik ändert sich: Trageerschöpfte Pferde machen einen apathischen, schmerzerfüllten, angespannten oder aggressiven Eindruck.

Hals

- Die Oberhalslinie ist gerade mit wenig bis gar keiner oder sogar negativer Wölbung.
- Der Hals wirkt insgesamt kurz und gestaucht und wird meist erhöht getragen.
- Dem Halsansatz fehlt Muskulatur, der Übergang zwischen Hals und Schulter wirkt scharf.
- Der CTÜ ist überstreckt, was den Halsansatz nach unten verschiebt, und zeigt oft eine Extensionsblockierung.
- Das Pferd hat wenig Ober- und einen ausgeprägten Unterhals. Der Hals ist eher unten als oben bemuskelt, es entsteht in vielen Fällen durch den abgesunkenen Thorax ein Axthieb und der Hals zeigt Falten in diesem Bereich.
- Der Ursprung des Arm-Kopf-Muskels ist schmerzhaft, weil dieser die eingeschränkte Funktion der Rumpfträger kompensiert.
- Es entsteht ein erworbener Hirschhals, weil die langen Kehlmuskeln als Tragehilfsmuskeln für die überlasteten Rumpfträger einspringen.
- Das Pferd schwitzt überdurchschnittlich am unteren Hals direkt vor dem Schulterblatt.
- Das Genick wird steiler mit wenig Ganaschenfreiheit.
- Genickblockaden und lokale Druckdolenz[15] lassen eine Berührungsempfindlichkeit in diesem Bereich entstehen.
- Die Muskulatur im Bereich des Genicks ist dorsolateral stark ausgeprägt.

Wirbelsäule und Oberlinie

- Die gesamte Rückenlinie, inklusive Kruppe, wirkt kantig.
- Die Oberlinie ist im Verhältnis zur Unterlinie kurz.

15 **Druckdolenz** bedeutet, dass die Region bei Berührung schmerzhaft reagiert.

- Die Rückenlinie steigt oft deutlich an, kann aber auch sehr gerade sein.
- Ein Senkrücken ist ein typisch trageerschöpfter Rücken und meist erworben und nicht genetisch bedingt.
- Jedes Pferd mit Trageerschöpfung hat an irgendeiner Stelle Rückenschmerzen.
- Der Rücken ist verspannt und schlecht bemuskelt. Die Dornfortsätze stehen heraus. Bei Rassen mit viel Fleisch kann der Rückenmuskel auch deutlich höher als die Dornfortsätze stehen, was nicht durch gesunde, sondern durch verspannte Haltemuskulatur hervorgerufen wird.
- Ein Sattelabdruck ist erkennbar, die Sattellage ist atrophiert und schmerzhaft, dahinter entstehen wulstige Areale im Lendenbereich. Dazwischen ist das Sattelende durch eine scharfe Abgrenzung fühl- und manchmal sogar sichtbar.
- Der Widerrist wirkt kurz und abgehackt und reicht nicht weit in den Rücken hinein. Er zuckt bei Berührung und reagiert überempfindlich und schmerzhaft – ein kräftiges Umfassen und ein Massieren darf keine Schmerzreaktion hervorrufen! Häufig finden sich Blockaden in diesem Bereich.
- Um den gesamten Widerrist herum kommt es durch das Absinken des Thorax zu Verspannungen.
- Hinter den Schulterblättern sind deutliche Muskellöcher. Das betrifft nicht nur den Trapezius, der relativ dünn ist, sondern auch die darunterliegende Muskulatur.
- Die Lende wölbt sich häufig im Ausgleich in einer Flexionsblockierung auf, um den Rumpf am Absinken zu hindern, was manchmal bis zu einem erworbenen Karpfenrucken führt, oder die Lendenpartie ist abgesackt (matte Lende).
- Egal in welcher Art die Lende kompensiert, ihre Muskulatur ist schmerzhaft und die thorakolumbale Faszie verspannt, verklebt und schwer verschiebbar.
- Durch den abgesunkenen Thorax stehen die Schulterblätter im Verhältnis höher und der Abstand zwischen Schulterblattknorpel und Widerrist sinkt.
- Der Übergang zwischen Brust- und Lendenwirbelsäule, der thorakolumbale Übergang, steht in einer Extensionsblockierung. Durch Übergewicht wird dieser Effekt noch verstärkt.
- Auch die restliche Brustwirbelsäule befindet sich auf ihrer gesamten Länge in einer Hohlkreuzsituation.
- Der LSÜ ist als Kuhle deutlich erkennbar, während sich oft in Kombination die Kreuzbeinhöcker durch ein steil gekipptes Becken nach hinten und oben verlagern.
- Eine andere Variante ist, dass der offene LSÜ in Kombination mit einer matten, abfallenden Lende einhergeht.
- Es kann zu Hunters Bumps[16] kommen.

16 **Hunters Bumps sind** eine pathologische Veränderung des hinteren Rückens. Von außen erkennt man eine Aufwölbung der Lendenwirbelsäule, prominente Kreuzbeinhöcker und ein Loch im Bereich des LSÜs, oft gepaart mit einem flacher gestellten Becken und einem nach oben verschobenen Schweifansatz.
Typische Symptome sind reduzierte Leistungsfähigkeit und erschwerte Lastaufnahme der Hinterhand. Diese Pferde zeigen steife Bewegungsmuster bis hin zu geringgradigen Lahmheiten.

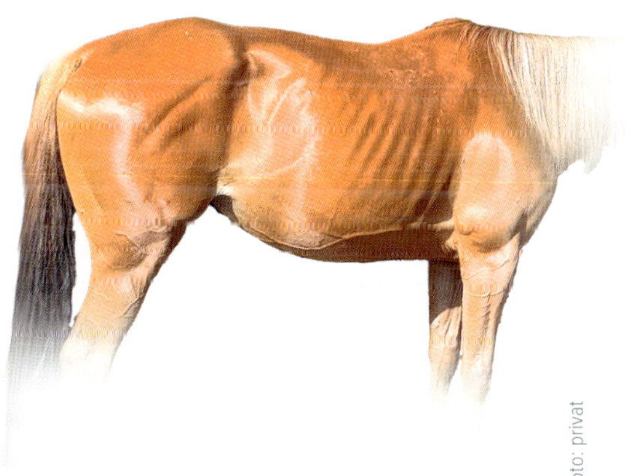
Foto: privat

- Die Kruppe verändert ihre Form: Entweder steht das Kreuzbein flacher, was häufig mit einem scheinbar unnatürlich hoch angesetztem Schweifansatz und einer Kuhle direkt davor einhergeht, oder die Kruppe ist stärker abgeschlagen als es die Genetik vorgab.
- Häufig sind diese Pferde erworben überbaut, weil der Rumpf aktuell tiefer liegt und die Kruppe zudem in den meisten Fällen nach oben verlagert ist durch geöffnete Winkel in Knie und Sprunggelenk.
- Aber nicht nur überbaute Pferde, die man landläufig direkt mit Trageerschöpfung in Verbindung bringt, sondern auch solche, bei denen die Kruppe besonders tief steht, können trageerschöpft sein. Sie gleichen nur mit einer anderen Kompensationshaltung Rückenschmerzen aus.

Rumpf

- Die Brustbeinspitze steht vor den Buggelenken heraus. Rassebedingt ist das selten auch typisch.
- Der untere gesägte Muskel verspannt und verkürzt sich. Die Schulterblätter kommen näher ans Pferd, sodass das Pferd von vorn betrachtet schmaler wird.
- Die Brustmuskulatur verkrampft, weil sie den abgesackten Rumpf von unten stabilisieren muss. Sie wird berührungsempfindlich.
- Der Bauch hängt in den meisten Fällen. Von der Gurtlage ausgehend sollte die Linie nicht abfallen, sondern in leichter Wölbung ansteigen. Der Rückenmuskulatur fehlt ansonsten die Gegenspannung. Physiologisch liegen Fettdepots an der Oberlinie und nicht am Bauch, um ein Aufschaukeln bei der Flucht zu verhindern.
- In der Regel gehen Hängebauch und Hängerücken Hand in Hand.
- Der abgesunkene Brustkorb weitet die hinteren Rippen. Das hat zur Folge, dass ein normalgewichtiges Pferd oft eine Kombination aus rippig und bauchig zeigt. Der Bauch ist birnenförmig und wirkt groß, obwohl das Pferd wenig Fetteinlagerungen aufweist.
- Manchmal wird der Bauch auch hochgezogen. Das tritt nicht selten in Kombination mit einem erworbenen Karpfenrücken auf.
- Mittig, auf circa halber Höhe hinter dem Schulterblatt sind geschwollene, weiche Areale: Das sind keine Fettdepots. Vielmehr verursacht die festgestellte, verspannte Rumpftragemuskulatur hier einen Lymphstau.
- Ebenfalls sehr häufig zu beobachten ist weiches Gewebe vor Schlauch oder Euter; der Schlauch hängt und das Euter wirkt etwas „gefüllt“, obwohl das Pferd nicht unbedingt stark übergewichtig ist. Das ist ebenfalls einer Lymphabflussproblematik geschuldet.
- Eingefallene, harte Flanken treten auf, weil der Bereich unterhalb der Lende häufig in falschen Bewegungsmustern übermäßig aktiv sein muss.
- In der Gurtlage tritt eine angestaute Bauchwandvene[17] hervor, denn der Venenwinkel, in den abgeleitet wird, liegt ebenfalls im gestauchten Bereich von Halsansatz und Schulter. Allerdings vergrößern sie ebenfalls bei Hitze und bei Anstrengung.

17 **Bauchwandvene**

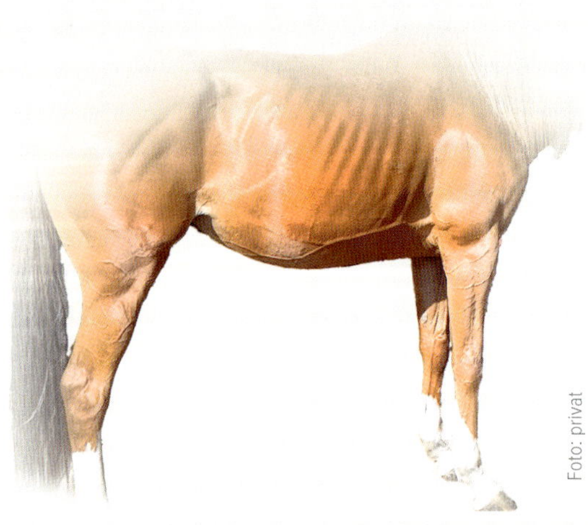

Foto: privat

- Eine verspannte Bauchfaszie deutet auf ein ebenfalls verspanntes Zwerchfell hin.
- Oft tritt eine deutliche Ausprägung der äußeren schrägen Bauchmuskulatur auf. Diese ist entweder eine Dampfrinne (Atemprobleme und Trageerschöpfung bedingen sich gegenseitig) oder sie hat ihre Ursache in Bewegungsmustern, die zur Trageerschöpfung führen. Der abgesackte Brustkorb verhindert ein physiologisches Durchschwingen der Hinterhand. Wird dann bei verspanntem Rücken vermehrt getrieben, kompensiert das Pferd über die äußeren schrägen Bauchmuskeln.

Vordergliedmaßen

- Die Gliedmaßenstellung ändert sich und sie verliert ihre Regelmäßigkeit (falls sie die vorher zeigte).
- Verspannte quer verlaufende Brustmuskeln ziehen die vorderen Gliedmaßen häufig eng und manchmal die Oberkante der Schulter gleichzeitig weiter. Die Schulter wirkt dann massiver und der Schulterblattknorpel ist deutlich sichtbar.
- Der gesamte Bereich der Schultern wird unflexibel und verspannt, der myofasziale Tonus ist hoch.
- Durch die Verstärkung der Schiefe ist in den Schultern in Höhe und Abstand zum Rumpf eine erhöhte Asymmetrie zu finden.
- Der breite Rückenmuskel verspannt durch falsche Bewegungsmuster und die Dauerkontraktion zieht durch seinen Ansatz innen am Oberarm die Vorhand in eine Rückständigkeit sowie außerdem in eine Innenrotation. Die Röhren befinden sich nicht mehr im Lot. Eine Rückständigkeit ist sehr häufig zu beobachten.
- Durch den abgesackten Rumpf wirken die Vorderbeine im Vergleich zu den Hinterbeinen kurz.
- Manchmal versuchen Pferde sich mit der Vorhand nach hinten zu schieben, um dadurch den nach vorn verschobenen Schwerpunkt wieder zu relativieren.
- Die Pferde zeigen ein häufiges Wechseln des Standbeins, weil beide schmerzen.
- Das Pferd hat keine Ellenbogenfreiheit (das kann aber auch exterieurbedingt sein), weil die Ellenbogen versuchen, den Brustkorb von unten zu stabilisieren. Man sollte mit der flachen Hand zwischen Ellenbogen und Brustkorb gleiten können, ohne dass das Pferd Abwehrreaktionen zeigt.
- Auch das andere Extrem (weit abstehende Ellenbogen) können ein Anzeichen sein.
- Der Schulterwinkel ändert sich. Meistens wird die Schulter in Kombination mit der Rückständigkeit steiler, ebenso Fesselstand und Hufe.
- In manchen Fällen werden die Hufe vorn aber auch flacher.
- Der Bereich des *M. triceps brachii*, des dreiköpfigen Oberarmmuskels, der einen großen Teil des Dreiecks zwischen Schulterblatt und Oberarm ausfüllt, ist aufgrund falscher, sich ziehender Bewegungsmuster stark ausgeprägt.
- Ebenso ist die vordere Unterarmmuskulatur hyperton und hypertroph, weil sie Teil des vorderen passiven Stehmechanismus ist und dieser durch die Abweichung von der regelmäßigen Stellung über Maß belastet wird.

Hintergliedmaßen

- Auch die Gliedmaßenstellung der Hinterhand ändert sich, was wiederum negative Auswirkungen auf ein ermüdungsarmes Stehen hat.
- Knie und Sprunggelenke überstrecken so gut wie immer und rufen ein Überbautsein hervor, es sei denn die Beine werden extrem aus der Regelmäßigkeit herausgestellt. Dann relativiert sich das.
- Meist tritt eine Vor-, manchmal aber auch eine Rückständigkeit auf, bei der die Röhren nicht mehr senkrecht zum Boden stehen.
- Manchmal ist die gesamte Gliedmaße überstreckt.

- Das Becken ändert seinen Kippwinkel. Beide Varianten, die zum steileren und die zum flacheren Winkel, sind möglich.
- Die Hinterbeine können erworben eng oder weit stehen.
- Außerdem rotieren sie nach innen oder außen, weil die Schwungrichtung nicht mehr gleichmäßig nach vorn verläuft.
- Eine hypertone und hypertrophe Sitzbeinmuskulatur ist zum einen eine Kompensationshaltemuskulatur, wird aber auch durch schubdominierte Gangbilder verursacht. Meist gehen die beiden Ursachen Hand in Hand. Eine deutliche Abgrenzung zum Rest der Kruppe ist erkennbar.
- Schmerzhafte Stresspunkte in den Ursprüngen der Sitzbeinmuskeln oberhalb des Schweifansatzes treten auf. Diese können mit Fettdepots verwechselt werden.
- Die Sitzbeinhöcker sind häufig nach oben oder unten zeigend verschoben.
- Der gesamte Bereich um den Hüfthöcker herum zeigt Schmerzpunkte.
- Der Bereich zwischen Becken und Oberschenkel wird zum großen Teil vom *M. quadriceps femoris*, dem vierköpfigen Oberschenkelmuskel, ausgefüllt. Dieser ist zum einen am Stehmechanismus der Hinterhand beteiligt, zum anderen spielt er eine große Rolle bei der Versammlung. Ein gut ausgebildeter Quadrizeps weist auf tragekräftige Bewegungsmuster hin. Bei trageerschöpften Pferden ist er wenig ausgebildet.

Sekundärfolgen

Folgeschäden

Eine länger andauernden Trageerschöpfung verursacht Sekundärschäden. Ein ganz typisches Warnsignal sind immer gleiche, wiederkehrende Blockaden. Sehnenschäden wollen einfach nicht ausheilen und Lahmheiten ohne eindeutigen Befund treten immer mal wieder auf. Der CTÜ steht durch den abgesackten Rumpf in einer Dauerkompression mit all ihren Folgen.

Das Zwerchfell ist verbunden mit Brustbein, Rippen und Lende. Wenn der Thorax absinkt, die Rippen sich weiten und die Lende sich kompensatorisch wölbt, steht das Zwerchfell unter einer dauerhaften Vorspannung und wird in Einatemstellung fixiert. Es resultieren Atemprobleme. Trageerschöpfte Pferde zeigen Kurzatmigkeit und auch ein „Anhusten“ beim Antraben oder Angaloppieren ist typisch. Oft therapiert man an chronischen Atemproblemen ohne Verbesserung herum, weil die Trageerschöpfung nicht gleichzeitig mitbehandelt wird. Atemprobleme und Trageerschöpfung können Ursache und Folge gleichzeitig sein und treten oft gemeinsam auf.

Kann der Rumpftrageapparat seiner Aufgabe als Stoßdämpfer nicht nachkommen, müssen deutlich mehr Kräfte von der distalen Vorhand aufgefangen werden. Besonders der FesselTRAGEAPPARAT kompensiert und ebenfalls der HufbeinTRÄGER, die Aufhängung vom Hufbein in der Hufkapsel (Diese Namen sind kein Zufall, denn auch diese beiden Regionen tragen im wahrsten Sinne des Wortes.) Der Rest geht als Stauchungskräfte in die knöchernen Strukturen. Typische Folgeschäden sind Sehnenschäden und Gelenkprobleme wie Entzündungen und Überlastungsarthrosen, Hufrollensyndrome, Ellenbogenarthrosen und vor allem auch Hufprobleme. Das Hufgewölbe wird flacher und das Gangbild fühliger. Oft resultieren Durchtrittigkeit in der Fessel oder Vorbiegigkeit im Karpalgelenk durch Beugesehnen- oder Fesselträgerschäden. Diese werden ebenfalls durch eine Rückständigkeit verstärkt, weil sie in einem

entsprechenden Gangbild vermehrt belastet werden.

Der abgesackte Rumpf zieht über die verspannte dorsale Kette an der Hinterhand und überstreckt Knie und Sprunggelenk. Dadurch müssen die hinteren Fesseln tiefer durchfedern; Fesselträgerschäden und Gallen an der Hinterhand sind typisch. Das Knie zeigt häufig Weichteilproblematiken von Bändern und Menisken, das Sprunggelenk Spat[18]. Durch die Verstärkung der Schiefe und die Veränderung der Gangbilder entstehen Beckenschiefstand und Iliosakralgelenkblockaden.

Verspannungen und Veränderungen in der Lendenregion verursachen eine Einengung des Nervengeflechts *Plexus lumbosacralis*. Dieser ist unter anderem für den Darmbereich und seine Peristaltik[19] zuständig. Verdauungsprobleme und sogar Kolikgefahr entstehen. Durch eine übersäuerte Muskulatur sinkt der pH-Wert im ganzen Körper, das Entzündungsrisiko steigt und Stoffwechselstörungen folgen.

Die Hufe verändern ihre Form und werden asymmetrisch: Wenn die Hinterhand unter den Rumpf gestellt wird, entstehen flachere Hufe mit langen Zehen und untergeschobenen Trachten. In anderen Fällen werden die Hinterhufe steiler. Die Zehenrichtung in der Vorhand zeigt durch die verstärkte Schiefe nicht mehr geradeaus. Oft ist der händige Huf nach innen verdreht. Durch die eingeschränkte Stoßdämpfung entsteht eine höhere Belastung des Hufbeinträgers. Trageerschöpfte Pferde sind anfälliger für Hufrehe. Eine Hufknorpelverknöcherung zeugt

18 **Spat:** Arthrose im Sprunggelenk

19 **Peristaltik:** Darmbewegung

ebenfalls von einem wenig stoßdämpfenden Gangbild.

Das Pferd verliert durch den vorgelagerten Schwerpunkt die statische Fähigkeit, ohne Muskelkraft ermüdungsfrei im Stand zu ruhen. Die eingeschränkten passiven Stehmechanismen sowohl an Vor- als auch an Hinterhand tragen ebenso dazu bei. Dies muss dann durch Muskelkraft ausgeglichen werden und schon allein das Stehen ermüdet. Das große Problem dabei ist, dass die Muskeln sich nicht mehr optimal regenerieren können, denn das geschieht während des Ruhens. So entstehen weitere Blockaden und Verspannungen. Auch eine Berührungsempfindlichkeit am gesamten Körper kann durch diese schlafmangelinduzierte Stresssituation auftreten.

Durch muskuläre Verspannungen kommt es eher zu Zerreißungen; besonders häufig treten Muskellöcher als Abrisse am rudimentären Schlüsselbein im Kopf-Arm-Muskel oder an den Sitzbeinhöckern auf. Eine hypertone Unterhalsmuskulatur kann Kehlkopfpfeifen verursachen; angelaufene Beine entstehen durch eine Lymphabflussproblematik. Da Muskelketten am Zungenbein enden, bilden die Zähne schneller Haken oder nutzen sich durch Kiefergelenksblockaden ungleichmäßig ab. Generell findet man, durch die ungesunden Bewegungsmuster ausgelöst, etliche Probleme in Kiefergelenken, Zungenbein und Genick.

Auswirkungen auf die Wirbelsäule

Die Wirbelsäule wird von diversen Bandstrukturen unterstützt. Eines davon ist das ventrale Längsband (*Ligamentum longitudinale ventrale*). Es reicht vom 8. Brustwirbel bis zum Kreuzbein und ist an der Unterseite von Wirbelkörpern und Bandscheiben befestigt. Es stabilisiert die Wirbelsäule von dieser Seite aus. Seine Aufgabe ist es die Schwingungen abzubremsen und nur in einem physiologischen Maß zuzulassen. Es ist als Gegenstruktur zum Nackenrückenband ein bedeutender Teil des tensegralen Federsystems.

Gesunde Wirbelsäule

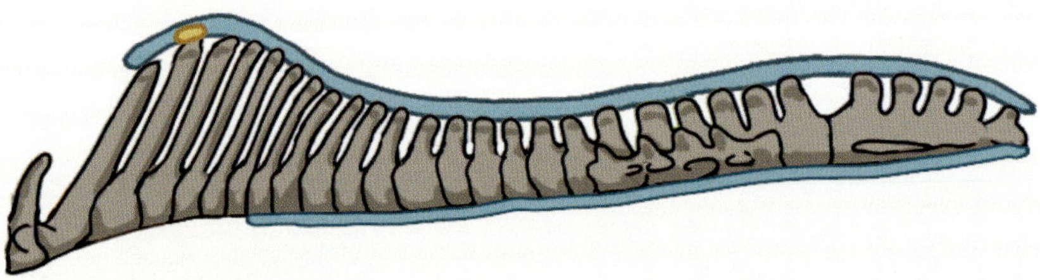

Wirbelsäule in einer Hohlkreuzsituation

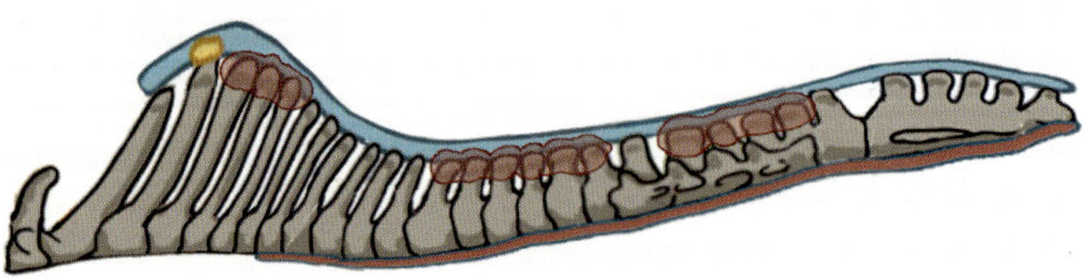

In der ersten Abbildung sieht man eine gesunde Wirbelsäule in einer physiologischen Position. Alle Dornfortsätze zeigen einen ausreichenden Abstand zueinander und die Bänder befinden sich in positiver Vorspannung.

Leider nimmt bei einer dauerhaften Überstreckung der Wirbelsäule, wie sie bei der Trageerschöpfung vorkommt, vor allem das ventrale Längsband Schaden. Es kann zu Zerrungen und infolgedessen zu dauerhaften Zerreißungen kommen. In der zweiten Illustration ist eine in Extension deformierte Situation mit ihren Folgeschäden dargestellt. Der Widerrist wird kürzer und steiler, die Dornfortsätze nähern sich einander an, reiben aneinander, entzünden sich, verknöchern oder lösen sich sogar auf. Kompressionsarthrosen, die gefürchteten Kissing Spines, entstehen und dem Nackenrückenband fehlt die Vorspannung.

Leider macht die körperlich tief liegende Position des ventralen Längsbandes bildgebende Verfahren zur Diagnosestellung so gut wie unmöglich, weshalb man im Ausschlussverfahren auf Schäden schließen muss. Ganz typische Folgen sind Abwehrreaktionen beim Reiten, Aufsteigen und Satteln. Wie alle bandhaften Strukturen ist auch diese schmerzempfindlich, aber schlecht durchblutet, was den Heilungsprozess stark verlangsamt.

Fotos: Dr. Sandra Ruzicka

Verschobener Schweifansatz

Verschobener Schweifansatz

Das Kreuzbein wird aufgrund des Zuges, der vom abgesackten Rumpf ausgeht, gekippt und sein kaudales Ende nach oben verlagert. Die angrenzenden Schweifwirbel liegen dann nicht mehr in einer harmonischen Linie, sondern bilden eine Kuhle im Übergang zwischen Sakrum und Schwanzwirbelsäule. In der Folge sieht der Schweifansatz wie oben aufgesetzt

aus. Die Oberlinie der Kruppe nähert sich der Waagerechten.

Veränderte Bewegungsmuster

Einige der Rumpfträger sind ebenfalls an der Bewegung der Vorhand beteiligt. Wenn die Halsbasis absinkt, hat das verheerende Folgen. Der nach vorn verlagerte Schwerpunkt verstärkt die Vorhandlastigkeit, der Rücken ist sowieso die Brücke zwischen allem, und wenn die Hinterhand beeinträchtigt wird, ist auch der Motor des Pferdes eingeschränkt. Hinzu kommen systemische Schäden, das Fasziennetz verspannt und verklebt. In allen Fällen stellt sich die tiefe Rückenmuskulatur fest und verursacht Blockaden. Da ist es nicht verwunderlich, dass aus Trageerschöpfung ungesunde Gangbilder resultieren.

Die Energieumwandlung ist verschoben; meist beginnt das Pferd sich vorn vermehrt zu ziehen, weil es hinten schwer Last aufnehmen kann. Da es so mit der Vorhand nicht gut wegkommt, treten Ballentritte oder abgetretene Hufeisen häufiger auf. Viele Pferde schlurfen, was man an den abgeriebenen Zehen sehen kann. Die Hufe wirbeln Sand auf und die Fußung wird stampfend und laut, weil der Federmechanismus dysfunktional ist.

Das trageerschöpfte Pferd bewegt sich schwunglos und schlaff oder verspannt und steif und verliert häufig seinen Takt. Es wirkt müde, energielos und klemmig. Die Gänge werden schleppend und flach, oder es ist angespannt und seine Bewegungen kurz und unharmonisch. Im Schritt deutet eine Passverschiebung auf Rückenschmerzen hin. Die Gangbilder im Trab und Galopp wirken „bergab" und in den Boden hinein. Der Galopp wird unter dem Reiter nicht selten komplett verweigert, denn in der Landung ist der Rumpftrageapparat besonders gefordert, den Brustkorb aufzufangen. Auch beim Bergabgehen kapituliert so manches Pferd aufgrund von Rücken- oder Hinterhandproblematiken. In den Übergängen nach unten kann man die Extensionsblockierungen der Wirbelsäule an der Longe mit freiem Blick auf den Rücken besonders gut erkennen. Der Bereich des thorakolumbalen Übergangs sinkt dabei ab, während er eigentlich stabil bleiben sollte.

Da in der Lendenregion das große Nervengeflecht entspringt, das die Hinterhand versorgt, leidet nicht selten ihre Koordination, wenn die Lende durch die Trageerschöpfung Veränderungen erfährt. Die Hinterhand arbeitet je nach Kompensationsmuster vermehrt nach hinten heraus oder fußt zwar weit, aber dabei kraftlos vor. Korrekte Übergänge mit einer tragfähigen und aktiv bremsenden Hinterhand werden bei Trageerschöpfung unmöglich. In den Übergängen nach oben hüpft das Pferd an, indem es kurz den Kopf nach oben wirft, weil es auf diese Weise Schwung holt, um die fehlende Kraft der Hinterhand auszugleichen und landet dabei schwer auf der Vorhand. Der Rücken schwingt in Bewegung nicht nach oben, sondern nach unten. Das kann man daran erkennen, dass die Ohren des Pferdes im Takt nach hinten-oben, statt nach vorn-unten wippen.

Irritationen der Nerven im Bereich des CTÜs verursachen Gleichgewichtsprobleme und Erhöhen das Risiko von Stolpern und Stürzen. Auch wird der Kopf häufig ungewöhnlich hoch oder auch sehr tief getragen und sogar das Headshaking wird als Folgeerscheinung mit der Trageerschöpfung in Verbindung gebracht.

Rittigkeitsprobleme

Rittigkeitsprobleme sind Alarmzeichen, vor allem wenn sie plötzlich auftreten. Häufig auftretende Übersprungshandlungen wie Kopfschütteln und

Schweifschlagen sind bereits als Warnsignale zu werten. Generell kann man sagen, dass die Pferde triebig oder eilig werden, weil kein losgelassenes Wohlfühltempo möglich ist. Sie rennen ihrem Gleichgewicht hinterher oder wollen sich gar nicht mehr bewegen, während ein gesundes Pferd locker vorwärts läuft. Durch die fehlende Losgelassenheit werden schwungvolle Gänge und korrekte Versammlung unmöglich gemacht.

Je tiefer der Brustkorb sinkt, desto schiefer werden die Pferde. Das kann zu einseitigen Muskelverspannungen im Rücken führen und an der Schweifhaltung erkennbar sein. Auf der hohlen Hand laufen sie mit abgeknickten Hals über die schwerere Außenschulter davon, auf der anderen Hand kürzen sie ab, gehen permanent in Konterstellung oder verwerfen sich.

Anlehnungsproblematiken sind typisch für Trageerschöpfung. Aus denselben Gründen wie schon der Galopp verweigert wird, verweigern viele Pferde das Springen.

Verspannte tiefe Brustmuskeln und auch der *M. serratus ventralis* befinden sich im Bereich des Sattelgurts; Gurtzwang ist die Folge. Rückenprobleme lösen eine Schmerzerwartung aus und Sattelzwang tritt auf.

Aufgrund harter Gangbilder wird das Aussitzen unbequem oder das Pferd ist so schlaff in seinen Bewegungsmustern, dass Leichttraben oder Entlastungssitz schwieriger sind als Sitzen zu bleiben.

Die Sattelanpassung ist schwierig bis unmöglich, denn in der Regel stimmt der tiefste Punkt des Rückens nicht mit dem Satteltiefpunkt und schon gar nicht mit dem Schwerpunkt überein. Häufig rutscht der Sattel nach vorn gegen die Schulter oder bildet eine Brücke. Auf einen deutlich trageerschöpften Rücken ist kein Sattel anpassbar, der keine Schmerzen hervorruft.

Trageerschöpfte Pferde zeigen deutliche Leistungseinbußen bis hin zur Unreitbarkeit und wenn ein Sekundärschaden dem nächsten folgt, kann das auch mal das Ende bedeuten. Trageerschöpfung kann Pferde langfristig umbringen.

Typische Verspannungszonen und Schmerzpunkte

All diese Bereiche sind typische myofasziale Verspannungszonen und Schmerzpunkte von Reitpferden, die Trageschwäche kompensieren – natürlich können auch ungerittene Pferde Reaktionen in diesen Bereichen zeigen. Die Schlussfolgerungen werden vor allem hinsichtlich der Trageermüdung getätigt und erheben keinen Anspruch auf Vollständigkeit. So kann immer auch ein Unfall zu Läsionen in den entsprechenden Bereichen führen.

Die Verspannungszonen, die aus der Trageerschöpfung entstehen, sind vor allem in der dorsalen Kette und im Bereich der Vorhand in der ventralen Kette zu finden.

Wenn beim Putzen oder beim Abtasten Bereiche durch wiederholt auslösbares Zucken reagieren oder das Pferd Zeichen der Abwehr zeigt – manchmal ist das auch nur ein leiser Versuch zu gehen –, dann sind das keine Unarten, sondern wahrscheinlich Verspannungen und Schmerzen in den entsprechenden Arealen. Diese Anzeichen sollten immer ernst genommen werden. Ein elastischer, lockerer Muskel fühlt sich gleichmäßig weich, aber nicht schlaff an, lässt sich leicht bewegen und ist nicht schmerzhaft.

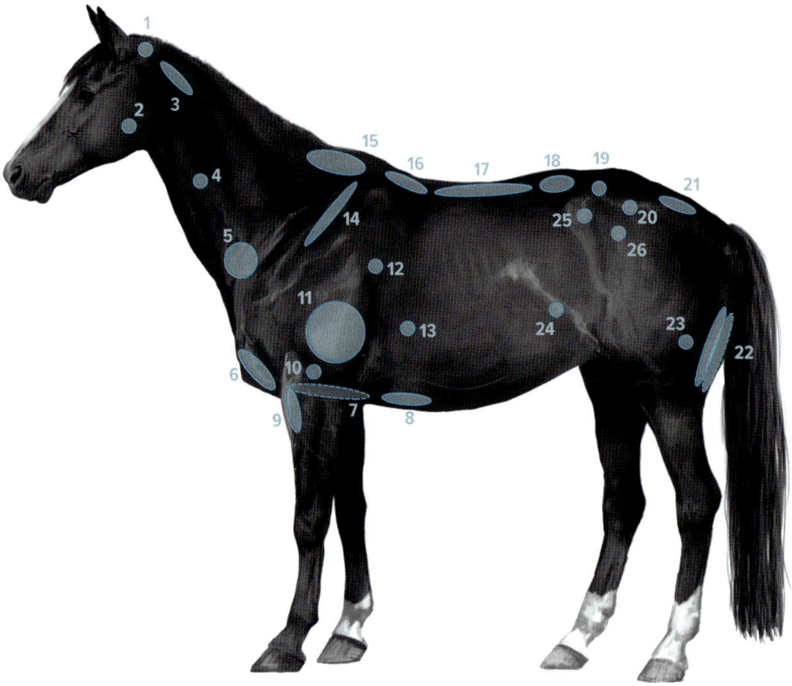

	Bereich	Bedeutung
1	Genick (*M. rectus capitis minor und major*)	Dieser Bereich ist aktiv bei Pferden, die in starker Beizäumung geritten werden und bei falschem Hilfszügeleinsatz. Dies ist der Hauptmuskel, der gegen die Hand gegenhalten MUSS.
2	Äußerer Kaumuskel (*M. masseter*)	Häufig aktiv bei Kiefergelenksläsionen und nach Zahnbehandlungen – zu enge Reithalfter und eine harte Hand verspannen u.a. diesen Bereich.
3	Dorsale Halsbeweger (*M. obliquus capitis caudalis* und *M. rectus capitis*-Gruppe) und Teile des langen Rückenmuskels (*M. longissimus capitis* und *atlantis*)	Sehr wichtiger Triggerbereich – bei zügeldominanter Hilfengebung, Hyperflexion und bei Blockaden in der oberen Halswirbelsäule, des Genicks oder der Kiefergelenke besonders aktiv, verspannt und übermäßig ausgebildet bei Pferden, die mit Schlaufzügeln oder anderen Hilfszügeln gearbeitet werden. Sie verursachen einen falschen Knick.
4	Höhe Gelenk C3/C4 Sehnenstreifen im Arm-Kopf-Muskel – Unterhalsmuskel (*M. brachiocephalicus*)	Stabilisiert das Genick bei starker Zugkraft der Genickstrecker. Am Wendepunkt von Lordose zu Kyphose, wenn die S-Kurve der Halswirbelsäule beim Training verstärkt wird, ist hier ein Schmerzpunkt zu finden. Eine harte Hand, immer gleiches Zügelmaß und Zwangsmaßnahmen führen häufig zu Problemen in diesem Bereich.
5	Ansatz Arm-Kopf-Muskel (*M. brachiocephalicus*)	Bei CTÜ-Problemen ist hier Schmerz zu finden. Der Arm-Kopf-Muskel stützt die Halsbasis von seitlich/unten und ist der Hauptvorführer der Gliedmaße. Wenn das Pferd den M. serratus ventralis nicht zum Tragen des Rumpfes nutzen kann, ist dieser Muskel schmerzhaft und hypertroph. Verspannt ist er ein Teil des typischen ausgeprägten Unterhalses.
6	Absteigender Brustmuskel (*M. pectoralis superficialis descendens*) und unterer Schlüsselbeinmuskel (*M. subclavius*)	Diese müssen bei Trageermüdung für den abgesackten Brustkorb Haltearbeit leisten und verspannen. Der M. subclavius ist der sogenannte „Landemuskel". Durch seine Lokalisation vor dem Schulterblatt fängt er den Rumpf im Moment der Landung auf. Er ist Synergist zum absteigenden Brustmuskel, aber kräftiger. Besonders bei Springpferden ist er häufig schmerzhaft.

	Bereich	Bedeutung
7	Quer verlaufender Brustmuskel (*M. pectoralis transversus*)	Ist eigentlich immer bei Trageerschöpfung durch das Absinken des Brustkorbs verspannt. Er ist Adduktor und zieht die Vorhand in eine Engständigkeit.
8	Tief liegender Brustmuskel (*M. pectoralis profundus*)	Ist bei Gurtzwang und vorhandlastigen Bewegungsmustern (wenn das Pferd sich über die Vorhand zieht) schmerzhaft. Vermindert Raumgriff nach vorn. Er ist Teil des Rückziehmusters, das beispielsweise eine fehlende Nickbewegung im Schritt ausgleicht.
9	Vorderer Unterarmmuskel, Strecker des Karpalgelenks (*M. extensor carpi radialis*) und Ellenbogenbeuger (*M. brachialis*)	Besonders bei Rückständigkeit der Vordergliedmaße verspannt. Sind Teil des passiven Stehapparats der Vorhand. Dieser erfährt höhere Belastung durch Abweichung von der Regelmäßigkeit. Die Vorhand ist die physiologische und durch den Stehmechanismus und die ermüdungsfreie Regenerationsfähigkeit auch psychologische Stütze des Pferdes. Ist die Stabilität und dadurch die optimale Entspannungsmöglichkeit eingeschränkt, entsteht nicht nur körperlicher, sondern auch massiver psychischer Stress. Sind diese Muskeln verspannt, ist das Vorderbein schwerer zu beugen; häufiges Stolpern bis hin zu Stürzen sind die Folge. Diese Muskeln bitte nicht manuell entspannen! Das Pferd hat dann noch mehr Schwierigkeiten zu stehen. Ganzheitlich müssen die anderen Baustellen angegangen werden. Diese Muskeln sind nur als Indikatoren zu werten.
10	Ursprung der Extensoren (*M. extensor communis und lateralis*)	Reagiert, wenn im Bereich der Strecksehnen Probleme bestehen (typischer Sekundärschaden der Trageerschöpfung).
11	Dreiköpfiger Oberarmmuskel (*M. triceps*) Bereich zwischen Schulter und Ellenbogen	Strecker des Ellenbogengelenks: Bei verstärkter Vorhandlastigkeit ist hier ein ausgeprägtes Areal, das für verminderte Schulterfreiheit verantwortlich ist (weniger Raumgriff). Der ganze Muskel ist dann hypertroph mit einzelnen Schmerzpunkten. Das hängt mit der Änderung von Winkelung und Stellung der Vorhand zusammen und liefert bei Verspannung einen Hinweis auf Problematik im gleichseitigen Knie.
12	Muskelbauch vom breiten Rückenmuskel (*M. latissimus dorsi*)	Als Synergist zum tiefen Brustmuskel zieht er bei Verspannung durch seinen Ansatzpunkt innen am Oberarm die Vorhand in eine Rückständigkeit und Innenrotation. Dieser Muskel ist ihr stärkster Rückzieher und verspannt bei vorhandlastigen, ziehenden Bewegungsmustern durch seinen Ansatz die Lende direkt mit.
13	Bereich des Brustanteils des unteren gesägten Muskels (*M. serratus ventralis thoracis*)	Der stärkste Rumpfträger wird schmerzhaft bei Trageerschöpfung. Seine Ansätze liegen in ungünstiger Höhe für Kurzgurtschnallen, die unzureichend abgepolstert sind!
14	Oberer Grätenmuskel (*M. supraspinatus*)	Funktional wie ein Seitenband des Buggelenks einzuordnen: stabilisiert dieses von lateral. Dieser Muskel verspannt bei Schulterproblemen und Trageerschöpfung, fixiert dabei das Schultergelenk und verändert dessen Winkelung in eine vergrößerte Streckung. Das bedeutet, dass das Schulterblatt steiler wird. Da allerdings die Beugung des Buggelenks ebenfalls zur Stoßdämpfung beiträgt, wirkt sich das wiederum negativ auf den Trageapparat aus. Ein hypertoner M. supraspinatus ist ein Signal für Probleme des kontralateralen Hinterbeins, das am Schwerpunkt außen vorbeifußt. Er ist ebenfalls ein Hinweismuskel und sollte der Stabilität der Schulter willen nicht gelöst werden!
15	Oberhalb und kurz vor dem Widerrist: Rautenmuskel (*M. rhomboideus*)	Wenn die passive Struktur des Nackenrückenbandes ausgeschaltet ist und dadurch keine Lastübernahme stattfindet, muss die Bewegungsmuskulatur Haltearbeit leisten und verspannt. Fehlende Losgelassenheit und keine korrekte Dehnungshaltung sind Gründe. Der Rautenmuskel als Gliedmaßenträger zieht das Vorderbein nach oben in die Entlastung für die distalen Strukturen (Fesselträger, Hufrolle, Unterstützungsband tiefe Beugesehen, entzündliche Prozesse in den Zehengelenken). Bei einer hier verorteten Verspannung sollte man auch immer diese Bereiche untersuchen.
16	Brustteil des Trapezmuskels hinter dem Widerrist (*M. trapezius thoracis*)	Dazu gehören auch die unterliegenden Muskeln; der Trapezmuskel selbst ist sehr dünn. Bei abgesacktem Brustkorb und unpassenden Sätteln, vor allem wenn der Sattel hinter die Schulter rutscht oder das Kopfeisen zu eng ist, ist hier ein aktiver Punkt zu finden.

	Bereich	Bedeutung
17	Sattellage – langer Rückenmuskel (*M. longissimus dorsi*)	Bei Reitpferden ist die Sattellage fast immer betroffen. Oft ist es ein Sattel-, Bewegungsmuster- oder Gewichtsproblem (zu schwerer Reiter), immer gekoppelt mit mangelnder Losgelassenheit, wenn Spannungsverlust im Nackenrückenband herrscht, der Rückenmuskel Haltearbeit leisten muss und nicht als Bewegungsmuskel agieren kann. Geht einher mit schlechter Verschiebbarkeit der thorakolumbalen Faszie.
18	Lende – Lendenanteil des langen Rückenmuskels (*M. longissimus lumborum*) und Anteil des medialen Kruppenmuskels (*M. gluteus medius*)	Ist generell besonders häufig verhärtet und schmerzhaft: Der Lendenanteil des langen Rückenmuskels hat über die thorakolumbale Faszie Verbindung zum breitesten Rückenmuskel und damit zum Vorderbein. Schmerzhaft vor allem bei Sätteln, die zu lang sind und in der Lende aufliegen oder die den Schwerpunkt zu weit hinten haben, beim Schiebesitz, wenn der Schwerpunkt des Reiters zu weit hinten ist oder bei der Kompensation zur Trageerschöpfung, wenn die Hinterhand versucht, gegen das Absinken des Rumpfes zu spannen. Manche Pferde gehen schon bei geringem Druck regelrecht in die Knie, wenn hier abgetastet wird. Synergist – gleichgeschaltet und unterstützend – zum Longissimus.
19	Ansatz mittlerer Kruppenmuskel direkt oberhalb des Hüfthöckers (*M. gluteus medius*)	Der mittlere Kruppenmuskel ist ein Schlüsselmuskel für die Oberlinie und u.a. bei deutlich erworbenen Karpfenrücken aktiv, kann aber auch auf Beckenprobleme, Probleme der Fortpflanzungsorgane und abdominale Problematiken hindeuten. In Kombination mit einem hochgeschürzten Bauch und einem übermäßig gespannten äußeren schiefen Bauchmuskel (23 oft ebenfalls aktiv) liegt dort ein Stresspunkt.
20	Oberflächlicher Kruppenmuskel (*M. gluteus superficialis*)	Der Hüftgelenksbeuger geht faszial aus dem M. gluteus medius hervor. Bei verminderter Hankenbeugung kommt die Bewegung des Hinterbeins vornehmlich aus dem Hüftwinkel. Ist er aktiv, deutet das auf Hüftgelenksprobleme hin. Er ist verbunden mit der thorakolumbalen Faszie; eine Verspannung zieht die Vorderbeine ebenfalls in eine Rückständigkeit.
21	Ursprungsbereiche der Kniegelenksstrecker (*M. biceps femoris* und *M. semitendinosus*)	Verhärtete Ursprünge (mehrere einzelne Punkte lateral der Wirbelsäule zwischen Kreuzbeinhöckern und Schweifansatz) stehen in direktem Zusammenhang mit Losgelassenheit und Hankenbeugung.
22	Lange Sitzbeinmuskeln innen und außen an Hinterbacke und Kniekehle (*M. semitendinosus* und *M. semimembranosus*)	Halbsehniger und halbhäutiger Muskel sind Teil der dorsalen Muskelfazienkette. Bei Rückenproblemen, einer aktiven Streckerkette im Fluchtmodus und bei dauerhaft übermäßigem Tempo wird die lange Sitzbeinmuskulatur hyperton und schmerzempfindlich. Die ischiocrurale Muskulatur (inklusive M. biceps femoris) ist aktiver Knie- und Sprunggelenksstrecker (Schubkraft) und verspannt als Kompensationsmuskulatur der Hinterhand, wodurch Raumgriff und eine federnde Lastaufnahme (Hankenbeugung) vermindert werden. Langfristig wird das Hinterbein steiler, insbesondere in Knie und Sprunggelenk.
23	Teilungsbereich des zweiköpfigen Oberschenkelmuskels (*M. biceps femoris*)	Im Teilungsbereich des M. biceps femoris findet sich manchmal ein weiterer Stresspunkt, der häufig in Kombination mit Knieproblemen auftritt.
24	Äußerer schräger Bauchmuskel (*M. obliquus externus abdominis*)	Der Triggerpunkt liegt im Muskelbauch. Bei Organ- oder Atemproblemen, bei hypertoner Bauchmuskulatur durch erzwungenes Untertreten sowie bei zu starkem Sporeneinsatz sind hier Schmerzen zu finden.
25	Ansatz der schrägen Bauchmuskulatur (*M. obliquus externus abdominis*)	Bei Atemproblemen und Verspannungen mit hochgeschürztem Bauch ist hier ein Schmerzpunkt. Bedenke: CTÜ und Zwerchfellinnervation stehen in direktem Zusammenhang! Ein Blockade in der Halsbasis kann Atemprobleme hervorrufen – bei aktivem Punkt immer im Hinterkopf behalten. Dieser Bereich verspannt auch, wenn das diagonale Vorderbein entlastet werden soll, denn dann kompensiert das Pferd mit einer einseitig verstärkten seitlichen Flexion im Bewegungsmuster, ähnlich einem einseitigen Eidechsengang. Auf der rechten Seite könnte auch der Blinddarm schmerzhaft sein, dessen Kopf liegt ebenfalls in dem Areal.

	Bereich	Bedeutung
26	Ursprung des Spanners der Schenkelfaszie (*M. tensor fasciae latae*)	Dieser Muskel ist u.a. Hüftgelenksbeuger und Vorführer der Gliedmaße. Bei Bewegungsmustern mit zu viel Schub verkürzen sich dessen Antagonisten (die langen Sitzbeinmuskeln) und dehnen dadurch den M. tensor fasciae latae. Da ein Untertreten in diesem unphysiologischen Bewegungsmuster vornehmlich aus dem Hüftgelenk heraus erfolgt, muss dieser Muskel gegen diese Vordehnung hinweg vermehrt arbeiten und es kann ein Stresspunkt entstehen.

Verhaltens- und Wesensänderungen

Beim Rodeo löst ein Riemen, der um den ungeschützten Bauchraum festgezogen wird ein Buckeln aus – hier hat eine körperliche Ursache völlig offensichtlich eine Verbindung zum Verhalten. Ebenso kann Trageerschöpfung durch einhergehenden Stress Verhaltensänderungen hervorrufen.

Trageerschöpfung hat immer auch psychische Auswirkungen! Für ein Fluchttier ist es entscheidend, dass es seinen Körper effizient und situationsangemessen nutzen kann. Ist das Tier trageerschöpft, ist das nicht mehr der Fall. Dieses Defizit gleicht es durch erhöhte Alarmbereitschaft aus, die mit einem höheren Stresslevel und all seinen psychischen Folgen einhergeht. Auch hier sind Ursache und Folge austauschbar: Stress bedingt Trageerschöpfung und Trageerschöpfung löst wiederum Stress aus ...

Pferde mit Trageerschöpfung oder Gebäudemängeln sind prädisponiert für unerwünschtes Verhalten, wenn die körperliche Leistung sie überfordert. Ein „Ich will nicht!" ist oft ein „Ich kann nicht!" Schwierigkeiten in Training und Umgang werden häufig auf den Charakter des Tieres geschoben, aber das Abwehrverhalten kann (muss nicht!) von körperlichem Unvermögen beeinflusst sein. Verhaltensproblematiken wie Buckeln, Steigen, Durchgehen und Verweigern des Weitergehens oder auch ein Beißen oder Treten sind ausdrücklich nicht als Gehorsamsverweigerung, Untugend oder Widersetzlichkeit zu werten. Vielmehr sind sie schadensvermeidende Reaktionen, die zwecks Eigenschutz das Individuum vor körperlichen oder psychischen Folgen bewahren. Sie sind eher als Selbsthilfe oder in extremen Fällen sogar als Überlebensmechanismus zu interpretieren. Oft sind Stress und Schmerz die Auslöser für vermeintlichen Ungehorsam. Verweigerung oder Überreaktion haben immer einen Grund und nicht selten einen körperlichen. Sie zählen daher häufig zu den symptomatischen Verhaltensauffälligkeiten, die Merkmale einer körperlichen Ursache sind. Dazu gehört eben auch die Trageerschöpfung.

Insbesondere plötzliche Verhaltensänderungen sollten immer als Warnsignale ernst genommen werden. Wenn beispielsweise auf einmal Probleme beim Aufsteigen auftreten, haben diese mit ziemlicher Sicherheit eine körperliche Ursache.

Stress

Stress ist zunächst einmal eine physische als auch eine psychische Reaktion auf Reize und muss nicht zwangsläufig schlecht sein. Akuter Stress setzt Energie frei und steigert kurzfristig Leistung und Aufmerksamkeit, indem er den Körper in eine erhöhte Alarmbereitschaft versetzt. Wenn der Körper auf Stress antwortet, starten verschiedene Reaktionen,

Zeichnung: Dr. Sandra Ruzicka

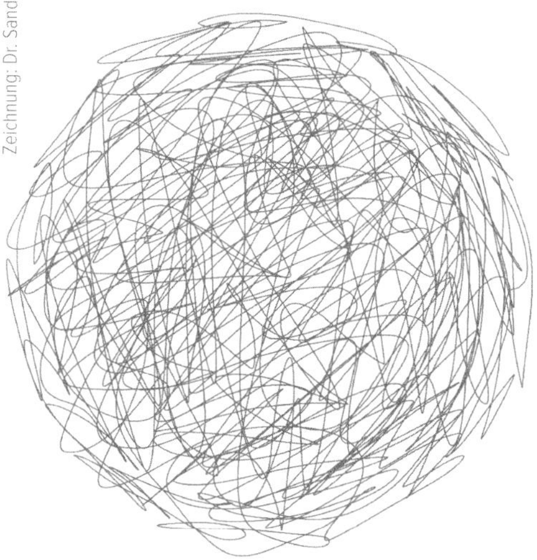

die als Stresskette bezeichnet werden. Der Sympathikus wird aktiviert und Hormone wie Adrenalin, Noradrenalin und Cortisol werden freigesetzt. Diese bewirken eine Steigerung des Herzschlags, des Blutdrucks und der Atemfrequenz. Auch die Muskulatur wird besser durchblutet und ihre Spannung erhöht, um den Körper optimal auf eine mögliche Kampf- oder Fluchtreaktion vorzubereiten. Besonders die inneren Lendenmuskeln und die gesamte Streckerkette werden aktiviert. Der Körper stellt sich insgesamt auf einen höheren Energieverbrauch ein, da das Pferd für eine Flucht vor allem Schnelligkeit und für einen Kampf Kraft beziehungsweise Schnellkraft benötigt. Gleichzeitig werden Immunsystem und Verdauung zugunsten der Muskelleistung heruntergefahren; die Schmerzempfindlichkeit nimmt ebenfalls ab. Auf diese Weise wird der gesamte Körper in Handlungsbereitschaft versetzt.

Wichtig für die Gesundheit des Organismus ist, dass dieser anschließend wieder in der Lage ist, zu seinen Ausgangszustand zurückzukehren. Nachdem die Gefahrensituation vorüber ist, beginnt der Körper Signale auszusenden, um die Stressreaktion abzuschwächen und das Gleichgewicht im Körper wiederherzustellen. Der Parasympathikus ist dafür verantwortlich, den Körper zu entspannen, den Herzschlag und den Blutdruck zu senken und die Atmung zu normalisieren.

Allerdings kann es bei anhaltendem Stress schwierig sein sich ausreichend zu erholen, was dazu führt, dass in dem Erregungszustand verweilt wird. Chronischer Stress aktiviert den Körper dauerhaft, was zu Erschöpfung führt und körperliche und geistige Folgen hat. Es entstehen Gesundheits- und Verhaltensprobleme.

Die Muskelspannung bleibt hoch, was dazu führt, dass weder Losgelassenheit noch Muskelaufbau möglich sind. Irgendwann verkümmern die Muskeln. Besonders die durch den Sympathikus aktivierte Streckerkette ist davon betroffen und häufig tritt Muskelschwund in der Sattellage auf. Stressinduzierte Rückenschmerzen sind die Folge. Auch können Muskelschmerzen und -verspannungen zu Schonhaltungen, kompensatorischen Blockaden, Entzündungen und vorzeitigem Verschleiß des Bewegungsapparats sowie zur Steigerung des Verletzungsrisikos führen. Weil Schmerzen neuen Stress auslösen, wird eine Abwärtsspirale in Gang gesetzt. Ebenfalls ungünstig für die Muskulatur, aber auch für den Rest des Körpers ist, dass die Atmung flach und hektisch bleibt. Zwerchfell und

Atemmuskulatur verspannen sich; die Sauerstoffversorgung wird schlechter. Dies hat Auswirkungen auf den gesamten Organismus.

Eine vermehrte Anzahl von Stresshormonen kann zu einem erhöhten Säuregehalt im Magen führen. Dadurch steigt das Risiko für Magengeschwüre. Darüber hinaus kann Stress zu weiteren Komplikationen wie Kotwasser oder Koliken führen. Chronischer Stress hat noch andere Auswirkungen auf den Körper, insbesondere auf Immunsystem und Wundheilung. Durch die ständige Ausschüttung von Stresshormonen wird das Immunsystem geschwächt und das Risiko für Infektionskrankheiten erhöht. Zudem kann es zu Hauterkrankungen und Wundheilungsverzögerungen kommen, da die Haut bei Stress zugunsten erhöhter Alarmbereitschaft nicht ausreichend versorgt wird. Auch das Herz-Kreislauf-System nimmt bei andauerndem Stress durch seine erhöhte Aktivierung Schaden.

Leider ist bei Pferden mit Trageerschöpfung ein angeschalteter Fluchtmodus ein Dauerzustand! Ein großes Problem ist, dass sich Stress aus unterschiedlichen Bereichen summiert und es ein sogenanntes Stresstoleranzniveau gibt. Ist besagtes Niveau überschritten, kann keine Adaption des Verhaltens mehr stattfinden. Das Pferd ist völlig überreizt, kann Stress – welcher Art auch immer – nicht länger verkraften und entwickelt eine Verhaltensabweichung. Die Folgen reichen von unerwünschtem Verhalten bis hin zu Verhaltensstörungen. Erste psychische Folgen von Stress reichen von innerer Anspannung über Konzentrationsschwierigkeiten, Reduzierung der Aufmerksamkeitsfähigkeit bis hin zur Verschlechterung der Gedächtnisleistung. Der Extremfall ist die Panik. Im Stresszustand ist Lernen nur noch bedingt bis überhaupt nicht mehr möglich.

Wie lässt sich Stress erkennen? Es gibt verschiedene Anzeichen anhand derer man das Stresslevel des Pferdes deuten kann. Gestik und Mimik sind wichtige Parameter. Eine gestresste Pferdemimik zeigt sich oft durch Anspannung im Gesicht, insbesondere um Augen, Nüstern, Maul und im Bereich der Kaumuskulatur. Das Pferd kann panisch wirken oder eine Unmuts- oder Drohmimik zeigen. Auch ein Erschöpfungsgesicht mit leerem Blick oder ein Schmerzgesicht sind Anzeichen großer Belastung. Im Extremfall der Panik können weit geöffnete Nüstern hinzukommen.

Ein hervorragendes Stimmungsbarometer ist die Schweifhaltung. Deutlich höher als normal und aufgestellt weist auf Erregung hin, während ein eingeklemmter Schweif Angst und ein schlaffer Schweif Schmerz anzeigen kann.

Bei gestressten Pferden ist die dorsale Kette aktiv, um auf eine potenzielle Flucht vorbereitet zu sein. Das gilt ebenfalls für die passiven, leisen Vertreter. Puls und Atmung sind erhöht, der Muskeltonus ist sehr fest und das Pferd wirkt steif. Es treten alle Anzeichen fehlender Losgelassenheit wie ein verspannter Rücken, unregelmäßige und flache Atmung sowie taktunreine Gänge auf. Die Bewegungen werden aufgrund der festgehaltenen Muskulatur ruckartig und fließen nicht mehr durch den Körper.

Zudem sind dem Stress typische körperliche Anzeichen und bestimmte Verhaltensweisen zuzuordnen. Natürlich zeigt nicht jedes Tier die gesamte Palette. Je nach Bewältigungstyp werden bei andauerndem Stress unterschiedliche Varianten der Verhaltensanpassung genutzt: Flucht und Kampf oder Resignation.

Extrovertierte Tiere sind im Austausch mit der Umwelt, reagieren mit erhöhtem Energielevel, sind aktiv lösungsorientiert, entwickeln schnell Verhaltensauffälligkeiten, können zu Aggressivität tendieren, wenn sie nicht ausweichen können und bekommen eher Herz-Kreislauf-Probleme. Ständiges Kotabsetzen, ein drachenähnliches Prusten und übermäßiges Schwitzen ohne äquivalente körperliche Anstrengung zeigen ihr hohes Stresslevel an. Überreaktionen wie häufiges Wiehern und unverhältnismäßig hohe Reaktionen auf Außenreize und Unaufmerksamkeit sind zu beobachten. Übersprungshandlungen wie Schweifschlagen, Hochwerfen des Kopfes, Zähneknirschen oder Schnappen nach Strick oder Person werden gezeigt. Manche Tiere sind unruhig und nervös bis hin zur Hysterie oder sehr ängstlich; sie zeigen intensives Fluchtverhalten wie übermäßiges Erschrecken und Durchgehen.

Es gibt allerdings auch Pferde, die sich bei Stress passiv verhalten und sich immer weiter in sich selbst zurückziehen. Sie werden kraftlos, erschöpft und teilnahmslos bis hin zu einer nahezu völligen Reaktionslosigkeit. Oft sind das sehr sensible Pferde, die aus Eigenschutz immer weiter abstumpfen und leider häufig zu Unrecht als stur eingestuft werden, obwohl sie einfach nur resigniert haben. Auch diese Pferde sind massiv gestresst – ihre äußere Ruhe wird fälschlicherweise leicht mit innerer verwechselt! Die Endstation bei diesen introvertierten Pferden ist häufig die erlernte Hilflosigkeit, die zu einer depressiven Lethargie führen kann, weil diese Tiere generell eher erstarren, sich zurückziehen und eine passive Haltung annehmen. Sie gelten als immunschwächer.

Bei chronischem Stress nimmt das allgemeine Wohlbefinden immer weiter ab und es kommen körperliche Folgen hinzu. Verallgemeinernd kann man sagen, dass die Anfälligkeit für Verletzungen, Krankheiten und Verhaltensauffälligkeiten steigt.

Lang anhaltender Stress wird sich immer in Körper und Seele manifestieren!

Gestik, Mimik[20] und Körpersprache

Trageerschöpfung ist ein Langzeitgeschehen, bei dem sich Veränderungen im Pferdekörper allmählich und schleichend vollziehen und deshalb oft schwer zu erkennen sind. Daher ist es wichtig, Gestik und Mimik zu interpretieren, um Aussagen über das momentane Wohlbefinden des Pferdes treffen zu können. Das optische Ausdrucksverhalten ist ein wichtiges Hilfsmittel zur Diagnosestellung, das auch Muskelspannung, Körperhaltung, Aufmerksamkeit, Erregungsniveau, Kopfhöhe und Richtungsvektor (wohin lehnt sich der Körper) umfasst. Ohren, Maulpartie, Rückenspannung und Schweif sind besonders aussagekräftige Stimmungsindikatoren. Auch Schweißproduktion und Kotverhalten können wichtige Informationen liefern.

20 **Gestik** umfasst die Gesamtheit aller Gesten.
Unter **Mimik** versteht man die Ausdrucksmöglichkeiten des Gesichts (Augen, Ohren, Maul, Nüstern und den Spannungszustand der Kaumuskulatur).

Schmerz

Pferden fehlt ein Schmerzlaut – mit Ausnahme von sehr großer, akuter Qual, bei der sie schreien oder stöhnen können. Dies birgt die Gefahr, dass Schmerzen bei Pferden übersehen oder unterschätzt werden. Pferde leiden still, daher ist es umso wichtiger, die subtilen Anzeichen richtig zu deuten.

Schmerz ist eine subjektive Empfindung, das heißt jeder nimmt ihn anders wahr. Die Horse Grimace Scale (HGS) versucht eine objektive Skalierung anhand von mimischen Parametern zu schaffen. Diese standardisierte und wissenschaftlich überprüfte Methode kann helfen, Schmerzen zu quantifizieren. Mithilfe von sechs Gesichtspartien lässt sich die Intensität eines Schmerzgeschehens einschätzen.

Entspannte Mimik und das Schmerzgesicht

Oben im Bild ist die Mimik eines entspannten Pferdes, unten das mit einem Schmerzgeschehen dargestellt.

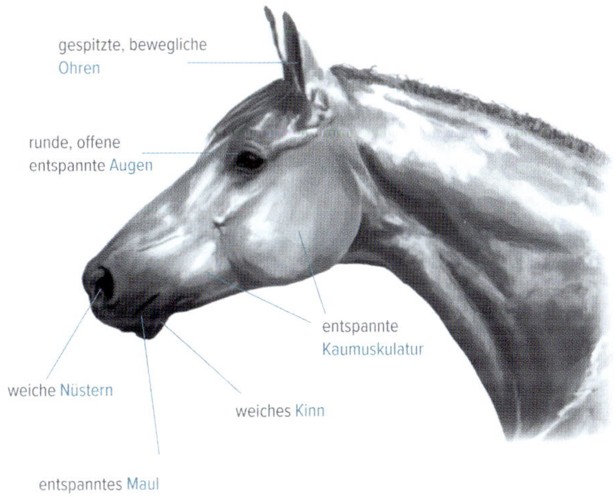

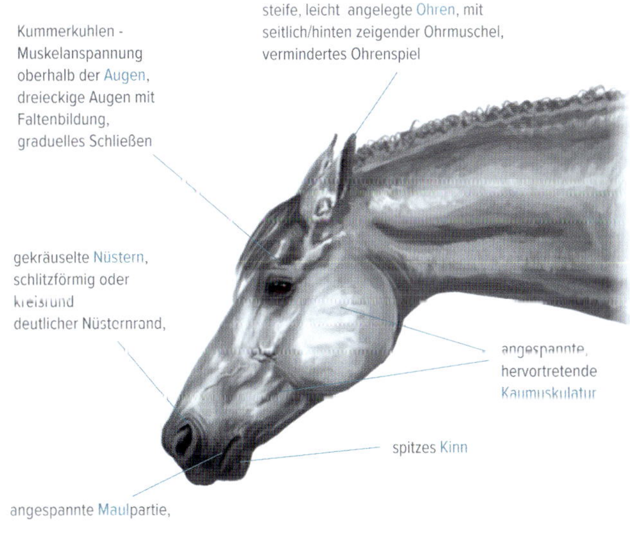

Folgende sechs Gesichtspartien werden in der HGS untersucht:

- [ ] Ist die **Muskelpartie über den Augen** angespannt, sodass die Höhle über den Augen hervortritt und Sorgenfalten entstehen? Die Augen wirken starr, glasig und leer. Es fehlen Glanz, Bewegung und Blickkontakt. Es entstehen Kuhlen über den Augen, sogenannte Kummerkuhlen
- [ ] Schließt das Pferd die **Augen** teilweise oder sogar vollkommen?
- [ ] Ist die **Maulpartie** angespannt und besitzt eine kantige, markante Kinnbildung?
- [ ] Hat das Pferd eine angespannte und hervorgetretene **Kaumuskulatur**?
- [ ] Sind die **Nüstern** angespannt und erweitert oder zu Schlitzen abgeflacht? In manchen Fällen wird die rosa Schleimhaut in den Nüstern sichtbar. Der Nüsternrand ist fest und deutlich abgesetzt.
- [ ] Trägt das Pferd seine **Ohren** steif, mit seitlich nach hinten zeigenden Ohrmuscheln? Das **Ohrenspiel** ist eingeschränkt oder fehlt sogar völlig; die Ohren sind nach hinten-unten gerichtet

Zusätzlich können **Blutgefäße** vergrößert hervortreten. Abhängig von Temperatur, momentaner Leistung und Rasse sollten diese natürlich in Relation betrachtet werden.

Jede Frage kann mit 0 bis 2 Punkten bewertet werden, woraus sich eine maximale Punktzahl von 12 ergibt. In diesem Fall hätte das Pferd akute und extreme Schmerzen.

0 Punkte = **nicht vorhanden**

1 Punkt = **moderat vorhanden**

2 Punkte = **deutlich vorhanden**

Achtung vor Momentaufnahmen: Bildet bitte immer einen Mittelwert.

Foto: © iStockphoto.com/acceptfoto

Horse Grimace Scale – Beurteilung linke Abbildung

Spannung oberhalb der Augen: 2
Spannung Maulpartie und Kinn: 2
Angespannte und hervortretende Kaumuskulatur (schwer zu sehen unter der Trense): 0
Oberlidschluss: 1
Ohrenposition: 2
Nüsternform und Nasenprofil: 2
Summe = 9;

Ab Werten von 5-6 geht man von deutlichen Schmerzen aus.

Eine andere Schmerzskala für Pferde ist die **Composite Pain Scale** (CPS), die sich nicht nur auf die Mimik beschränkt. Hier werden Körperhaltung, Schwitzen, Schlagen gegen den Bauchbereich, Scharren, Bewegung, Kopfbewegung, Appetit, Reaktion auf Hörreize und Berührung, PAT-Werte und Darmgeräusche bewertet.

Es ist wichtig zu wissen, dass der Ausdruck von Schmerz je nach Einflussfaktoren vermindert oder verstärkt gezeigt werden kann. Beispielsweise können Angst, Stress oder ein Schockzustand die Schmerzen vervielfachen oder aber auch vollständig unterdrücken.

Zusätzlich können Änderungen in Gestik, Korperhaltung und Verhaltensauffälligkeiten weitere Informationsquellen liefern, um die Interpretation eines Schmerzgeschehens zu unterstützen. Die Bandbreite der durch Schmerzen induzierten Verhaltensauffälligkeiten reicht von ängstlichem Meideverhalten über Aggressivität bis hin zu Apathie.

Zustand der erlernten Hilflosigkeit

Erlernte Hilfslosigkeit ist ein Zustand mit dem Gefühl, an der belastenden Situation nichts verbessern zu können. Das Tier verfällt in eine Resignation – es wirkt wie abgeschaltet, zeigt einen Verlust jeglicher Eigeninitiative und Motivation. Oft werden diese Pferde durch Kadavergehorsam als anspruchslose Befehlsempfänger fehlinterpretiert, dabei haben sie nur gelernt bedingungslos zu ertragen!

Besonders die introvertierten Tiere, die einen passiven Bewältigungsmechanismus zeigen, verkriechen sich häufig immer weiter in sich selbst und zeigen weniger Reaktionen auf

Foto: © iStockphoto.com/cheangchai4575

Umweltreize. Aber man kann auch extrovertierte Persönlichkeiten dazu bringen aufzugeben.

Die erlernte Hilfslosigkeit ist ein stummer Hilferuf. Äußere Ruhe ist bitte nicht mit Entspannung zu verwechseln! Diese Pferde sind höchst gestresst und emotional völlig erschöpft.

Ursachen findet man in Haltung und Umgang und meist in Kombination mit einem Schmerzgeschehen. Häufig ist die Resignation bei Schulpferden, bei Tieren in Boxenhaltung ohne Sozialkontakt und bei denen, die in Rollkur geritten werden, anzutreffen.

Erkennungsmerkmale

Gestik und Mimik sind quasi nicht mehr vorhanden und es ist kein Ohrenspiel zu beobachten. Die Ohren hängen oft seitlich von einer schlaffen Basis herab. Erlernt hilflose Pferde haben ausdruckslose, nach innen gerichtete Augen und zeigen in gewohnter Umgebung ein sehr geringes Interesse an Außenreizen. Sie wirken kraftlos, sind in sich zusammengesunken und verlagern mehr Gewicht auf ihre Vorhand – eine trageerschöpfte Körperhaltung. Man könnte formulieren, dass dies einer psychischen Trageerschöpfung entspricht … Zumindest leistet es einen Beitrag zum Gesamtzustand der Tragkraft.

Aussagen über ein chronisches Schmerzgeschehen können durch allmähliche Änderungen des körperlichen Zustandes (z.B. Fellbeschaffenheit, Augenausdruck, Ohrenspiel, Muskelschwund, Abmagerung etc.) und des Verhaltens (Appetit, Interaktion mit der Umwelt, Verhalten in der Herde, im Umgang oder bei der Nutzung, Rangverlust, Abnahme der Bewegungsfreude, verändertes Liegeverhalten, Blickrichtung zur Wand etc.) getroffen werden. Außerdem existiert ein Schmerzgedächtnis, eine Schmerzerinnerung. Selbst wenn das eigentliche Geschehen vorüber ist, reagiert das Pferd mit einer negativen Erwartungshaltung. Ein ganz typisches Beispiel ist der Sattelzwang.

Es ist mir ein Anliegen an dieser Stelle deutlich zu betonen: Bitte nehmt Pferdeverhalten nicht persönlich! Pferde sind kognitiv gar nicht in der Lage, sich in ein anderes Wesen hineinzuversetzen und schon gar nicht, ihm absichtlich das Leben schwer zu machen. Sätze wie: „Der ist so stur!", oder „Die will mich testen" sind nicht gerechtfertigt und implizieren falsche Antworten unsererseits, weil wir Mutwilligkeit unterstellen. Arbeitet ein Pferd nicht mit, ist das entweder Unverständnis oder einem hohen Stresslevel geschuldet. Der Mensch wird nicht als souveräne Leitfigur anerkannt oder sein Verhalten ist ein Symptom körperlicher Probleme.

Hier sind einige Beispiele für Differenzialdiagnosen

„Der sture Bock hat keine Lust zu laufen." Vielleicht ist er trageerschöpft, die übersäuerte Muskulatur ermüdet schneller und alles tut ihm weh?

„Da musst du dich mal durchsetzen!" Vielleicht kommen die Rittigkeitsprobleme durch Blockaden oder Kissing Spines, weil die Trageerschöpfung einen Senkrücken verursacht hat?

„Reit da mal drüber weg, der stellt sich nur an." Vielleicht kann das Pferd seine Beine durch unzureichende Reizweiterleitung nicht richtig fühlen?

„Der hat nur keine Lust zu springen!" Vielleicht schmerzen in der Landephase Halsbasis und Rumpftrageapparat so sehr, dass er deshalb verweigert?

„Die ist immer so zickig beim Satteln, ist halt `ne Stute." Vielleicht hat sie Gurtzwang durch eine gestaute Bauchvene, überlastete Bauchmuskeln oder Rückenschmerzen? Auch Magenprobleme können die Ursache sein.

„Das Pferd ist so brav, es ist das perfekte Schulpony." Vielleicht ist es erlernt hilflos durch falsche Bewegungsvorstellungen, bei deren Umsetzung zu kurze Hilfszügel verwendet wurden? Oder es hatte vorher schon Schmerzen, konnte kein losgelassenes Gangbild zeigen und wurde deshalb ausgebunden?

„Der ist ganz artig. Er hat nur nicht gelernt beim Aufsteigen stillzustehen und ich komm ja auch so hoch." Vielleicht hat er eine Schmerzerwartung durch das Reitergewicht?

Kompensationsbeispiele

0.	Positivbeispiel	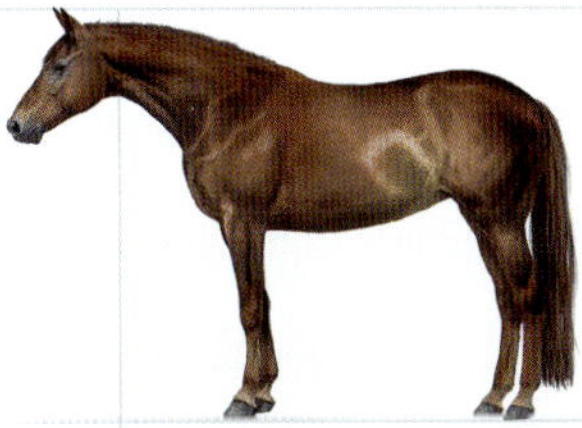
1.	Modell „V“	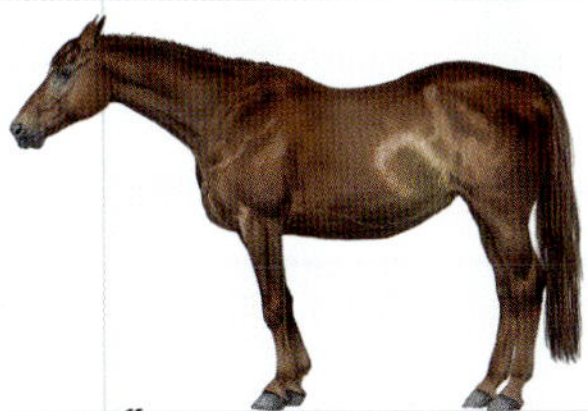
2.	Modell „Überstreckt“	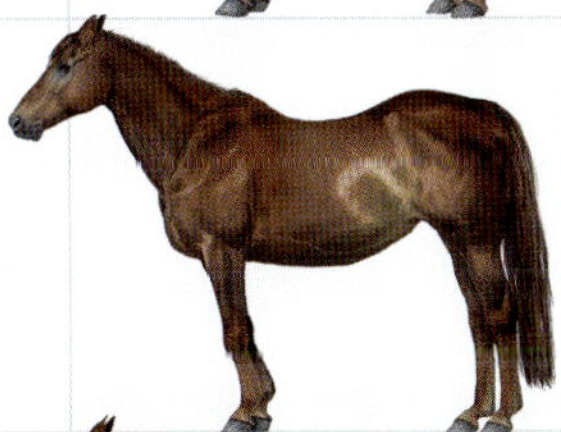
3.	Modell „Überstreckt in Schrittstellung“	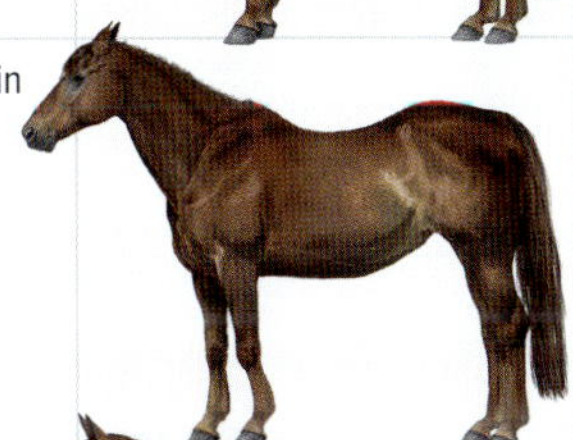
4.	Modell „Bergauf“	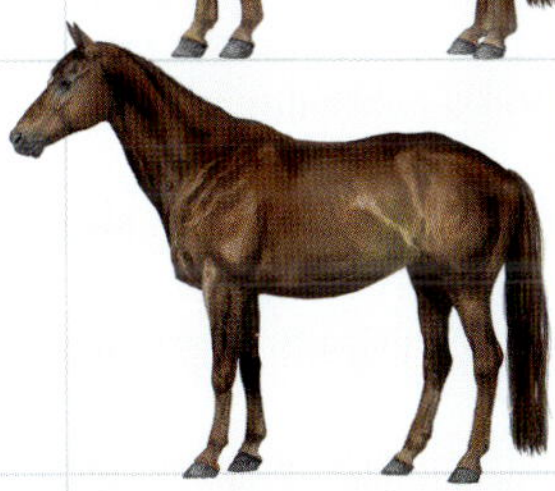
5.	Modell „Bergab“	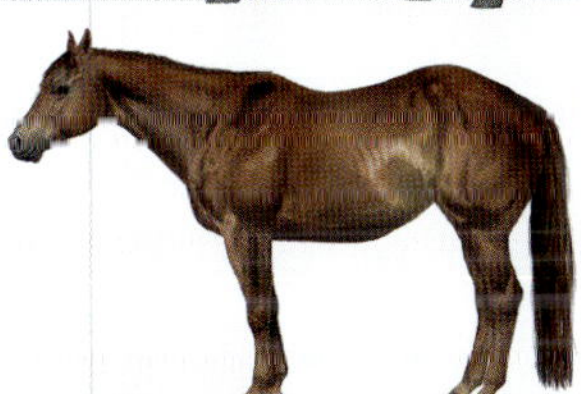
6.	Modell „Durchhängend“	

Was unterscheidet das erste Pferd von den anderen? Es ist die Art und Weise, wie es in der Lage ist, seinen Rumpf zu heben, selbst wenn ein Reiter darauf sitzt. Dies ist ein Positivbeispiel eines Warmbluts. Es gibt natürlich auch andere Ideale in den jeweiligen Zuchtzielen.

Allen Kompensationsmustern ist gemeinsam, dass der Brustkorb nach unten absackt und die Hankenbeugung eingeschränkt wird.

Dadurch senkt sich ebenfalls die Wirbelsäule im Bereich des Halsansatzes und der vorderen Sattellage, der Widerrist erscheint kürzer und der Schwerpunkt wandert nach vorne. Die Pferde versuchen dann auf verschiedene Arten den Schwerpunkt wieder nach hinten zu verlagern, weil sie das Gefühl haben umzukippen.

Dabei verändern sich immer Ober- und Unterlinie, Bemuskelung und Gliedmaßenstellung. Besonders auffällig wird die Hals- und Schulterregion; diese verspannt in jedem Fall. Wenn man es genau nimmt, verändert sich das gesamte Pferd.

Wie das jeweilige Individuum kompensiert, hängt von diversen Faktoren ab und kann nur grob vorhergesagt werden. Es kommt immer auf den Gesamtkontext an. Einige Ideen sind:

- Wie hoch ist die **Faszienspannung**? Hohe Tonisierungen können unter anderem verhindern, dass ein kompletter Senkrücken entsteht, niedrige tendieren zum Durchhängen.
- Lange **Rücken** mit langer Lende können die kompensatorische Flexion der Lendenwirbelsäule oft irgendwann nicht mehr halten und gehen auch hier in eine Dauerextension, kurze Rücken tendieren häufiger zum aufgewölbtem Karpfenrücken, vor allem gepaart mit hoher Faszienspannung.

- Es kommt auf die **Halsform** an, in welcher Richtung ein Pferd ausgleicht. Ein hoher **Halsansatz** begünstigt das letzte Modell, ein tiefer das vorletzte.

- Die **Winkelung des Beckens** und die **Gliedmaßenstellung** geben eine Tendenz vor, in welche Richtung die Verschiebung erfolgt – flacher oder abschüssiger, unter- oder rückständig. Die Tendenz geht immer zu den Extremen.

- Ein hoher **Widerrist** tendiert eher zum Modell „Bergauf", ein tiefer zum „Bergab".

- Natürlich spielt die gesamte Genetik eine große Rolle, insbesondere die **Proportionen**.

- Einen immens großen Stellenwert nehmen allerdings auch die **Ausbildung** und damit zusammenhängend die Art der **Bewegungsmuster** ein! Aus diesem Grund ist es wirklich schwer vorherzusagen, in welcher Art ein bestimmtes Pferd kompensiert.

Die Fehlhaltungen der Trageerschöpfung sind vielfältig. Wir haben versucht, die „großen Varianten" darzustellen und alle Symptome abzudecken. Diese sind allerdings mischbar. Sucht also nicht nach genau diesem Modell bei eurem Pferd, sondern versucht das Prinzip zu verstehen. Wie gesagt, Pferde kompensieren individuell.

Modelle

Modell „V"

Dies ist die Form, die man am häufigsten zu Beginn einer Trageerschöpfung beobachtet, wenn das Pferd mit einem relativ „normalen" Exterieur und mittelelangem bis langem Rücken gestartet ist. Analog der Kompensationskette entsteht dann oft diese Körperhaltung. Der Rumpf ist abgesackt, die gesamte Brustwirbelsäule in einer Hohlkreuzsituation, die Lende in kompensatorischer Flexion. Die Gliedmaßen zeigen ein „V". Die Rückenlinie ist typisch verändert: der Oberhals wenig ausgeprägt, die Sattellage ist schlecht bemuskelt, der Widerrist kurz und abgehackt, ein Senkrücken entsteht und der Schweifansatz ist nach oben verlagert.

Obwohl es einen Hängebauch hat, ist das Pferd gleichzeitig rippig und hat keine Fettdepots. Es zeigt eine Schmerzmimik und die Bauchwandvene ist angestaut. Das Becken ist etwas flacher gekippt, die Winkel in Knie und Sprunggelenk sind geöffnet, es tendiert zum Überbautsein und die Sitzbeinmuskulatur ist hypertroph.

Das Brustbein schaut heraus und die vorderen Brustmuskeln sind in der Seitenansicht ebenfalls erkennbar. Das Schulterblatt steht steiler, die zugehörigen Muskeln sind verspannt und der dreiköpfige Oberarmmuskel ist deutlich vergrößert.

Dieses Pferd hat noch nicht den typisch gestauchten Hals mit ausgeprägtem Unterhals. Aber seine Halsbasis ist bereits eingeschränkt. Es schafft es bisher, die Hyperextension im CTÜ einigermaßen auszugleichen, indem es seinen Hals weit vorstreckt und die Ganasche öffnet. Die Hinterhand ist in der Lage, als Gegengewicht auszugleichen. Frei ist seine Halsbasis dennoch nicht.

Da es noch keine gravierenden Sekundärschäden gibt, ist in diesem Stadium eine Trageerschöpfung gut regenerierbar.

Modell „Überstreckt“

Eine lang andauernde Trageerschöpfung kann in einem überstreckten Modell wie diesem hier enden. „Überstreckt“ bezieht sich sowohl auf die gesamte Rückenlinie als auch auf die Hinterhand. Die dorsale Kette ist chronisch aktiviert, was bedeutet, dass sich das Pferd myofaszial in einem Fluchtmodus befindet, der wiederum in Rückkopplung der Psyche Dauerstress signalisiert. Die Oberlinie ist so verspannt und durchgedrückt, dass eine Dehnungshaltung und dadurch ein Spannen des Nackenrückenbandes und ein Federn im Fasziensystem unmöglich geworden ist. Der Senkrücken ist jetzt stark ausgeprägt.

Der Hals ist maximal verkürzt, die Kompression in der Halsbasis enorm und der CTÜ in Schwierigkeiten. Die S-Kurve der Halswirbelsäule ist verschärft und verursacht einen erworbenen Hirschhals inklusive deutlichem Unterhals, Axthieb und steilem Genick. Die Halsbasis ist gefangen in einem völlig verspannten Rumpftrageapparat.

Der abgesackte Brustkorb verursacht eine erhebliche kompensatorische Verspannung oberhalb dieser Region und fixiert Halsbasis und Rumpf in der tiefen Position. Um nicht umzufallen trägt das Pferd den Kopf erhöht, da das seinen Schwerpunkt weiter nach hinten verlagert.

Die Lende ist nun matt und der Senkrücken hat sich bis zum hinteren Rücken ausgeweitet, weil der große Lendenmuskel, der bisher von ventral stabilisiert hat, seinen Dienst quittiert.

Sekundärschäden entstehen. Besonders die Gliedmaßen nehmen durch ungesunde Bewegungsmuster Schaden: An der linken Vordergliedmaße besteht ein Beugesehnenschaden, der das Bein in eine Vorbiegigkeit bringt, hinten liegen Fesselträgerschäden vor, die Durchtrittigkeit bedingen. Durch die Schmerzen kann die Vorständigkeit der Hinterhand nicht aufrechterhalten werden und im Langzeitgeschehen ändert sich ihre Stellung. Die Wirbelsäule zeigt Engstände. Die Liste wäre verlängerbar ...

Dieses Modell ist das vorangegangene multipliziert mit dem Faktor Zeit. Eine Trageerschöpfung in diesem Ausmaß ist nicht mehr vollständig reversibel.

In diesem Modell haben wir ein Extrem ausgedrückt. In der Praxis sind in der Regel nur Anteile davon anzutreffen.

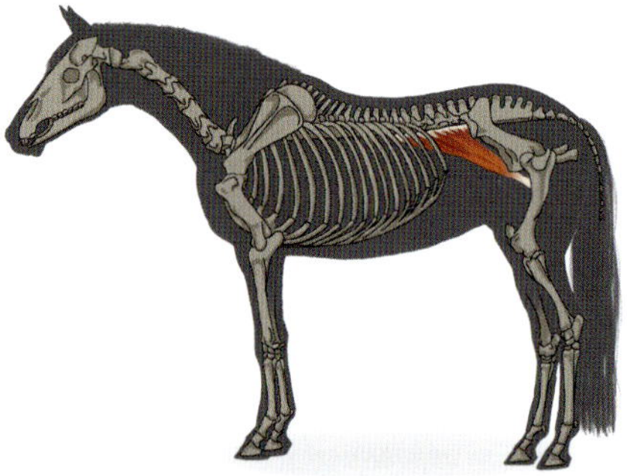

Musculus psoas major – großer Lendenmuskel

Der Musculus psoas major gehört zur Beckengürtelmuskulatur. Er verläuft im Bauchraum des Pferdes und ist Teil der ventralen Kette. Der Muskel entspringt bauchwärts an den Lendenwirbelkörpern, an der Basis ihrer Querfortsätze sowie an den letzten Brustwirbeln und den zugehörigen Rippen. Von dort aus zieht er durch das Becken und setzt hüftgelenksnah medial am Oberschenkelknochen an.

Eine Kontraktion des großen Lendenmuskels führt die Hintergliedmaßen nach vorn, indem er das Becken steiler stellt. Durch seinen Ansatz innen am Oberschenkel dreht er das Kniegelenk dabei nach außen. Er stabilisiert die Lendenregion und kann diese auch aktiv in eine Extension bringen. Der Psoas major kann dazu beitragen, den Rumpf des Pferdes nach hinten zu ziehen, wenn die Hintergliedmaßen rückwärts gestellt werden.

Bei Fluchttieren spielt der Muskel eine große Rolle: In bedrohlichen Situationen aktiviert er durch eine unwillkürliche, schnelle Kontraktion die Hinterbeine und bringt diese in eine Stellung, in der geflohen oder gekämpft werden kann. Auch korrelieren Schreckmomente, die mit Luftanhalten einhergehen, genauso mit einer Verkürzung des Lendenmuskels.

Jeder Fluchtimpuls ist als ein energetisches Potenzial zu betrachten. Problematisch wird es, wenn das Pferd häufig Stresssituationen ausgesetzt ist, aber nicht fliehen kann – die ungenutzte Energie wird dann im Gewebe gespeichert und der Muskel wird immer fester und fester ... Dieser verhärtete Dauerzustand suggeriert leider rückwirkend dem Körper wiederum eine Gefahr und der negative Kreislauf schließt sich.

Der große Lendenmuskel wird aufgrund dieser Verbindung auch als Seelenmuskel bezeichnet und man sagt ihm nach, dass dort Angst und psychische Traumata gespeichert werden. Wenn man bedenkt, dass ein Trauma durch ein Gefühl absoluter Hilflosigkeit in einer ausweglosen Situation verursacht wird, in der man keine Selbstwirksamkeit besitzt und nicht fliehen kann, ist diese Verknüpfung einleuchtend.

Was bedeutet das nun im Hinblick auf Trageerschöpfung?

Der Psoas wird aktiviert, um dem abgesackten Brustkorb entgegenzuwirken (falls er das nicht vorher bereits war). Er ist ein Hilfsinspirator und beteiligt an der Einatmung, da er mit dem Zwerchfell verbunden ist. Diese Verbindung hat Auswirkungen auf die Atmung des Pferdes: Ist der Lendenmuskel dauerhaft verspannt, fixiert er die Lunge in einer Einatemstellung. Dies führt zu Veränderungen im Atemrhythmus – dieser wird flacher und seine Frequenz erhöht sich.

Die Kontraktion zieht außerdem den thorakolumbalen Übergang in eine Extensionsblockierung. Weil der verspannte Lendenmuskel das Becken und damit auch das Kreuzbein steil stellt und ebenfalls von unten an der Lendenwirbelsäule zieht, bringt ein dauerhaft kontrahierter Psoas den LSÜ in Schwierigkeiten, weil Zug von beiden Seiten herrscht. Da das Schmerzen verursacht, kompensiert die Lende zunächst, indem sie sich aufwölbt, was allerdings noch mehr Spannung in den Lendenmuskel bringt. Und wie wir jetzt wissen, erhöht ein dauerhaft aktiver Psoas-Muskel den Stresspegel.

Bei manchen Pferden kommt irgendwann der Punkt, an dem sie sich ihrer Situation ergeben – das hat immer gleichzeitig sowohl körperliche als auch seelische Ursachen. Sie resignieren und kommen in den Zustand der erlernten Hilflosigkeit. Ihr Kampfeswille erlischt; sie geben sich selbst auf, psychisch und auch körperlich. Diese Pferde haben häufig eine atrophierte Muskulatur.

Wenn dieses Aufgeben nun auch den M. psoas major betrifft, fehlt die Stabilisation der Lende von unten. Oft ist diese dann kraftlos und matt und in jedem Fall wird das Becken flacher gestellt, weil der Muskel es nicht mehr in Position hält. Das verstärkt die bereits pathologischen Bewegungsmuster der Hinterbeine noch weiter. Das Resultat sind oft völlig überstreckte Knie sowie Sprunggelenke und durchtrittige Fesseln. Es können natürlich auch Pferde, die nicht von erlernter Hilfslosigkeit betroffen sind, ein flaches Becken mit matter Lende zeigen.

Nun tritt das große Nervengeflecht, das die Hinterhand versorgt, im Bereich der Lende aus. In der verspannten Phase quetscht der verkrampfte Psoas die Nerven und schränkt sie in ihrer Funktion ein. In der Phase, in der die Lende matt wird, werden durch die Extension die sich dorsolateral der Wirbelkörper befindlichen Nervenaustrittslöcher eng gestellt und die Nerven daraufhin geschädigt. Aus beiden Fällen resultiert eine eingeschränkte Reizweiterleitung, was die Koordination stark behindert, weil das Pferd quasi das Gefühl für seine Hinterhand verliert. Auch auf die Verdauung hat das negative Auswirkungen, da die für den Darmbereich zuständigen Nerven ebenfalls aus dem Plexus lumbosacralis stammen.

Eine Verspannung des Psoas-Muskels kann also das Gangbild des Pferdes beeinflussen, Schmerzen verursachen und negative Auswirkungen auf seine Körperhaltung haben. Außerdem werden Atmung und Verdauung geschädigt. All das verstärkt dann wiederum die Trageerschöpfung.

Ich möchte an dieser Stelle auf die Relevanz eines pferdegerechten Trainings hinweisen, das dem Fluchttier beibringt, mit Stress umzugehen. Insbesondere Reitmethoden, die auf Angst und Zwang basieren, lassen den Angstmuskel verkrampfen und leisten ihren Beitrag zur Trageerschöpfung.

Die Verbindung von Psyche und Körper ist untrennbar!

Modell „Überstreckt in Schrittstellung“

Das überstreckte Modell mit der fortgeschrittenen Trageerschöpfung kann nicht mehr geschlossen stehen: Sein Schwerpunkt wurde so weit nach vorn verlagert, dass es umfallen würde. Eine Schrittstellung der Vordergliedmaßen relativiert den Gleichgewichtsverlust etwas.

Vergleicht man das Pferd mit dem vorherigen, erscheint dieses hier deutlich weniger trageerschöpft. Das Gefühl trügt allerdings, denn außer der Stellung der Vordergliedmaße hat sich nichts geändert. Schaut deshalb immer genau hin. Ein Pferd, das nicht geschlossen stehen kann, hat ein Problem.

Modell „Bergauf“

Meist hört man über Trageerschöpfung: „Das sind doch die überbauten Pferde mit Hohlkreuz und atrophiertem Trapezmuskel.“ Ja, oft ist das richtig, aber eben nicht immer.

In diesem Muster stellt eine verkürzte innere Lendenmuskulatur das Becken steiler und die Hinterbeine werden mit geöffnetem Knie und Sprunggelenk weit unter den Körper gestellt. Das gibt das Bild einer nahezu geraden Rückenlinie, wenn das Pferd vorher schon tendenziell bergauf konstruiert war. Oft sind es Pferde mit hohem Widerrist und kürzerem Rücken, die in dieser Art kompensieren.

Dem Hals haben wir schon im Hinblick auf mögliche Ursachen für Trageerschöpfung eine Hyperflexionsmuskulatur mit Genickschleimbeutelentzündung gemalt; er hat die Form eines Hirschhalses erworben und im Arm-Kopf-Muskel befinden sich Muskelrisse. In diesem Modell ist die Oberlinie vor und hinter dem Widerrist sehr kurz und verspannt und die Halsbasis steht unter deutlichem Stress. Der Brustkorb ist abgesackt und das Brustbein steht hervor. Der nach vorn verlagerte Schwerpunkt wird durch eine hohe Kopf-Hals-Position und eine Schrittstellung in der Vorhand ausgeglichen. Insgesamt suggeriert das ein recht passables Gleichgewicht; allerdings ist diese Körperhaltung nicht in der Lage, verschleißfreie Bewegungsmuster auszuführen.

Durch eine verstärkte Schiefe zeigt das Pferd vorn unsymmetrische Hufe der Vordergliedmaße, die sich in Form, Höhe und Winkelung unterscheiden.

Hinten haben sich Gallen im Fesselbereich gebildet, die die Überforderung der lokalen Strukturen anzeigen. Die kraniale Unterarmmuskulatur ist hypertroph, weil die Vorhand versteckt rückständig steht. Dreiköpfiger Oberarmmuskel und Sitzbeinmuskulatur sind übermäßig ausgebildet, aber es fehlt funktionale Reitpferdemuskulatur. Alles in allem erweckt dieses Exemplar einen falschen Eindruck von Gleichgewicht und Muskulosität.

Ursachen können Rücken- oder Bauchschmerzen sein. Übertriebener Sporeneinsatz bedingt einen hochgeschürzten Bauch und einen Karpfenrücken. Generell verursacht eine stressdominierte Trainingsmethode eine Dauerkontraktion des *M. psoas major*. Eine Reitweise in absoluter Aufrichtung und eine genetisch eher in ein steiles Becken denkende Hinterhand sind ebenfalls prädisponierend.

Modell „Bergab“

In der Hinterhand dem vorangehenden Modell ähnlich, kompensiert dieses im Rest seines Körpers auf total unterschiedliche Weise. Das liegt daran, dass sein Gebäude bereits vorher in ein Bergab tendierte. Oft kompensieren Pferde mit stabiler Lende im Quadratformat in dieser Variante, wenn sie genetisch einen tiefen Halsansatz aufweisen. Aber auch längere Rücken mit einer steilen Becken Ausgangssituation gleichen in dieser Form einer abgeschlagenen Kruppe mit stark ansteigender Rückenlinie aus. Bei Pferden im Westerntyp und Ponys trifft man dieses Modell besonders häufig an.

Die vermeintlich tragfähige Hinterhand stabilisiert durch ein weiteres Abkippen des Beckens und einhergehende Vorständigkeit den abgesackten Brustkorb. Ergebnis ist ein deutlich überbautes Pferd, das den Hals als Gegengewicht zur nach hinten herausgeschobenen Hinterhand lang und tief hält. Mehr bergab geht nicht. Achtung: Dieses Kompensationsmuster täuscht lediglich Tragkraft vor. Der Thorax wird nicht angehoben und der Rumpf sackt genauso ab wie bei den restlichen Modellen.

Die Hinterhufe haben untergeschobene Trachten und lange Zehen, die Sitzbeinhöcker zeigen nach unten und die Kreuzbeinhöcker stehen prominent hervor.

Die steile Schulterpartie sieht zwar stark aus, ist aber nur kompensatorisch im unteren Bereich bemuskelt; es fehlen Oberhals und Muskulatur in der Sattellage, auch der Widerrist ist kurz. Die kraniale Unterarmmuskulatur ist hypertroph, um den durch die Rückständigkeit der Vorhand eingeschränkten passiven Stehmechanismus auszugleichen.

Neben einer Reitweise, auf die ich später noch genauer eingehen werde, sind Stress und das ursprüngliche Exterieur Auslöser für diese Muster.

Modell „Durchhängend“

Dieses Modell hängt essenziell mit dem Hals zusammen. Ein hoch angesetzter und schön gewölbter Hals führt meistens zu diesem Muster. Besonders gepaart mit weichem Bindegewebe entsteht ein Senkrücken mit massiver Schulterpartie. Trotz des gewölbten Halses sind Halsbasis und Brustkorb abgesackt und verspannt. Kommt dann noch Übergewicht hinzu, entsteht der „falsche“ barocke Typ.

Oft wird die schöne Halsung mit einer korrekten Aufrichtung verwechselt und diese Pferde deshalb dauerhaft zu hoch geritten. Da sie so nicht über den Rücken gehen können, führen falsch versammelte Gangarten zu dieser Kompensationshaltung. Was das Becken macht, ist diesem Muster gleich. Es gibt beide Varianten: die mit einem Steilerstellen und die mit flacherer Ausrichtung.

Die Hinterbeine werden nach hinten herausgestellt, was den Rumpf nach vorn schiebt. Die Vorhand versucht ihn zurückzustemmen und steht dafür senkrecht oder sogar leicht vorständig. Die Unterlinie ist offen und lang.

Weil die Dornfortsätze in der Sattellage so komprimiert sind, wechselt dieses Kompensationsmuster temporär in ein Gliedmaßen-„V“, um kurzzeitig zu entlasten.

Häufig ist dieses Modell bei Kaltblütern, Fahrpferden und barocken Rassen anzutreffen.

Vorsicht vor Vergleichsbildern!

Diese beiden Bilder eines jungen Percheron-Hengstes sind aus derselben Serie. Die jeweilige Aktivierung seines Rumpftrageapparats ist für die Unterschiede in den Körperhaltungen verantwortlich. Einmal lässt er sich mit langem Hals in der thorakalen Muskelschlinge hängen, was direkt mit einer Rückständigkeit der Vorhand einhergeht, auf dem anderen Bild trägt er sich: Sein Rumpf ist angehoben, die Kopf-Hals-Position deutlich höher und seine Gliedmaßenstellung ist nahezu regelmäßig. Eine Exterieurbeurteilung würde unterschiedlich ausfallen ... Deutlich erkennbar ist, was für ein Bewegungsausmaß der Rumpf in der Vertikalen hat und wie das mit Halshöhe und Beinen zusammenhängt.

Ein Pferd in seiner Entwicklung zu analysieren, gelingt am besten mit Vergleichsfotos. Aber diese müssen unter ähnlichen Rahmenbedingungen aufgenommen werden. Um reelle Aussagen treffen zu können, gilt es einiges zu beachten: Wie gesagt, die Halshöhe hat einen großen Einfluss und auch das Erregungslevel macht viel aus, denn Anspannung verfälscht direkt Schwerpunkt, Rückenlinie, Halshöhe und Unterhals. Wie ein Pferd sich präsentiert, ist abhängig vom Wetter (wenn es kalt ist, zieht sich der Rücken zusammen), von seiner Umweltorientierung (wie aufmerksam ist es beim Menschen?) und von der Umgebung (was ist drumherum so alles los?). Es ist tageszyklusabhängig – erwischt man an

Fotos: © iStockphoto.com/GlobalP

einem Tag die Ruhephase und am nächsten nicht, fällt der Vergleich bereits schwerer.

Bestenfalls fotografiert Ihr im Seitenbild mit der Kamera auf Bauchhöhe, um die Proportionen durch eine Winkelveränderung nicht zu verfälschen.

Überlasst es dem Pferd sich aufzustellen und nutzt möglichst denselben Ort mit ebenem, festen Untergrund. Am besten interpretierbar sind Bilder in derselben Halshöhe mit einem ähnlichen Erregungszustand. Falls das Pferd es euch anbietet, kann man bei geschlossenem Stand die besten Aussagen über Schulter- und Beckenwinkel treffen. Aber wie gesagt, auch eine Schrittstellung hat ihre Bedeutung.

Mithilfe von Bemuskelung und Ernährungs- und Gesundheitszustand kann man zeitlich etwas weitreichende Aussagen treffen, andere Eigenschaften hingegen sind Momentaufnahmen und dürfen gemittelt werden.

Im Folgenden werde ich Fotos von Pferden analysieren. Dabei geht es nicht um Vollständigkeit, sondern um die (meiner Meinung nach) aussagekräftigsten Details zu unserem Thema. Allen gemein ist, dass der Brustkorb abgesackt ist, auch wenn das nicht jedes Mal zusätzlich erwähnt wird.

Beispiele

„Unerklärbare Taktunreinheiten“

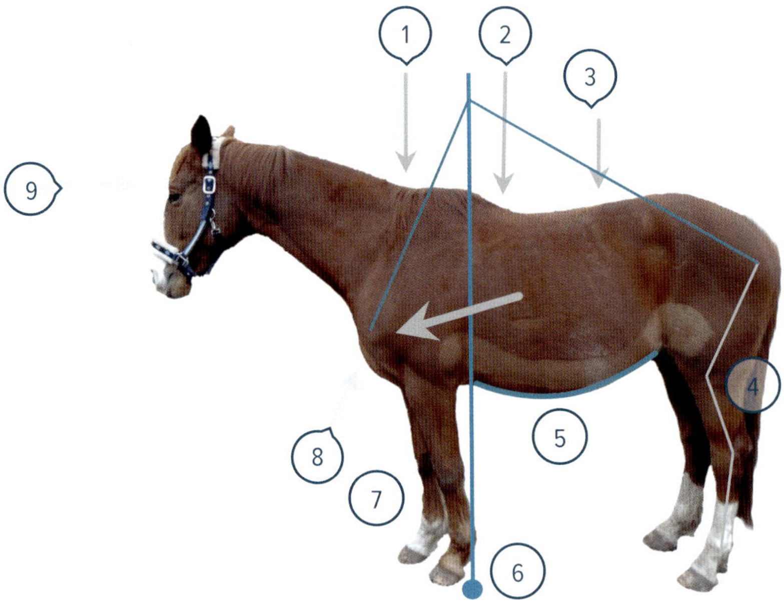

Foto: privat

1. Deutlicher Axthieb und langgestreckter Hals
2. Widerrist hervorstehend, kurz und abgehackt
3. Hochgezogenen Lende, Tendenz zum erworbenen Karpfenrücken
4. Hinterhand überstreckt, Hinterbeine vorständig
5. Hängebauch, birnenförmig, trotz Gewicht Rippenansätze zu sehen
6. Schwerpunkt viel weiter vorn als tiefster Punkt der Sattellage
7. Rückständigkeit der Vorhand
8. Brustmuskulatur und Brustbein hervorstehend
9. Stressmimik

- *Typisches Gliedmaßen „V“*
- *„Läuft irgendwie nicht rund“*
- *Viel Triceps, wenig Quadriceps*

„2 Pferde“

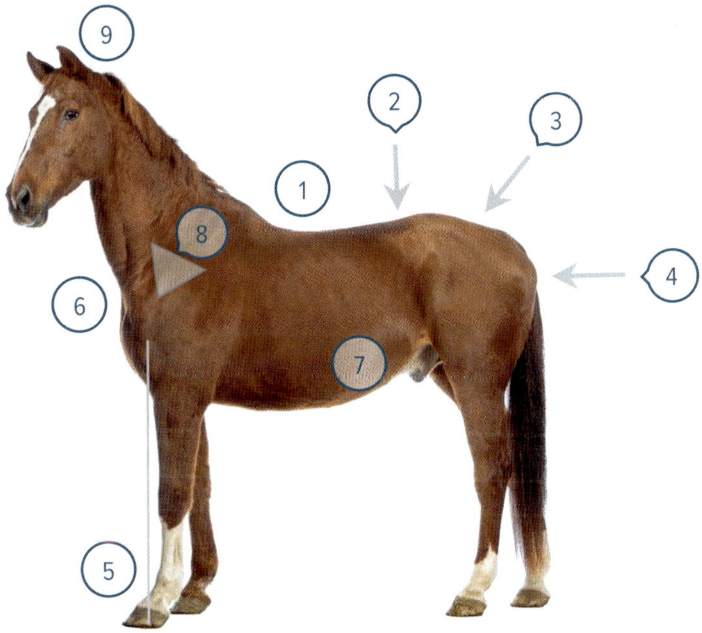

Foto: © iStockphoto.com/GlobalP

1. Hoher, schlecht bemuskelter und kurzer und abgehackter Widerrist
2. Gerade Rückenlinie und leichter Hunters Bump
3. Nach oben verschobener Schweifansatz
4. Hypertrophe Sitzbeinmuskulatur, deutlich abgegrenzt
5. Vorhand vorständig, stemmt sich nach hinten
6. Ausgeprägter Unterhals, gerade Oberhalslinie, Hals wirkt gestaucht
7. Rippig, aber birnenförmiger Bauch
8. CTÜ in Hyperextension
9. Steiles Genick

- *Insgesamt aktuell nach hinten gelehnt*
- *„2 Pferde“: vorn wirkt er kräftig, hinten nicht*
- *Pseudo-Bergauf*
- *Verspannte Schulter- und Halspartie*

Überlastete Hinterhand

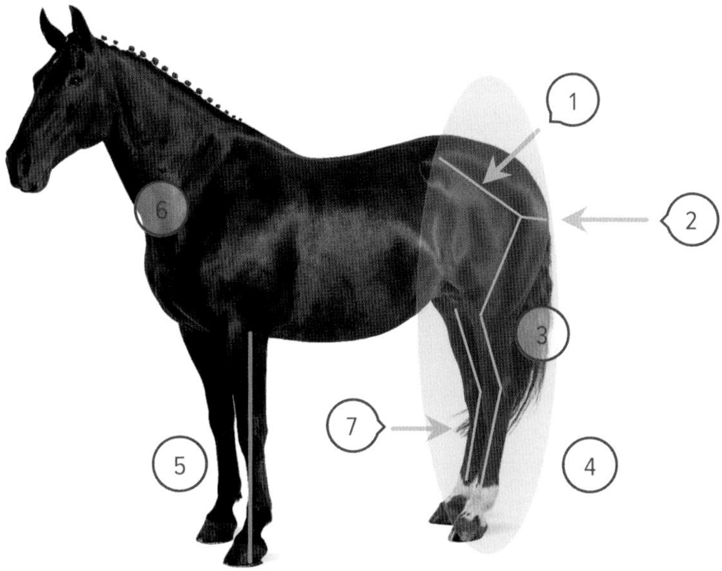

Foto: © iStockphoto.com/GlobalP

1. Beckenstellung steiler, aktivierter *M. psoas major*
2. Sitzbeinhöcker nach unten zeigend
3. Weit geöffnete Knie- und Sprunggelenkswinkel
4. Hintere Röhren weit entfernt von senkrecht zum Boden
5. Rückständigkeit der Vorhand
6. Ausgeprägter Unterhals und gerade, verspannte Oberhalslinie
7. Hinterhand bodeneng gestellt

- *Gliedmaßenstellung der Hinterhand besonders auffällig*
- *Gliedmaßen-„V“*
- *Nicht ganz im Seitenprofil …*
- *Übergewichtig*

Weicher Tonus

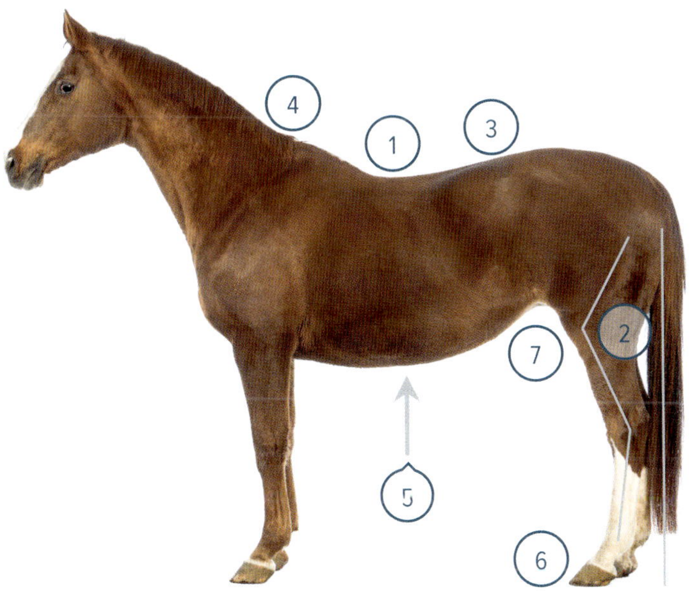

Foto: © iStockphoto.com/GlobalP

1. Schlecht bemuskelter und abgehackter, kurz wirkender Widerrist, leichter Senkrücken, Sattelabdruck
2. Große Gelenke offen, Hinterhand leicht überstreckt, minimal vorständig
3. Ansteigende Rückenlinie, verspannte Lende
4. Axthieb, Muskelloch vor der Schulter
5. Hängende Bauchlinie – Pferd insgesamt dünn, aber Bauch wirkt voluminös
6. Zu lange Zehen, Hinterhand flacher als vorn
7. Hochgeschürzter Bauch

- *Langer Rücken*
- *Insgesamt hängend im Bindegewebe: Rücken hängt, Bauch auch*
- *„Weich“, geringer Muskeltonus*

Triebiges Pferd

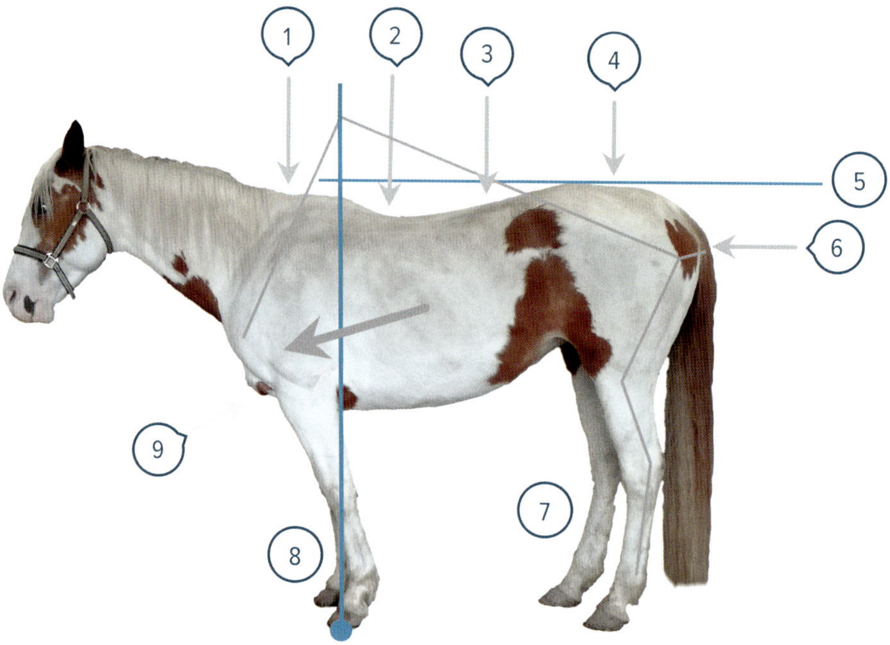

1. Axthieb
2. Widerrist kurz und abgehackt
3. Lange, aufsteigende Rückenlinie
4. Verkipptes Kreuzbein und ein nach oben verschobener Schweifansatz
5. Deutlich überbaut durch Absacken des Rumpfes und durch überstreckte Hinterhand
6. Flaches Becken, Sitzbeinhöcker nach oben zeigend
7. Vorständigkeit der Hinterhand
8. Rückständigkeit der Vorhand
9. Brustmuskulatur und Brustbein hervorstehend

- *Starke Trageerschöpfung*
- *Schwerpunkt deutlich nach vorn verlagert*
- *Typisches Gliedmaßen „V"*
- *Auffällig triebig*
- *War einige Zeit in jungen Jahren Zuchtstute*
- *Verspannte Hals und Schulterregion*

Weiches Pony

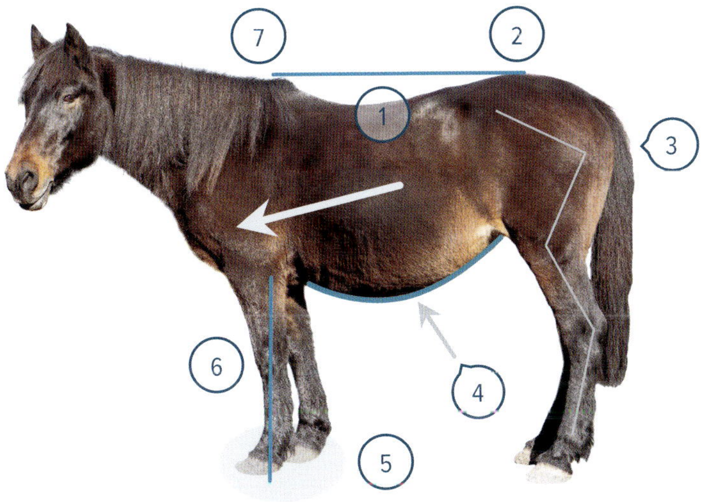

Foto: © iStockphoto.com/bazilfoto

1. Atrophierte Muskulatur am Widerrist, Sattelabdruck sichtbar
   Lende verändert in Fell und Muskulatur
2. Überbau
3. Hinterhand vorständig
4. Fettdepots nicht oben an der Wirbelsäule,
   sondern voluminöser Bauch
5. Hufrehe (durch fehlende Stoßdämpfung begünstigt?)
6. Rückständigkeit der Vorhand
7. Sehr gerader, wenig bemuskelter Oberhals
   mit Axthieb

- *Schwerpunkt deutlich nach vorn/unten verlagert*
- *„Hängendes“ Exemplar*
- *Weicher Muskeltonus*

Erschöpftes und übergewichtiges Pony mit mehr Körperspannung

1. Deutlich überbaut
2. Flacheres Becken, Hinterröhren nicht senkrecht, da Hinterhand kompensatorisch vorständig
3. Voluminöser Hängebauch
4. Nach vorn verlagerte Gurtlage
5. Starke Rückständigkeit der Vorhand
6. Brustbein nach vorn verlagert
7. Schwerpunkt nach vorn verlagert

- *Gliedmaßen-„V“*
- *Erschöpft*
- *Übergewichtig*

Vermeintlich (trage-)starkes Pferd

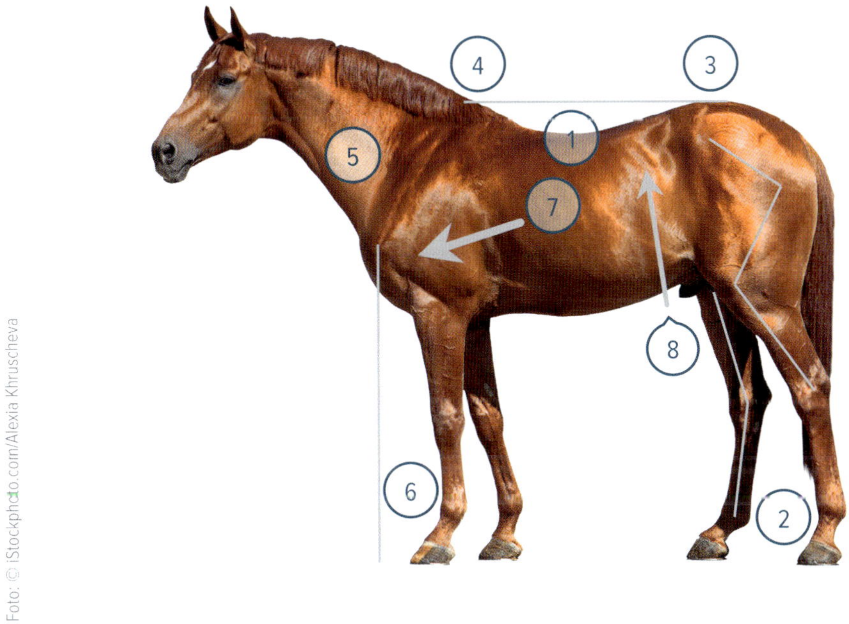

1. Leichter Senkrücken und ansteigende Rückenlinie
2. Kurze und überstreckte Hinterhand
3. Überbaut (kann rassetypisch bedingt sein)
4. Widerrist kurz und schlecht bemuskelt
5. Steile Schulter, ausgeprägter Unterhals
6. Rückständigkeit und ausgleichende Schrittstellung
7. Brustkorb leicht abgesackt, Schwerpunkt nach vorne verlagert
8. Auffällige letzte Rippe

- *Englischer Vollbluthengst*
- *Rassetypisch hohe Faszienspannung*
- *Vorhand wirkt im Vergleich zur Hinterhand massiver*

Alte Dame

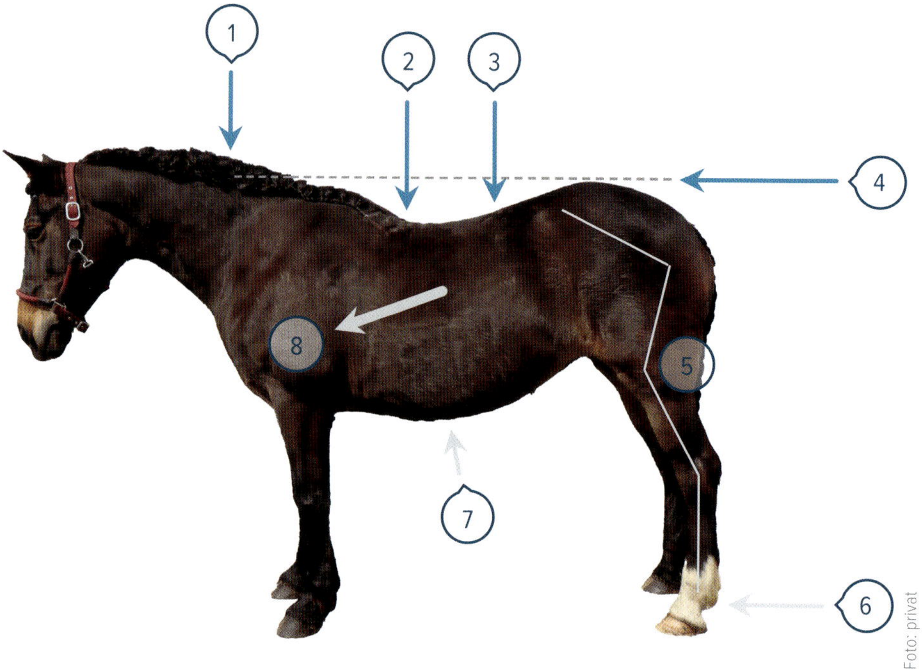

1. Schön gewölbter Hals in passender Länge
2. Kurzer Widerrist und deutlich abgesackte, in Extension stehende vordere Brustwirbelsäule
3. Dadurch stark ansteigende Rückenlinie
4. Überbau
5. Gestreckte und rückständige Hinterhand
6. Fesseln nicht voll in der Last und Hufform nicht optimal
7. Im Verhältnis zum Rücken nur leichter Hängebauch
8. Triceps stärker ausgeprägt als Quadriceps

- *Brustkorb abgesackt und Schwerpunkt weiter vorn*
- *Schöne Proportionen*
- *27jährige Stute*
- *Rücken und Hinterhand etwas verändert, sonst wirklich gut alt geworden*

Matte Lende

1. Schmerzgesicht
2. Senkrücken
3. Matte Lende
4. Kreuzbeinhöcker prominent
5. Veränderte Schweifposition
6. Verspannte Sitzbeinmuskeln
7. Auffällige Rippen
8. Gliedmaßenstellung zur Rückständigkeit verändert
9. Brustmuskeln stehen hervor

- *Besonders auffällige Oberlinie*

Trageerschöpfung durch Unfall

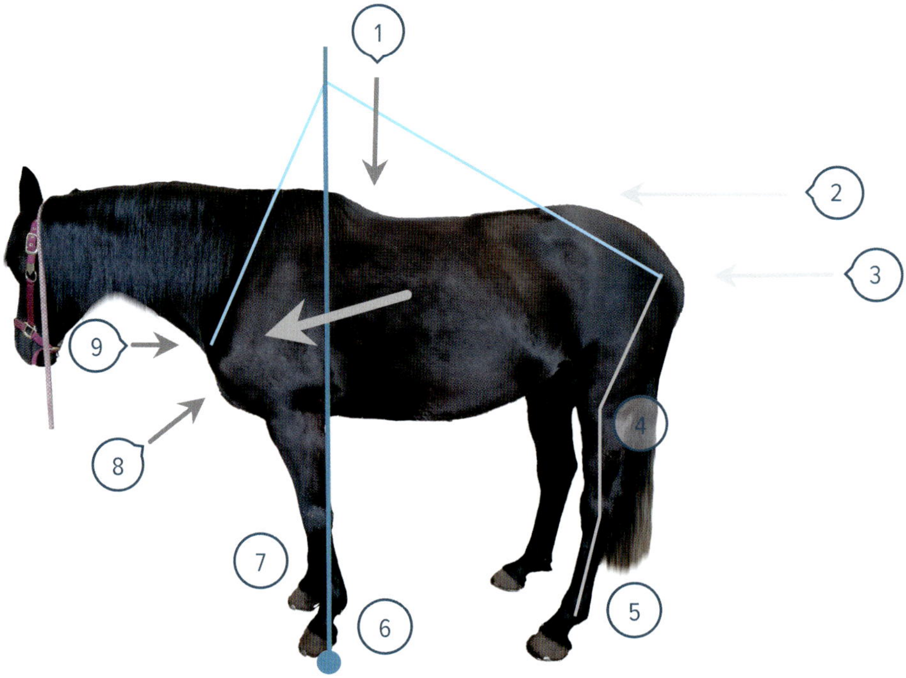

1. Kurzer, abgehackter Widerrist
2. Rückenlinie fast waagerecht durch die Fehlstellung der Hinterhand
3. Sitzbeinmuskulatur abgegrenzt und Muskelriss direkt am Sitzbeinhöcker
4. Hinterbeine in Knie und Sprunggelenk stark überstreckt
5. Hinterbeine erworben bodenweit und deutlich vorständig
6. Schwerpunkt viel weiter vorn als tiefster Punkt der Sattellage
7. Rückständigkeit der Vorhand
8. Brustmuskulatur und Brustbein hervorstehend
9. Halsansatz nach unten verschoben

- *Körperhaltung in deutlicher Kompensation*
- *Früherer Weideunfall mit starker Verletzung im distalen rechten Hinterbein*
- *Typisches Gliedmaßen „V“*
- *Sehr weicher Muskeltonus*
- *Wird regelmäßig physiotherapeutisch behandelt*

Überreaktivität

Foto: Dr. Sandra Ruzicka

1. Sehr kurzer und abgehackter Widerrist, tiefster Punkt des Rückens weit vorverlagert
2. Stark ansteigende Rückenlinie
3. Erworben überbaut
4. Hinterhand überstreckt
5. Lymphatische Schwellung in der Schlauchgegend
6. Zu lange Zehen und flache Trachten belasten den Fesseltrageapparat
7. Rückständigkeit der Vorhand und kompensatorische Schrittstellung
8. Völlig offene ventrale Linie im Bereich des Brustbeines
9. Ausgeprägter Unterhals

- *Trotz ursprünglich hervorragenden Proportionen deutliche TE*
- *Schwerpunkt deutlich in Richtung Vorhand verschoben*
- *Aufmerksames und umweltorientiertes Pferd, zeigt Überreaktivität*
- *Übergewichtig*

Adipositas

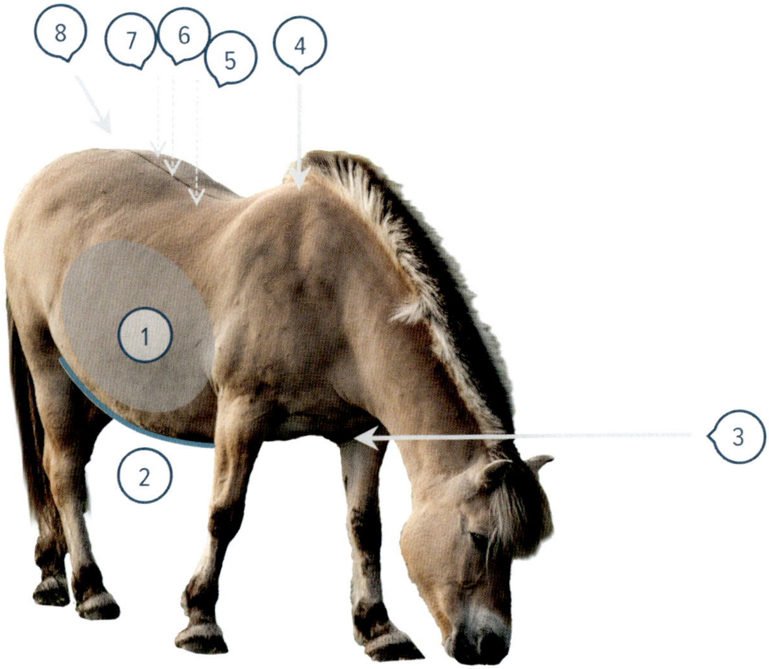

Foto: © iStockphoto.com/Wrestock

1. Adipös
2. Hängende Bauchlinie
3. Rumpf deutlich abgesenkt
4. Schulterpartie prominent, Schulterblattknorpel steht deutlich hervor
5. Bereich um den thorakolumbalen Übergang herum in deutlicher Extensionsblockierung
6. Aufschwartung im Lendenbereich und kompensatorische Wölbung
7. Bereich LSÜ offen und deutlich als Loch vor den Kreuzbeinhöckern zu sehn
8. Schweifwirbel nicht in Linie mit dem Kreuzbein bilden eine Kuhle in der Kruppenmitte

- *Trageerschöpfung allein durch Körpergewicht*
- *Hufrehe-Gefahr*

„Durchhängend“ aufgrund diverser Trächtigkeiten

Foto: Dr. Sandra Ruzicka

1. Hoher Muskeltonus im Hals
2. Deutlicher Senkrücken mit stark ansteigender Rückenlinie
3. Matte Lende
4. Nach oben verschobener Schweifansatz
5. Deutlich überbaut
6. Beide hinteren Fesseln zeigen Gallen
7. Schrittstellung, da geschlossenes Stehen vorn schwer möglich ist

- *Ehemalige Zuchtstute, aktuell Reitpferd*
- *Körperhaltung in deutlicher Kompensation*
- *Ursache etliche Trächtigkeiten*
- *Modell durchhängend*
- *schafft es zwischendurch kurzzeitig den Rumpf nach hinten und oben zu verlagern, indem sie den Kopf hebt, den Hals wölbt und sich mit der Vorhand nach hinten stemmt*

Übergewicht

Foto: © iStockphoto.com/Mario Eduardo KOUFIOS FRAIZ

1. Vermeintlich gute Bemuskelung von Hals Rücken und Kruppe – Adipositas
2. Vorständigkeit und Kuhhessigkeit
3. Voluminöser Bauch
4. Stark rückständige Vorhand
5. Hals langgestreckt
6. Brustkorb hängt im Rumpftrageapparat

- *Gliedmaßen-„V“*
- *Ursache Fettleibigkeit*
- *Allein das Körpergewicht verändert die Gliedmaßenstellung*
- *Kann noch geschlossen stehen*
- *Typisches Anfangsstadium*

Trächtigkeit und Laktationsphase

Foto: © iStockphoto.com/GlobalP

1. Gerade Oberhalslinie
2. Axthieb
3. Hervorstehender, abgehackter WR
4. Aufgewölbte Lende und deutliches Loch im Bereich des LSÜ
5. Kompensatorische, hypertrophe Sitzbeinmuskulatur
6. Halsansatz schlecht bemuskelt und hohe Faszienspannung
7. Verspannte Mimik Anzeichen Schmerzgesicht

- *Folgen von Trächtigkeit und Laktationsphase*
- *Gesamte Oberlinie ausgezehrt und atrophiert*
- *So nicht tragfähig*

Erschöpfung

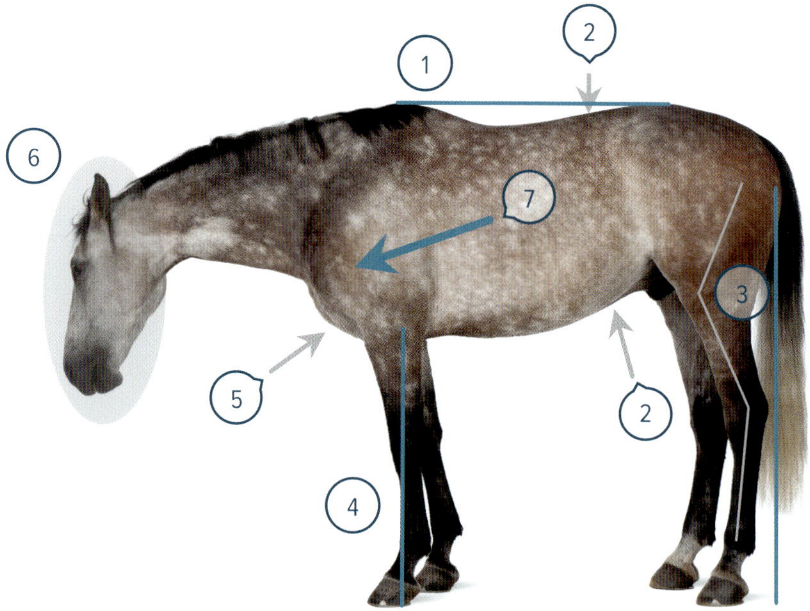

1. Widerrist bereits minimal niedriger als Kruppe
2. Aufgewölbte Lende – Tendenz zum erworbenen Karpfenrücken und dazu hochgeschürzter Bauch
3. Knie- und Sprunggelenkswinkel offen – hintere Röhre nicht mehr senkrecht zum Boden
4. Rückständige Vorhand
5. Brustkorb hängt im Rumpftrageapparat
6. Erschöpfte Mimik
7. Schwerpunkt zusätzlich durch langen und tiefen Hals nach vorn unten verlagert, Vorhandlastigkeit gesteigert

- *Gliedmaßen-„V“*
- *Tendenz zu: erworben überbaut*
- *Noch nicht trageerschöpft, aber erschöpft*
- *Warnsignal: wenn das Pferd nach dem Training regelmäßig so aussieht, folgt die Trageerschöpfung!*

Trageunfähig aufgrund von aktiviertem Fluchtmodus

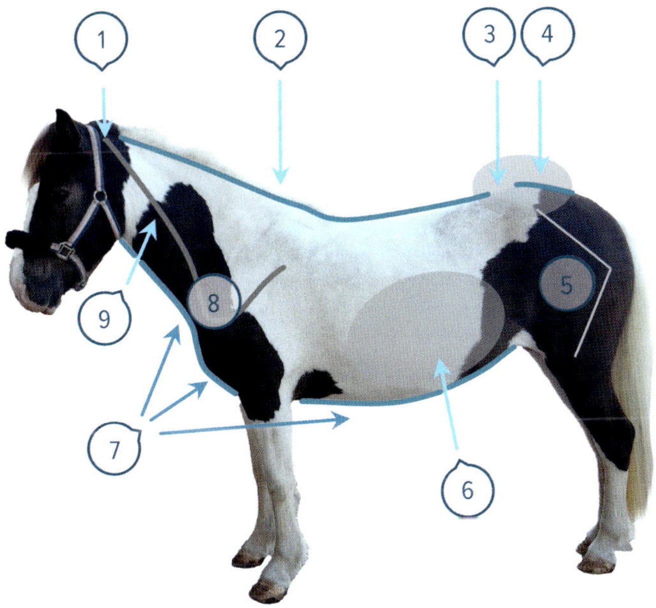

Foto: privat

1. Steiles Genick
2. Aktive Streckerkette
3. Offener lumbosakraler Übergang
4. Prominente Kreuzbeinhöcker
5. Steil gekipptes Becken, innere Lendenmuskeln in Angst aktiviert
6. Voluminöser Bauch obwohl insgesamt eher zu dünn
7. Offene ventrale Linie, Brustbein vorn/unten
8. CTÜ in Hyperextension, deutlicher Unterhals für Allbeinantrieb aktiviert
9. Erworbener Hirschhals durch Fluchtmodus

- *Hochsensible und rohe Isländerstute*
- *Deutliches „Freezing" – eingefroren und starr*
- *Extrem hohes Stresslevel*
- *Unfähig den Hals zu bewegen*
- *Jederzeit bereit zur Flucht*
- *Ruckartige, zackige Bewegungen, keinerlei Durchlässigkeit und Weichheit*
- *Erst Psyche zur Losgelassenheit bringen und dann folgt der Körper.*

URSACHEN

Pferde sind nicht zum Reiten geboren; sie müssen erst lernen, uns verschleißfrei zu tragen. Oft sind sie aufgrund diverser mit ihrer Domestikation einhergehender Faktoren nicht einmal in der Lage, sich selbst gesund erhaltend zu bewegen. Was alles schränkt ein Pferd in seiner Tragkraft ein? Es gibt die unterschiedlichsten Faktoren und in der Regel ist Trageerschöpfung multikausal. Wenn ihr einen Grund wollt, der immer gilt: Schuld ist die Schwerkraft.

Ihr wollt noch mehr wissen? Dann fangen wir mal an ... Zuallererst einmal: Pferde leiden stumm! Hätten sie einen Schmerzlaut wie das Winseln eines Hundes, dann würde ich dieses Buch wahrscheinlich nicht schreiben. Raubtiere greifen zuerst das schwächste Mitglied der Herde an. Deshalb versuchen Pferde so weit es geht jegliche Anzeichen von Schmerz zu verbergen, und das gilt eben auch für Lautäußerungen. Von daher ist die Fähigkeit zur Kompensation eine evolutionäre Überlebensnotwendigkeit.

Auch eine geringgradige Lahmheit ist bereits ein ernst zu nehmendes Warnsignal, weil sie bedeutet, dass die Kompensationsmechanismen an ihre Grenzen stoßen und mit großer Wahrscheinlichkeit auch bereits der restliche Körper in irgendeiner Art ausgeglichen hat. Lerne von daher auf die leisen Zeichen zu achten. Es ist sehr unterschiedlich und durchaus auch etwas persönlichkeitsabhängig, in welchem Ausmaß Tiere Schmerzen kompensieren. Außerdem hat es etwas mit der Beziehung zum Reiter zu tun. Manche Tiere erdulden mehr für ihren Menschen, wohingegen die oft als schwierig abgestempelten Exemplare häufig einfach weniger „ertragen".

Prinzipiell lässt sich alles, was dem Körper oder der Psyche Stress bereitet, als Ursache für Trageerschöpfung nennen. Die großen Stressoren im Pferdeleben sind physischer oder psychischer Natur oder kommen von außen. Zusammenfassen kann man sie unter Haltung und Fütterung, Training und Umgang, Ausrüstung und körperlichen Ursachen. Die Verbindung zur Trageerschöpfung bildet die Stresskette – Körper und Seele sind untrennbar und alles, was im Pferd Stress auslöst, spiegelt sich direkt in Bewegungsmustern und im Bewegungsapparat wider – eben auch psychische

Freie Bewegung und soziale Interaktion sind Verhaltensbedürfnisse und senken den Stress.

Belastung. Natürlich gibt es auch direkte körperliche Zusammenhänge, aber die Psyche darf, wie gesagt, nicht außer Acht gelassen werden.

Haltung und Fütterung

Eine stressbelastete Haltungsform hat besonders in der Aufzucht schwerwiegende Folgen. Aber auch allgemein hat das Haltungsmanagement einen enormen Einfluss auf das Wohlbefinden und das Stressniveau unserer Tiere. Immerhin verbringen sie in ihrer Unterbringung den weitaus größten Teil des Tages. Deshalb ist es wichtig, Haltungsmängel zu erkennen und nach Möglichkeit zu optimieren. Natürlich hat das seine Grenzen, aber der Stall sollte prinzipiell nach den Bedürfnissen des Pferdes ausgewählt werden und nicht primär die Bequemlichkeit des Reiters unterstützen.

Ein Leben in Domestikation ist immer ein Kompromiss. Dennoch kann der Mensch versuchen, das Leben seines Partners so artgerecht es eben geht zu ermöglichen. Neben den erforderlichen Grundbedürfnissen nach Licht und Luft ist deshalb auch wichtig zu wissen, welche Verhaltensweisen ein Tier ausleben können muss. Das Gesamtverhalten beinhaltet zum einen pferdetypisches Verhalten als Dauerfresser, Herden-, Lauf- und Fluchttier. Außerdem kommt rasseabhängiges Verhalten hinzu: Ein Araber beispielsweise hat ein größeres Bewegungsbedürfnis als andere Pferde. Zu guter Letzt entwickelt sich im Laufe des Lebens durch persönliche Erfahrungen ein individuelles Verhalten, das berücksichtigt werden sollte.

Es erfolgt eine Einteilung der verschiedenen Verhaltensweisen nach Funktionskreisen. In diesen werden Reaktionsmöglichkeiten mit haltungsbedingten Umwelteigenschaften in einen Zusammenhang gebracht. Es gilt:

Ein Haltungssystem ist nur dann verhaltensgerecht, wenn angeborene Verhaltensbedürfnisse in allen Funktionskreisen in arttypischer Weise befriedigt werden können.

Schon ein Defizit in nur einem Funktionskreis verursacht Stress mit all seinen Folgen. Das Pferd empfindet Frustration[21], Deprivation[22] und unlösbare Konfliktsituationen, die wiederum zu Verhaltensauffälligkeiten führen. Aber Stress spiegelt sich eben auch nicht nur in der mentalen Gesundheit wider, sondern auch in der körperlichen. Ein dauerhaft mental gestresstes Pferd wird irgendwann auch körperlich krank.

Erkennbar ist ein ***Konflikt*** *durch Alarmsignale wie* ***ambivalentes*** *Verhalten (zwei Verhaltensweisen im raschen Wechsel – Annäherung und Rückzug beim Fressen), bei* ***umorientierten Bewegungen*** *(Frustweitergabe) und bei* ***Übersprungsverhalten*** *(Verhalten, das mit der aktuellen Situation nichts zu tun hat, das heißt in einem veränderten Kontext ohne Funktionsbezug gezeigt wird: Kopfschlagen ohne Komfortzusammenhang, Gähnen ohne Ruheverhalten). Die Übersprungshandlung ist ein Ventil für eine überschüssige Handlungsbereitschaft und dient dem Stressabbau.*

Manche Funktionskreise wie das Bewegungsverhalten haben einen direkten Bezug zum Körper, andere mindestens einen indirekten, denn wie wir wissen steht eine psychische Belastung immer auch mit der myofaszialen Spannung in Zusammenhang. Die geistige Gesundheit und die Erfüllung der Verhaltensbedürfnisse haben Auswirkungen auf den Körper und dadurch auch auf seine Tragfähigkeit und -kraft. Defizite in ihnen führen zu körperlichen Negativveränderungen. **Deshalb bestehen an die Haltungsbedingungen hohe Anforderungen!**

Eine Bedürfnisbefriedigung folgender Verhaltensweisen muss für ein pferdegerechtes Leben gewährleistet sein:

Das **Sozialverhalten** von Pferden ist stark geprägt durch ihr Leben im Herdenverband. Soziopositive Verhaltensweisen wie Freundschaften spielen eine wichtige Rolle und die Herde bedeutet Schutz. Die Möglichkeit zum Ausleben des Sozialverhaltens ist unmittelbar abhängig vom Stallkonzept. Man sollte nach Möglichkeit unbedingt versuchen eine Haltungsform mit positivem Kontakt zu Artgenossen zu ermöglichen. Natürlich gibt es Ausnahmen …

Verhaltensstörungen können auftreten, wenn Pferde isoliert gehalten werden. Eine reizarme Box kann dazu führen, dass die Reizschwelle gesenkt wird, Pferde überreaktiv werden und ihr Körper sich verspannt. Isolationsbedingt kann auch eine Depression entstehen, die den Körper in eine entsprechende Haltung mit wenig Tragkraft schrumpfen lässt. Eine Unterbringung ohne Artgenossen ist tierschutzwidrig! Besonders junge Pferde benötigen alters- und geschlechtsgleiche Spielgefährten, um ihren Körper richtig trainieren zu können. Eine falsche Gruppenzusammensetzung oder eine ständige Fluktuation, eine zu hohe Anzahl Tiere für den zur Verfügung stehenden Raum oder zu

---

21 **Frustration** ist der emotionale Zustand der Enttäuschung, eine Endhandlung nicht ausführen zu können.

22 **Deprivation** meint Erfahrungsentzug (z.B. sozialer Kontakte).

wenig Futterplätze können Ursachen für Stress mit Artgenossen sein. Für schwächere oder ältere Tiere dagegen kann der gut gemeinte Offenstall mehr Belastung bedeuten als eine Boxenhaltung mit täglichem Auslauf.

Das **Fressverhalten** von Pferden ist ein wichtiger Faktor für ihre Gesundheit. Die Dauerfresser benötigen karges Futter, zu dem sie mindestens zwölf Stunden täglich Zugang in bedarfsgerechter Menge haben. Dazu zählen vor allem Heu, aber auch Stroh, ungiftige Äste und Laub können gefressen werden. Fresspausen ab circa vier Stunden aufwärts können zu Magengeschwüren führen und Verhaltensstörungen wie Koppen, Zungenspiel oder stereotypes Belecken Anzeichen für Futterprobleme sein. Magengeschwüre gelten als Ursache für Trageerschöpfung, weil die Pferde, um den Magen zu entlasten, den Brustkorb nach vorn/unten aufdehnen – genau dorthin, wo wir ihn nicht haben wollen ...

Zu hoch hängende Heunetze können dem Pferd eine unphysiologische Position der Fresshaltung mit einem überstreckten Rücken aufzwingen und so seinen Bewegungsapparat schädigen. Außerdem atmet es dann unverhältnismäßig viel Staub ein und die Lunge wird belastet. Die natürlichste und körperfreundlichste Haltung beim Fressen ist die des Grasens. Kohlenhydratreiches Futter lässt den pH-Wert im gesamten Organismus sinken. Das belastet insbesondere die Muskulatur: Die Sauerstoffversorgung wird schlechter, diese Pferde ermüden und schwitzen schneller. Der Muskelaufbau ist eingeschränkt.

Das Körpergewicht des Pferdes steht in direktem Zusammenhang mit seinem Exterieur. Eine Fütterung mit zu viel oder zu gehaltvollem Futter erhöht den Stresspegel des Pferdes, weil die Energie nicht entsprechend abgebaut werden kann. Zu viel Kraftfutter lässt Pferde verfetten und kann Zivilisationskrankheiten wie EMS (Equines Metabolisches Syndrom) und Hufrehe verursachen. Wer mal gesehen hat, wie von Hufrehe gepeinigte Pferde sich bewegen, weiß, dass das auf jeden Fall Bezug zur Tragfähigkeit hat. Das Körpergewicht hat einen immens großen Einfluss auf den Bewegungsapparat; weder verfettete noch abgemagerte Tiere sind tragfähig und wenn überhaupt, dann nur begrenzt. Übergewicht belastet, denn bereits Brust- und Bauchraum wiegen bei Normalgewicht gemeinsam bereits etwa die Hälfte des Gesamtgewichts. Die hintere Sattellage ist bei adipösen Tieren quasi immer in einer Streckung blockiert, denn der Darm ist von unten ausschließlich in dieser Region befestigt. Außerdem verschlechtert ein voluminöser Bauch die Gurtlage: Der Sattel wird nach vorn gezogen und drückt auf die Schulter. Ein Problem ist auch, dass die Fettschichten Muskulatur suggerieren, da diese für das ungeübte Auge schwer voneinander zu unterscheiden sind. Das vermeintlich starke Pferd kämpft vielleicht schon mit seinem eigenen Gewicht.

Aber auch zu wenig Futter im Verhältnis zum Training ist problematisch, denn dann hat der Körper keine Grundlage zum Muskelaufbau. Ernährungsdefizite beeinflussen die Tragkraft: Ein Magnesiummangel beispielsweise führt zu Verspannungen, Bewegungseinschränkungen und Nervosität. Jede Art von ernährungsbedingter Krankheit kann durch Schmerzen den Bewegungsapparat beeinträchtigen.

Weidehaltung (zumindest für die langen Sommermonate) kommt dem ursprünglichen Leben der Wildpferde am nächsten und entspannt Pferde durch die Körperhaltung beim Grasen und das positive Lebensgefühl. Aber auf ein vernünftiges Weidemanagement kommt es an: Überweidung mit sehr kurzem Gras verursacht eine überdurchschnittlich weite Schrittstellung, die bei sehr jungen Pferden zu einem High-Low-Syndrom führen kann, bei dem die Hufe unterschiedlich hoch, geformt und gewinkelt sind. Das hat natürlich unmittelbare Auswirkungen auf die Bewegungen. Außerdem hat sehr kurz gefressenes Gras eine andere, belastendere Zusammensetzung.

Pferde sind Saugtrinker und trinken am liebsten aus sauberen Bottichen! (Wohl eher aus reinen Quellen, aber wem steht schon eine zur Verfügung ...) Verschmutzungen reduzieren die aufgenommene Wassermenge ebenso wie zu langsame Durchflussraten von Selbsttränken und haben nachteilige Effekte auf das **Trinkverhalten**. Eine einwandfreie Wasserqualität in ausreichender Menge sollte immer gewährleistet sein, um den Körper bestmöglich zu versorgen.

Das **Lokomotions- oder Fortbewegungsverhalten** des Lauftiers hat sicher den offensichtlichsten Zusammenhang zu Körper und Tragkraft. Außerdem wird durch die Bewegung eine optimale Blutzirkulation für Organe, Muskeln und Atemwege gewährleistet. Das Pferd als Dauerfresser und Bewegungstier verbringt in der freien Natur den größten Teil des Tages mit tiefem Hals im langsamen Schritt – darauf ist sein Körper ausgelegt. Die Quantität der Gangart Schritt hat entscheidende Bedeutung für den Bewegungsapparat; Zu wenig Bewegungsmöglichkeit ist vor allem in der Aufzucht katastrophal. Ganzjährig – nicht nur im Sommer – sollte den Pferden so viel freie Bewegung wie es irgendwie geht ermöglicht werden. Wichtig zu wissen ist, dass man freie Bewegung nicht durch kontrollierte ersetzen kann. Freibocken, Steigen, Lauf- und Kampfspiele braucht der Pferdekörper, um sich zu trainieren, sich auszulasten, kleine Blockaden herauszubocken, Freude am Spiel zu haben und Sozialkontakte auszuleben. Wer Glück hat, besitzt eine sanft ansteigende Hangweide.

Nun sind selbst im Aktivstall die durchschnittlich von einem Wildpferd zurückgelegten 30 Tageskilometer niemals zu erreichen; Pferde trainieren sich nicht freiwillig, sondern stehen meistens doch eher an der Heuraufe herum. Ein Offenstall gibt dem Besitzer keine Legitimation zum Nichtbewegen, indem er das Pferd dort einfach parkt. Auch kommt es auf entsprechende Untergründe an: Zu harte Böden (zum Beispiel eine gepflasterte Paddockbox) oder verkoteter Matsch sind schlecht für Hufgesundheit und Gliedmaßen. Das Vermeiden von unebenem Boden lässt die Pferde an Fußungsintelligenz und Bewegungskompetenz einbüßen. Der Bewegungsapparat braucht Reize, um sich auszubilden. Das Pferd ist ein Lauftier; sein Körper nimmt Schaden und verliert in jeder Zwangspause mit Mangelbewegung an Tragkraft, wenn es dieses Bedürfnis nicht ausleben kann. Oft ist es fehlende Belastung, die es degenerieren lässt. **Pferde stehen sich kaputt!**

Reine Boxenhaltung oder auch nur lange Boxenzeiten (vier Stunden täglicher Paddock ergeben immer noch 20 Stunden – vielleicht 19, wenn der Besitzer zum Training kommt) verursachen – neben dem Nichttrainieren des Körpers – Magengeschwüre, Koliken, Atemwegserkrankungen etc. Außerdem entstehen typische Verhaltensstörungen aufgrund des Bewegungsmangels wie Weben, stereotypes Laufen, Scharren, Schlagen gegen Wände. Diese monotonen Bewegungsmuster sind eine große Belastung für den Bewegungsapparat und vorzeitiger Verschleiß ist die Folge.

Inwieweit hängst das **Feindvermeidungs- beziehungsweise Fluchtverhalten** mit der Tragkraft zusammen? Fluchttiere gehen potenziellen Gefahrenquellen normalerweise aus dem Weg und meiden in der Regel auch innerartliche Auseinandersetzungen. Aber ist überhaupt genug Platz zum Ausweichen vorhanden? In einer Boxenhaltung mit Nachbarn in dauernder Unterschreitung der Individualdistanz befinden sich die meisten Pferde in einem chronischen Stresszustand. Auch in einem Offenstall mit nicht ausreichender Zahl an Fressplätzen oder wenn zu viele Pferde auf zu engem Raum leben, entstehen besonders für die rangniedrigen Tiere Konfliktsituationen mit häufigen Ausweichbewegungen, um Artgenossen zu entkommen. Diese sind – besonders wenn die Pferde kalt starten – sehr verschleißend und nicht selten verletzungsträchtig.

Das **Neugier- und Erkundungsverhalten** steht auf den ersten Blick nicht in direktem Zusammenhang mit dem Körper und seiner Tragkraft. Dennoch ist das Ausleben dieses Verhaltensbedürfnisses von großer Relevanz für die mentale Konstitution der Tiere: Neugier gilt als Hauptmotor des eigenständigen Lernens und liefert einen großen Beitrag zur Selbstwirksamkeit und damit zur psychischen Gesundheit. Pferde brauchen eine Umgebung, die ihnen ausreichend Reize liefert, um dieses Verhaltensbedürfnis zu befriedigen. Eine reizarme Umgebung führt je nach Anpassungsstrategie zu Reizschwellensenkungen und Übererregbarkeit oder zu Apathie durch notorische Langeweile. Dieser chronische Stress hat wiederum körperliche Folgen …

*Mit **Selbstwirksamkeit** ist das Gegenteil von Hilflosigkeit gemeint und beschreibt eine Grundeinstellung, auch schwierige Situationen bewältigen zu können.*

Lernen durch Erkunden dient dem Ziel, gefährliche Situationen und Gegenstände von ungefährlichen zu unterschieden. Eine unnötige Flucht und der einhergehende Energieverbrauch können so vermieden werden. Dieses Verhalten steht neben der großen psychischen Komponente auch in direktem Zusammenhang mit Schreckhaftigkeit und damit dem Verletzungspotenzial.

Das **Ruheverhalten** wiederum hat einen direkten Bezug zum Körper: Nur in der Tiefschlafphase kann sich die Muskulatur maximal entspannen und eine optimale Regeneration stattfinden. Jede Einschränkung, sei sie körperlicher Natur durch Schmerzen oder Verspannungen oder räumlicher, wie eine unzureichende Anzahl an Liegeplätzen und Ruhezonen, falsche Bodenbeschaffenheit oder -hygiene, unruhige Herdenzusammenstellung, hat Auswirkungen auf Bewegungsapparat und Psyche. Schlafmangel hat ein wahnsinnig hohes Stresspotenzial.

Zum solitären und sozialen **Komfortverhalten** zählen alle Verhaltensweisen, die der Körper- und Fellpflege dienen. Aber Vorsicht: Auffällig häufige Komforthandlungen wie exzessives Scheuern können ein Alarmsignal für Stress sein! Wälzen kann den Rücken massieren, Verspannungen und Blockaden lösen. Soziale Fellpflege senkt nachweislich die Herzfrequenz, wirkt beruhigend und dient dem Stressabbau.

Positives **Spielverhalten** ist eine zweckfreie, lustvolle Betätigung um ihrer selbst willen. Junge, aber auch ältere Pferde – besonders Hengste und Wallache – spielen, um Bewegungsabläufe zu koordinieren und ihre Körper zu trainieren. Ein spielerisches Kräftemessen ersetzt so manche Trainingseinheit. Auskeilen, Steigen, Rennen und Bocksprünge sind gut für den Körper; sie lösen Blockaden (auch mentale) und halten fit

Nicht immer ist die einzige Ursache einer Trageerschöpfung das Reiten. Eine inadäquate, nicht artgerechte Haltung und Fütterung mit einer Nichterfüllung der Bedürfnisse hat immensen Einfluss auf Körper, Seele und Bewegungsmuster!

Training und Umgang

Der Hauptteil der Ursachen (und das tut weh ...) liegt in unzuträglichen Trainings- und Ausbildungsmethoden. Ich möchte an dieser Stelle erneut betonen: Ich unterstelle niemandem Absicht! Jeder möchte für sein Pferd das Beste oder zumindest keine horrenden Tierarztkosten produzieren. Es kann schmerzhaft sein zu erkennen, dass man selbst möglicherweise zur Trageerschöpfung seines Pferdes beigetragen hat, aber es bietet auch die Gelegenheit, Denkweisen und Verhalten anzupassen sowie jede Menge Entwicklungspotenzial.

Wie hängen nun Training und Umgang mit der Tragkraft zusammen? Nicht nur das Offensichtliche wie Zwang und Gewalt, sondern auch ein nicht pferdegerechtes Training ist eine mögliche Ursache für Stress mit Auswirkungen auf Körper und Seele. Ist die Kommunikation pferdegerecht oder unverständlich? Dabei reicht ein schlechtes Timing aus, um das Pferd zu frustrieren, aber auch mit einem guten Timing und feinen Hilfen kann man ein Pferd zu falschen Gangbildern und Körperhaltungen bringen.

Eng und kurz

Ängstliche Pferde sind nicht lernfähig, gelangweilte oft nicht lernbereit. Daher sollte ein Training weder über- noch unterfordern und das umzusetzen ist eine ziemlich anspruchsvolle Angelegenheit. Psychische Überforderung ist ein wirklich bedeutender Punkt, wenn es um die Ursachen von Trageerschöpfung geht. Ein zumeist unterschätzter Stressor für Pferde ist, wenn der Mensch nicht als eine verlässliche Leitfigur agiert und dem Fluchttier keine Sicherheit vermitteln kann.

Mittlerweile weiß man, dass Dominanz als Ausbildungsmethode lange nicht so gut wirkt wie ein Verständnis bestimmter Lernmethoden. Missverständnisse in der Hilfengebung sind an der Tagesordnung, weil einfach vorausgesetzt wird, dass Signale funktionieren. Für ein Pferd ist es beispielsweise nicht sinnig, dass ein beidseitiger Schenkeldruck „Vorwärts“ bedeutet. Kommt dann noch Strafe als regelmäßige Lernform hinzu, entstehen Angst oder Aggression. Ein Pferd muss nicht funktionieren. Es muss erst mal überleben. Werden die Ängste eines Fluchttieres nicht ernst genommen, entstehen Konfliktsituationen. Auf keinen Fall darf ein ängstliches Pferd gestraft werden: Dann hat es nicht nur Furcht vor der Situation oder der Gefahrenquelle, sondern zusätzlich auch noch vor seinem Menschen. Übertriebener Ehrgeiz und dem Pferd die Schuld an Situationen zu geben zeichnen keinen guten Pferdemenschen aus.

Häufig werden Pferde unvorbereitet mit Dingen behängt wie Luftballons oder Reiterattrappen und können dann nicht fliehen. Entweder sie verletzen sich oder sie geben auf – oder beides. Auf jeden Fall geht das mit immensem Stress einher. **Emotionen werden immer mit verknüpft!** Wird mit dieser Lernform, der sogenannten Reizüberflutung, statt mit kleinschrittiger Gewöhnung gearbeitet, geht das zulasten des Pferdes. Übrigens kann schon ein ungenügend vorbereiteter Sattel eine Reizüberflutung auslösen.

Eine weitere Ursache für trageerschöpfte Pferde ist, dass das Gewicht des Reiters zu hoch ist. Ich bin kein Freund von Prozentzahlen, weil es noch diverse andere Aspekte gibt, ob das Pferd den Menschen gut tragen kann, wie Trainingszustand der Tragkraft, Exterieurmerkmale, Muskeltonus, mentale Konstitution und vieles mehr. Natürlich hängt es auch von der Dauer der Belastung ab. Beim Menschen kommt es auf Faktoren wie die Qualität des Sitzes an: Koordinationsfähigkeit, Beweglichkeit, eigene körperliche Fitness. ABER: Das absolute Gewicht spielt natürlich auch eine „tragende" Rolle, besonders, weil die moderne Pferdezucht generell feingliedrigere Exemplare hervorbringt. Und vermeintlich kräftige, adipöse Tiere oder auch knochenstarke Kaltblüter werden häufig zu Unrecht als Gewichtsträger bezeichnet – stattdessen müssen sie zusätzlich noch ihre eigene Masse schleppen.

Wenn der Rücken es nicht schafft, gegen die Schwerkraft das gemeinsame Körpergewicht oben zu halten, dann wiegt der Reiter zu viel – das kann auch ein 30 Kilogramm leichtes Kind sein. Damit ihr eine ungefähre Richtung habt: Laut Studien kann ein tragfähiges Pferd ohne Beeinträchtigung über längere Zeit circa 15 Prozent seines eigenen Gewichts tragen. Das wären bei einem 500-Kilo-Pferd mit guter Figur (ansonsten muss das Übergewicht noch abgezogen werden und das sind schnell mal 50 Kilogramm ...) nur 75 Kilo! Erkennbar ist die Bedeutung von Figur und Sportlichkeit beider Parteien.

Leichter zu beheben wären folgende Ursachen für Trageerschöpfung: Ein Mangel grundlegender Anatomiekenntnisse und ein fehlendes Verständnis für Bewegungsabläufe verhindern ein gesundes Gangbild. Dem kann man im Selbststudium Abhilfe schaffen. Das Wissen kommt vor dem Können und gutes Reiten findet auch im Kopf statt. Es ist außerdem ein großes Problem, dass Reitlehrer kein geschützter Beruf ist. Mit bestem Wissen und Gewissen werden Ratschläge gegeben, die ein Pferd in die Trageerschöpfung laufen lassen. Gebt lieber etwas mehr für einen guten Ausbilder aus als euch von einem Ungelernten das Pferd unter Anweisung kaputt trainieren zu lassen! Hochwertige Ausbildung sollte es einem Wert sein – ansonsten investiert man gegebenenfalls sogar eine höhere Summe in Tierarztkosten. Und dabei ist es ja gut, wenn überhaupt Unterricht genommen wird. Auch ein Mangel an gut ausgebildeten Schulpferden birgt Schwierigkeiten. Eine Kombination, in der weder Pferd noch Reiter eine ausreichende Grundausbildung besitzen, erschwert die Bedingungen. Nur, weil man schon immer ein Pferd hatte, heißt es nicht, dass man kompetent genug ist, es verschleißfrei zu trainieren. Entschuldigt, dass ich so streng bei diesem Thema bin, aber um die Verantwortung der Wissensaneignung und der Erweiterung gymnastizierender Kenntnisse kommt niemand herum. Ein anderer Punkt ist der Dogmatismus. Es gibt in jeder Reitweise wundervolle Ansätze. Fremdes kategorisch abzustempeln schränkt einen nur selbst ein.

In direktem Zusammenhang steht das positive Richten von unphysiologischen Bewegungsmustern. So lange für verspanntes und verschleißendes Showgestrampel Höchstnoten gegeben werden, wird die breite Masse dies beklatschen und diesen Pseudo-Idealen zu Hause nachjagen. Die Nachahmung falscher Vorbilder ist ein großes Problem. Leider ist diese Art zu reiten in den letzten Jahren vielerorts zu einem Gewohnheitsbild geworden: „Normal ist, was alle machen." Nur formt sich das Pferd nach unseren Gedanken ...

Resultate pferdegerechten Trainings sollten auf dem Siegertreppchen stehen. Übrigens sind die am meisten blockierten Pferde im CTÜ (mit seinem direkten Zusammenhang zu unserem Thema) die Dressurpferde.

Gewohnheitsbilder gelten für Bewegungsabläufe, Körperhaltungen und Konstitution gleichermaßen: Der Anteil trageerschöpfter Tiere ist so hoch, dass viele gar nicht wissen, wie ein gesundes, kräftiges aussieht und wenn alle in zu enger Kopf-Hals-Position reiten, wird man betriebsblind und es läuft systemisch etwas schief! Das ist einer Gehirnwäsche nicht unähnlich.

Es gibt fragwürdige Trainingsmethoden, die meist auf eine Ausbildung im Schnellverfahren abzielen, aber lasst euch gesagt sein: Es gibt keine Abkürzungen! Alle Pferde, denen bei der Umwandlung vom Flucht- zum Reittier zu wenig Zeit gelassen wird, haben ein Tragkraftproblem. Ist die Reitweise gymnastisch wertvoll oder eher körperlich zerstörend? Ist das Training einseitig, beispielsweise ausschließlich in der ebenen Reitbahn, führt das zu einem Verkümmern von Strukturen. Immer gleiches Training lässt Bewegungskompetenz verarmen und pathologische Bewegungsabläufe verursachen eine Schmerzerwartung, selbst wenn das Pferd nicht mit Sporen oder Gerte traktiert wird.

Eine stark gewichtete Ursache ist die des Übertrainings. Eine Diskrepanz zwischen der möglichen Belastbarkeit und der tatsächlichen Belastung geht zulasten der Tragkraft. Das gilt innerhalb einer Einheit und auch in ihrer Summe.

Ein Missverstehen der Lösungsphase führt zu Ermüdung statt Losgelassenheit, insbesondere wenn der mentale Anteil nicht berücksichtigt wird. Wenn das Pferd nach 20 Minuten nachgibt, dann nicht, weil es verstanden hat, dass es nicht aufgeregt sein muss, sondern weil es müde wird. Ob ein Pferd erschöpft ist oder losgelassen, ist für den Laien schwer zu differenzieren, aber trainingsphysiologisch von entscheidender Bedeutung, denn auf ermüdete Muskulatur darf man sich nicht setzten – das führt immer zu einem Verspannen und infolgedessen zu einer Überbeanspruchung des Trageapparats! Überlegt euch bitte genau, ob ihr euer Pferd vor dem Reiten müde longieren wollt und achtet auf die Trainingsdauer.

Wo wir direkt beim nächsten Thema wären: Den Pferden muss zunächst beigebracht werden, wie sie verschleißfrei auf einer Kreisbahn laufen können, das heißt wie sie ihre Rumpfträger einsetzen müssen. Bei zu hohem Tempo, unter Zwangsmaßnahmen und zu engen Zirkeln überlasten Gelenke und Bandstrukturen der Gliedmaßen. Dann wird das Longieren schnell zu einem Zentrifugieren.

Im Kapitel über die Muskulatur ist bereits geschrieben, dass sich durch zu geringe Regenerationszeiten der Körper sogar abbauen kann. Auch innerhalb der Einheit brauchen Körper und Psyche des Pferdes Pausen in Dehnung – die sind unbedingt notwendig für die Entwicklung von Tragkraft. Wovon ich allerdings kein Freund bin ist Warm- und Trockenreiten am hingegebenen Zügel. Ich finde, dass es eine unnötige Belastung des Pferderückens ist.

Der Sitz des Reiters hat unter anderem durch die große Hebelwirkung seines Oberkörpers einen enormen Einfluss auf die Qualität der Bewegungsmuster. Fehlende Balance und Koordination, ein klemmender, schiebender oder auswischender Sitz – all das sind Sitzfehler, die das Gleichgewicht stören und es dem Pferd schwer machen uns zu tragen. Das Ganze gipfelt im sogenannten Liege-Schiebe-Sitz, den man in inkorrekten Trabverstärkungen oder im Galopp häufig sieht, einfach aus

Liege-Schiebe-Sitz

der Not heraus, den stoßenden Pferderücken nicht anders aussitzen zu können. Dies ist nicht nur eine Katastrophe für die eigene Lendenwirbelsäule, nein, der Widerrist des Pferds wird dabei nach unten gedrückt! Ein gesundes Bewegungsmuster ist so nicht möglich. Der Reiter drückt das Pferd aktiv in die Trageerschöpfung. Hinzu kommt außerdem, dass dieser Sitz nicht zügelunabhängig sein kann. Man treibt das Pferd nicht zurückgelehnt mit seinem Gesäß gegen die Hand. „Vorne Ziehen und hinten Stechen" verspannt das Pferd und trainiert es in die falsche Richtung.

Genauso schädlich sind falsches Leichttraben oder ein dysfunktionaler Entlastungssitz. Im Kapitel „Training im Sattel" gehe ich näher darauf ein.

Ein Dauertreiben beziehungsweise ein falsch verstandenes Treiben über die Hacken verursacht Abstumpfung und macht den Sitz kaputt, weil das Hüftgelenk blockiert und ein Mitschwingen in der Pferdebewegung nicht möglich ist, was wiederum Auswirkungen auf die Gangqualität hat.

Zügel können ein wunderbares Hilfsmittel und die Verbindung zweier Tanzpartner sein, sie können aber auch missverstanden und missbraucht werden. Das führt dann zu Bewegungsmustern, die in einer Trageerschöpfung enden. Jegliche Art von rückwärts wirkenden Zügelhilfen ist falsch. Ein enges Einstellen durch zu kurze Zügel oder Hilfszügel ist eine Zwangsmaßnahme, verkürzt die Wirbelsäule und bringt Verspannung mit sich, auch wenn es ohne sonderliche Kraft geschieht. Schnell wird das Reiten mechanisch. Wer Handschuhe braucht, damit seine Hände keine Blasen von den Zügeln bekommen, sollte nicht reiten. Forciertes Reiten geht nicht nur gegen den Körper, sondern vor allem auch gegen die Seele des Pferdes. Wir müssen es nicht kontrollieren. Dominierende Zügel überdecken die leisen Körperhilfen und oft zieht sich der Reiter dadurch nach vorn und bringt das gemeinsame Gleichgewicht durcheinander. Zu Runterriegeln zählt übrigens in meinen Augen auch schon das wechselseitige „Anspielen". Der falsche Gebrauch von Zügeln ist eine der größten Ursachen für Blockierungen der Wirbelsäule und nachfolgend auch in den Extremitäten. Er führt immer in eine Einschränkung der Tragkraft durch falsche Bewegungsabläufe und Körperhaltungen.

Ein Lenken über den inneren Zügel kippt die Wirbelsäule in die falsche Richtung und das Gewicht landet auf der äußeren Vorhand statt auf dem inneren Hinterbein: eine ganz verschleißende Art zu wenden, die die Tragkraft immer beeinflusst. Über alle Maßen schädlich ist das sogenannte „Durchstellen". Dies bringt nicht nur das Gewicht auf die äußere Schulter – so bringen Stuntmen Pferde übrigens aus höheren Gangarten zu Fall – es schadet zudem den empfindlichen Halsstrukturen.

Ein immer gleiches Zügelmaß, das dauerhaft eine bestimmte, egal welche Körperhaltung einfordert, bringt das Pferd in Schwierigkeiten, weil isometrische[23] Muskelarbeit äußerst anstrengend ist und in kürzester Zeit körperliche Kompensationen auslöst.

***Selbstversuch** zum Verharren in isometrischer Muskelarbeit: Halte eine gefüllte Flasche am horizontal ausgestreckten Arm – wie schnell und wo genau zeigt dein Körper Kompensationsbewegungen und Verspannungen? Genauso geht es Pferden, wenn sie die Kopf-Hals-Position nicht wechseln dürfen.*

Eine – vielen sicher nicht bewusste – Ursache ist, dass das Ziel mit dem Weg verwechselt wird: Auf dem Weg zur sauberen Innenstellung liegt die Konterstellung und Lektionen dienen nur der Überprüfung. Sie haben keinen Selbstzweck. Ein inflationäres Ausführen von falschen Seitengängen hat einen Trainingseffekt, aber in die falsche Richtung. „Irgendwie krumm" ist viel verschleißender als Geradeaus. So ist beispielsweise ein seitenlanges, verbogenes Schulterherein höchst unproduktiv und ungesund. Lieber kurz ein oder zwei richtige Schritte, Tritte oder Sprünge erhalten und dann belohnen, indem ins Vorwärts wieder aufgelöst wird; das ruiniert den Körper nicht und hat auch noch einen positiven Lerneffekt.

Einseitiges Aufsteigen verspannt den Schultergürtel und auch Zirkuslektionen können schaden. Denken wir mal an das Paradebeispiel Kompliment: Hypermobile Pferde werden unter Umständen ungewollt noch mobiler, verspannte zerreißen sich eventuell Muskelfasern, besonders wenn sie nicht aufgewärmt wurden.

Insgesamt kann man sagen: Falsches oder fehlendes Training, krank geritten oder kaputt gestanden – Fehler in der Ausbildung führen ebenso zu Schäden wie überhaupt kein Training. Ich weiß, das ist keine Absicht des Einzelnen. Jeder tut sein Bestes und es fällt mir schwer so deutlich zu sein, aber ich hoffe ihr versteht, dass es wichtig ist, die Zusammenhänge aufzuzeigen.

Ausrüstung

Das Equipment muss unbedingt passend und gepflegt sein. Häufig ist ein unpassender Sattel die Ursache für ein Nach-Unten-Wegdrücken des Rückens. Besonders zu enge Kopfeisen oder eine übermäßige Länge verursachen Einschränkungen der Tragfähigkeit, weil die Muskulatur um den Widerrist herum atrophiert oder die Lendenwirbelsäule Last auferlegt bekommt. Auch ein nach hinten gelagerter Schwerpunkt ist für das Pferd schwer auszugleichen und führt meist zu Extensionsblockaden und Kompensationsbewegungen. Große Pauschen oder eine zu kleine Sitzfläche verhindern ein lockeres Mitschwingen des Reiters und schränken die gemeinsamen Bewegungen ein. Problematisch ist es auch, wenn der Sattel dem trageerschöpften Rücken angepasst wird; dies verhindert nicht selten einen Muskelaufbau. Ein seriöser Sattler verweigert in manchen Fällen gerechtfertigterweise eine Anpassung.

Auch die restliche Ausrüstung muss passend sein. Manche Pferde reagieren auf einen zu kurzen Stirnriemen, weil er die empfindliche Ohrbasis einengt. Immer falsch sind zu fest geschnallte Nasen- und Sperrriemen. Ist das Reithalfter zu eng oder auch zu hoch eingestellt, kommt Druck auf

23 **Isometrische Muskelkraft** bedeutet, dass die Muskellänge unverändert bleibt. Diese Art der Muskelkraft ermöglicht es, eine bestimmte Position zu halten.

Nervenaustrittslöcher und Blutgefäße. Es verhindert Kauen und Schlucken, erzeugt Spannungen und verursacht Schmerzen. Echte Losgelassenheit ist so schwer bis gar nicht zu erreichen.

Selbstversuch: *Jogge bitte mal ein paar Meter mit zusammengebissenen Zähnen und achte auf die Spannung in Kopf- und Nackenbereich. Diese Art zu laufen ist sehr unangenehm, weil dein Körper unterbewusst weiß, dass bei einem Sturz die Gefahr einer Zahnfraktur besteht und so geht deine Muskulatur in eine Vorspannung. Jogge dann mit lockerem Unterkiefer und beobachte den Unterschied. Stell dir nun vor, wie Pferde sich fühlen, wenn man ihnen die Zähne aufeinander zwingt.*

Foto: © iStockphoto.com/nikolay100

Unpassende Ausrüstung

Ein zu eng verschnallter Sperrriemen behindert die Atmung schon in Ruhe. Unter Anstrengung steigt der Sauerstoffbedarf und die Nüstern weiten sich – wenn sie können. Sind sie zugeschnürt, führt das zu Luftnot und mindestens zu Beklemmung; aber auch Todesangst und Panik sind nicht auszuschließen. Der Körper braucht Sauerstoff zur Versorgung. Die Leistungsfähigkeit des Bewegungsapparats sinkt, wenn dieser nicht in ausreichender Menge zur Verfügung steht. Zudem kann ein fester Sperrriemen oberflächlich verlaufende Nerven schädigen – Lähmungen des Kinns sind möglich. Eine hängende Unterlippe muss nicht zwangsläufig ein Zeichen für ein entspanntes Pferd sein.

Unverhältnismäßig hoher Sporen- oder Gerteneinsatz tut weh und ist unfair. Dies sind Hilfsmittel und nicht zur Strafe gedacht. Ein scharfes Gebiss in Verbindung mit unsachgemäßem Umgang oder unpassende Gebisse starten ebenfalls die Schmerz-Stress-Spirale. Mängel in der Ausbildung (das gilt für Pferd UND Reiter) sind nicht durch vermeintlich effektiveres Equipment zu kompensieren!

Auf dem Bild ist ein zu weites und zu locker verschnalltes Gebiss zu erkennen, das bereits blutige Maulwinkel verursacht hat. Aber auch gebissloses Reiten ist nicht unbedingt pferdefreundlicher. Jede Zäumung steht in direktem Zusammenhang mit der Qualität der Einwirkung des Menschen und ich möchte mir nicht anmaßen zu beurteilen, welche besser oder schlechter ist. Mein Pony beispielsweise läuft mal mit Halsring, mal mit Bosal und mal mit Kandare oder auch einer einfachen Trense.

Körperliche Komponente

Eine große Kategorie von Stressoren ist die, die mit dem Pferdekörper selbst zusammenhängt. Jegliche Form von Schmerzen verursacht eine Reduktion der Tragkraft. Unfälle oder Sekundärschäden des Bewegungsapparats, Lahmheit und Blockaden führen zu kompensatorischen Schonhaltungen. Alle Arten von Krankheiten, besonders langwierige, spielen natürlich ebenso eine Rolle.

Selten ist allein der aktuelle Mensch verantwortlich, sondern die Ursachen liegen ebenfalls in Vorgeschichte, Zuchtzielen, Aufzucht und Einreiten. Beispielsweise kann alles, was an Ernährung und Bewegung in der Aufzucht versäumt wurde, nie wieder aufgeholt werden.

Großen Stress verursacht Hypermobilität mit ihren Auswirkungen auf Bewegungsspielräume und Stabilität. Sie begegnet uns im Laufe des Buches immer mal wieder. Hypermobile Pferde sind leicht überdehnbar und die Vorspannung ihres Fasziensystems ist dadurch eingeschränkt, was große Auswirkungen auf die Gangbilder hat. Werden sie in überdurchschnittlich großen Bewegungen laufen gelassen, ohne sie vorher ausreichend stabilisiert zu haben, ist das sehr verschleißend und führt in kurzer Zeit zu Trageerschöpfung, weil sich Schutzspannungen aufbauen müssen.

Hypermobilität *bei Pferden bezieht sich auf eine Schwäche im Bindegewebe, die zu übermäßiger Bewegungsfähigkeit führt. Leider wird diese hohe Beweglichkeit oft als positiv angesehen und in der Zucht sogar auf Bewegungsstärke selektiert. Pferde mit Hypermobilität sind meist weich gefesselt und haben auch im restlichen Körper wenig Tonus (hypermobil und hypoton). Allerdings bilden sich oft Schutzblokkaden, besonders im Bereich der Halsbasis. Sie leiden an Koordinationsstörungen, stolpern oft oder stürzen sogar. Hypermobilität ist angeboren und geht einher mit körperlicher Instabilität.*
Diese Pferde ermüden schneller und sind prädestiniert für Trageerschöpfung. Dafür sind sie deutlich sitzbequemer, was allerdings auf Kosten des Verschleißes geht.
Je nachdem, ob das Training Mobilisation oder Stabilisation zum Schwerpunkt hat, kann die Hypermobilität verstärkt oder reduziert werden. Leider überdecken die aufgrund fehlender Stabilität entstehenden Verspannungen häufig den weichen Muskeltonus und die Pferde werden dann fälschlicherweise noch weiter mobilisiert. Um Tragkraft aufzubauen, sollte man den großen Raumgriff hypermobiler Pferde verkleinern. Es ist wichtig zu verstehen, dass Hypermobilität bei Pferden nicht ausschließlich positiv ist.

Die Hufstellung ist für das Gleichgewicht des Pferdes von großer Relevanz und beeinflusst Tragfähigkeit und Tragkraft. Die Hufe sollten korrekt bearbeitet und beschlagen sein, um einen physiologischen Bewegungsmechanismus zuzulassen.

Die Zahngesundheit ist ebenso wichtig, denn es gibt diverse myofasziale Verbindungen zum Rest des Körpers und sie hat daher direkten Einfluss auf unser Thema.

Auch Trächtigkeit beeinflusst, da die körperlichen Ressourcen in das Fohlen gesteckt werden und dem Körper nicht zur Verfügung stehen. Besonders in der Laktationsphase sieht man die abverlangte Leistung und die Stuten sehen regelrecht ausgezehrt aus. Dazu kommen das Extragewicht und dass der passive Trageapparat weicher wird, um sich auf den Geburtsvorgang vorzubereiten. Überlegt euch also deshalb genau, in welcher Form ihr tragende Stuten noch belastet. Will man anschließend wieder antrainieren, sollte sorgsam aufgebaut werden.

Darüber hinaus spielt das Alter eine Rolle, denn wie bei uns auch werden betagte Tiere schwächer, ihre Elastizität und Regenerationsfähigkeit nimmt ab.

Auch verhältnismäßig kleine körperliche Problematiken wie eine Überlastung können zu einer Vielzahl von Folgeproblemen führen, die sich dann wiederum gegenseitig verstärken. Eine Abwärtsspirale beginnt mit einer Schutzspannung in der Muskulatur. Diese Verspannung führt zu einer Blockade. (Sie kann auch reflektorisch durch ein akutes Trauma ausgelöst werden.) Blockaden führen zu eingeschränkter Gelenkbeweglichkeit und Belastungen führen schneller zu Entzündungen und Veränderungen in ebendiesem Gelenk. Als Reaktion darauf nimmt der Körper Schonhaltungen ein, um die betroffene Region zu entlasten. Andere Körperteile kompensieren in Ausgleichsbewegungen und werden ihrerseits überfordert, weil sie Aufgaben übernehmen müssen, für die sie eigentlich nicht geschaffen sind. Diese erfordern wieder neue Schutzspannungen und weitere Blockaden entstehen an anderer Stelle – die Spirale startet von vorn ... Wenn dieser Prozess nicht unterbrochen wird, kann ein anfangs kleines Problem gravierende Folgen an ganz anderen Stellen im Körper hervor rufen und zu schwerwiegenden und oft irreparablen Schäden führen. Nicht selten führen diese anfangs geringen Probleme in eine Trageerschöpfung.

Problematisch ist, dass Trageerschöpfung in ihrer Gänze so umfangreich ist. Häufig werden nur Symptombehandlungen durchgeführt und keine ganzheitliche Betrachtung vorgenommen. Der Tierarzt hat keine Zeit beim Reiten zuzusehen oder sich den Sattel anzuschauen, und er prüft in der Regel auch nicht die Haltungsbedingungen. Ein Heilpraktiker schaut da vielleicht schon etwas umfassender hin, aber auch da habe ich bisher noch kein Vorreiten oder -longieren erlebt. Das macht dieses Thema so riesengroß. Eigentlich dürft ihr kleine Experten in jedem Bereich werden, der mit Pferden zu tun hat – zumindest um zu wissen, in welche Richtung ihr weiterdenken könnt. Genau dafür ist dieses Buch gedacht.

Manchen Pferden fällt es von Natur aus schwerer zu tragen, weil sie genetisch ein eher ungünstiges Gebäude haben. Ein langer Rücken, ein angeborener Hirschhals, krumme Beine – manche Exterieurmerkmale erschweren es dem Pferd. Auf der einen Seite gibt es die pure Statik und die können wir auch nicht wegzudiskutieren, aber auf der anderen Seite kommt es immer auch auf Interieur und die Art der Bewegungsmuster an, wie das Pferd seinen Körper schlussendlich nutzen und tragen kann.

Im Bild unten ist der gewünschte harmonische Körperbau eines Reitpferdes simuliert, der einen nicht zu langen Rücken dank genügend hohem Widerrist und ausreichend langem Hals stabilisiert. Allein die Proportionen können das Rumpfgewicht ausgleichen und den Rücken stabilisieren.

Günstiges Gebäude

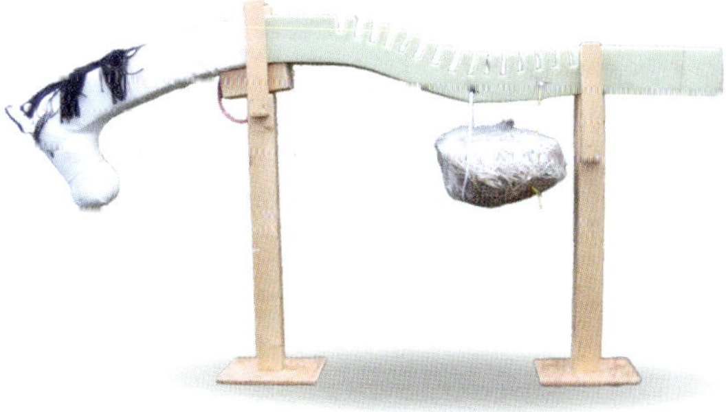

©Ralf Döringshof

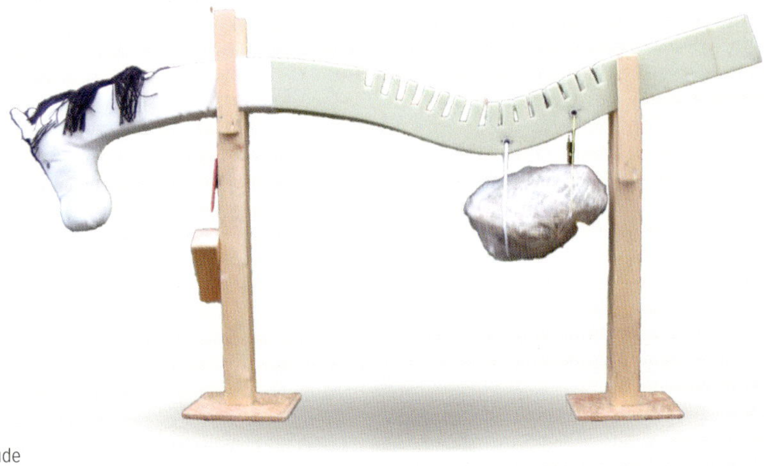
Ungünstiges Gebäude

©Ralf Döringshoff
Döringshoff, R. (2017). Die klassische Reitlehre. Selbstverlag

Das Bild oben simuliert ein Pferd, das nicht optimal gebaut oder vielleicht aktuell wachstumsbedingt überbaut ist. Auch trageerschöpfte Pferde befinden sich in dieser Variante. Die Halsung ist kürzer, der Rücken länger und zusätzlich ist der Widerrist weniger ausgeprägt. In dieser Konformation wird allein durch die Statik die Oberlinie bereits durch das Rumpfgewicht in eine Hohlkreuzsituation gebracht.

Wird ein wachstumsbedingtes Überbautsein nicht mit einer Reitpause beantwortet, steigt die Gefahr der Trageerschöpfung. Ebenfalls wichtig für die Jungpferdeausbildung ist das Wissen um die Wachstumsfugen. Ein zu frühes oder zu intensives Anreiten zerstört den Körper und seine Tragkraft, bevor sie sich richtig ausbilden konnten. Wirtschaftlichkeit geht dann zulasten der Nachhaltigkeit. Dreijährige sollten nicht im Mitteltrab vorgestellt werden müssen! Spätestens ein paar Jahre weiter wird aus dem Bewegungswunder ein Frührentner.

Zwischenfazit

Alle diese unter dem großen Oberthema Stress zusammengefassten Ursachen schränken manchmal direkt, manchmal indirekt Tragfähigkeit und Tragkraft ein. Mentaler und körperlicher Stress sind untrennbar und spiegeln sich in der psychischen und in der physischen Tragkraft wider.

Foto: © iStockphoto.com/GlobalP

Verursachende Bewegungsmuster

Ungesunde Bewegungsmuster sind nicht nur Folge von, sondern vor allem auch Ursache für Trageerschöpfung, denn Gangbilder können verschleißend sein, Kompensationsmuskulatur entwickeln lassen und die Tragkraft reduzieren. Leider werden Bewegungsmuster zur Gewohnheit – auch die verschleißenden. Zu den ungesunden Körperhaltungen zählen der Fluchtmodus, die Hyperflexion, die absolute Aufrichtung, eine durchhängende Variante und der Sonderfall einer verlängerten Oberlinie, auf den wir später noch eingehen werden. Im Folgenden wird es deshalb ausführlich um die unterschiedlichen Bewegungsmöglichkeiten gehen.

Wie können wir verschleißende Gangbilder erkennen und von den gewünschten unterscheiden? Zuallererst: Schaut den Pferden ins Gesicht – ihre Mimik verrät viel über das aktuelle Wohlbefinden. Damit meine ich nicht, dass ein Pferd nicht mal angestrengt sein darf. Aber Anzeichen von Schmerzen und Stress, ebenfalls von Unmut oder Resignation, lassen auf ungesunde Bewegungsmuster Rückschlüsse ziehen. Auch das andere Ende des Pferdekörpers, der Schweif, gibt als Teil der Wirbelsäule Aufschluss über Ausrichtung und Spannungszustand der Oberlinie.

Ein großer Einflussfaktor ist wieder die Psyche: Unter mentaler Belastung verspannt die Muskulatur und das hat direkte Auswirkung auf die Qualität der Bewegungsmuster! Schmerz (oder sogar nur die Angst vor ihm) und Stress verursachen Fluchtgedanken und produzieren ein Festhalten im Rücken. Aus einer dominanten dorsalen Kette resultieren stockende Gangbilder, die ein lockeres Arbeitstempo verhindern. Reit- und Trainingsmethoden, die Zwang und Angst nutzen, verursachen immer krank machende Bewegungsmuster!

Wird in der Bewegungsausbildung Gehorsam erzwungen, entsteht körperlicher und auch seelischer Stress. **Es besteht ein direkter Zusammenhang zwischen Trainingsmethode, Gangbild und Gesundheit.** Auch das tragkräftigste Pferd nimmt bei falscher Reitweise in kürzester Zeit Schaden und selbst die willigsten können nicht durchlässig reagieren, wenn die Voraussetzungen dafür nicht stimmen. Hat das Pferd Schwierigkeiten mit einer bestimmten Bewegungsanforderung, dann ist es dazu unter Umständen aktuell einfach nicht in der Lage (körperlich oder auch psychisch nicht).

Schritt und Galopp reagieren auf Verspannungen mit einer Lateralverschiebung in den passartigen Schritt oder einen Vierschlaggalopp. Manche Pferde verweigern das Schrittgehen völlig und zackeln nur noch in einem unregelmäßigen, kurzen Trab. Ein gesundes und entspanntes Pferd schreitet raumgreifend mit gedehnter Oberlinie und pendelndem, nickendem Hals. Aus der lateralen Ansicht bildet das gleichseitige Beinpaar in der Fußungsfolge kurzzeitig ein „V“.

Ein großes Problem ist, wenn die Nickbewegung des Pferdes nicht zugelassen wird. Daraus entstehen auch Schwierigkeiten in den anderen Grundgangarten. Der größte Anteil der Krankheiten am Bewegungsapparat wird provoziert durch spannungsgeladene Handreiterei. Aber es braucht auch nicht unbedingt brachiale Gewalt für schlechte Gangbilder. Alles, was die Schlüsselstellen in eine ungünstige Ausrichtung bringt, führt zu ungesunden Bewegungen.

Nickbewegung im Schritt

Wenn man ein Pferd im Schritt in freier physiologischer Bewegung betrachtet, ist im Seitenbild

eine Nickbewegung von Kopf und Hals erkennbar, mithilfe derer das Pferd seinen Rumpf über die Vorderbeine zieht. Während beide Gliedmaßen Bodenkontakt haben, befindet sich der Kopf am höchsten Punkt; wird ein Vorderbein vorgeschwungen, nickt er nach vorne und unten. Außerdem bewegen sich Nase und Kopf zusätzlich pendelartig seitlich, immer in Richtung des abfußenden Beins. Das liegt darin begründet, dass die Vorführer der Gliedmaße am Kopf ansetzen und beim Kontrahieren die Nase mit hinüberziehen. Resultierend ist von vorn – zusätzlich zu der Nickbewegung – ein rhythmisches Pendeln des Halses aus seiner Basis heraus von rechts nach links zu sehen – die Nase beschreibt insgesamt ein Unendlichkeitszeichen. Genau diese Bewegung macht übrigens auch unsere eigene Nasenspitze, wenn wir locker sitzen, und ebenso das Kreuzbein des Pferdes.
Die Nickbewegung dient der Krafteinsparung, denn das Kopfpendel entlastet zum einen das gegenseitige Vorderbein und erleichtert sein anschließendes Abfußen; die zusätzliche Bewegung des Halses nach unten kippt das kontralaterale Schulterblatt steiler und unterstützt dabei die Rückführung der Gliedmaße in der Stützbeinphase. Alles in allem die ökonomischste und natürlichste Art der Fortbewegung im Schritt.
Die im Takt passiv mitgehende Reiterhand schränkt die Nickbewegung nicht ein und ermöglicht der Vorhand einen weiten Vorgriff. Lässt der Reiter sie jedoch nicht oder nur teilweise zu, verändert sich das Bewegungsmuster zum Negativen; das Pferd zieht sich dann alternativ durch deutlicheres Zurückführen der Vordergliedmaße (was vornehmlich über tiefe Brust- und breite Rückenmuskeln geschieht) nach vorn. Diese Art zu laufen verspannt und bringt langfristig nicht nur die Vordergliedmaße in eine Rückständigkeit, sondern leider auch den Rücken in eine Hohlkreuzsituation – sowohl ein Bewegungsablauf als auch eine Körperhaltung der Trageerschöpfung ...
In der Dehnungshaltung ist das Ausmaß der Nickbewegung ein Qualitätsmerkmal der Losgelassenheit der Oberlinie: Je verspannter diese ist, desto reduzierter zeigt sich die Nickbewegung. Da am anderen Ende des Pferdes die Hankenbeugung ebenfalls vom langen Rückenmuskel und seiner Fähigkeit nachzugeben abhängt, ist die Nickbewegung gleichzeitig ein Indikator für die Qualität der Bewegungen der Hinterhand. Ein Blockieren durch die Hand hat also unmittelbare Auswirkungen auf den kompletten restlichen Körper.
Je versammelter der Schritt wird, desto geringer wird die physiologische Halsbewegung, da die Hinterhand vermehrt Kraft zur Verfügung stellt.

Als Nächstes untersuchen wir das Fußungsverhalten im Trab, wobei hier das Gleichmaß am einfachsten zu analysieren ist. Für die Blickschulung ist wichtig zu wissen, dass im sauberen Zweitakt eine diagonale Parallelität herrscht; das bedeutet, dass sich das hintere Röhrbein in jeder Phase synchron zum diagonalen Unterarm befindet (eine Ausnahme bildet die Piaffe), was wiederum nur gegeben sein kann, wenn die Trittlängen von Vor- und Hinterhand identisch sind. In ungesunden Bewegungsabläufen ist das nicht der Fall, die Parallelität der Diagonalen geht verloren, die Beinpaare zeigen einen unterschiedlichen Raumgriff und der Rumpf ist im Verhältnis zur Hinterhand abgesackt (siehe nächste Abbildung).

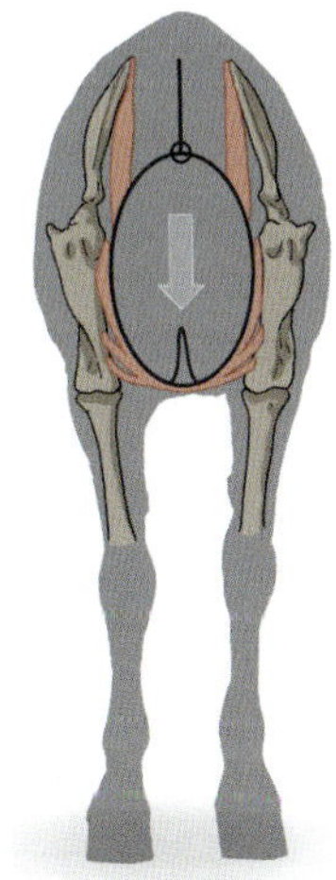

Foto: © iStockphoto.com/Callipso

Verspannung zeigt sich in Bewegungsmustern, die auf Dauer verschleißend sind.

An diesem Bild erkennt man die direkte Beziehung zwischen der Höhe des Brustkorbs und der Parallelität der Diagonalen – diese geht verloren, sobald der Thorax sinkt.

Wird der Pferderücken mit Reitergewicht belastet, geht das für jedes Tier prinzipiell erst mal mit einem veränderten Gleichgewicht einher. Wird das Tragen eines Reiters nicht vorbereitet, dann sackt der Rumpf in eine tiefere Position ab, in der er nicht sonderlich gut federn kann. Und selbst bei guter Vorbereitung müssen die Pferde erst lernen, sich in der neuen Situation zu koordinieren und auszubalancieren.

Ein Gleichgewichtsverlust macht jedem Fluchttier Angst. Wird dann noch versucht, den Kopf herunterzumanipulieren, verlagert sich der sowieso schon nach vorn verschobene Schwerpunkt noch weiter in Richtung der Vorhand. Das Resultat ist meist ein Auf-die-Hand-Legen, ein Dem-Gleichgewicht-Hinterherlaufen oder auch ein Verweigern der Bewegung.

Der Brustkorb wird dann entweder im Fluchtmodus aktiv weggedrückt, durch ungesunde Bewegungsmuster und falsch verstandene Hilfengebung genötigt nach unten auszuweichen oder die Pferde lassen sich einfach nur hängen. Wenn der Brustkorb nicht lernt sich anzuheben und dem Reiter entgegenzukommen, ist ein Schwingen im funktionalen tensegralen System unmöglich. Der Katapulteffekt ist eingeschränkt und die Stoßdämpfung ebenfalls. Das Gangbild ist nicht elastisch federnd, sondern hart und stoßend oder schlaff mit langem Bodenkontakt.

Die Hinterhand kann in Kombination mit einem abgesunkenen Brustkorb nicht optimal arbeiten und die Hankenbeugung wird eingeschränkt. Ihre fehlende Kraft zeigt sich entweder mit übertriebener oder untertriebener Aktion (Höhe der Fußung). Das Pferd beginnt die Beine höher zu ziehen, es beginnt in manchen Lektionen in der Hinterhand zu hüpfen oder es schlurft.

Oft wird eine hohe Aktion mit Aktivität verwechselt. Aber nur, weil ein Pferd sich mit den Hinterbeinen viel bewegt, heißt das noch lange nicht, dass die Energie auch an der richtigen Stelle ankommt. Darauf werden wir im nächsten Kapitel genauer eingehen.

Alle Faktoren die Stress verursachen, schränken die Geschmeidigkeit im myofaszialen System und damit auch die Katapulteffekte ein. Rumpffederung oder auch eine optimale Hankenbeugung finden nur in einem elastisch schwingenden System statt.

Schädlich für die Tragkraft ist eine zu geringe Bewegungsvarianz. Werden dem Körper immer gleiche Anforderungen wie ausschließlich der perfekte Reitplatzboden gestellt, dann verkümmert der Bewegungsapparat.

Schwierig ist es, wenn das Gleichgewicht zwischen Stabilität und Mobilität außer Acht gelassen wird: Wenn stabile Pferd nicht beweglicher trainiert werden oder, noch folgenschwerer, wenn hypermobile nicht stabilisiert, sondern sogar noch weiter in die Mobilisation gearbeitet werden, entstehen ungesunde Bewegungsmuster. Den Stabilen mangelt es an Geschmeidigkeit, die mobilisierten Überbeweglichen müssen Schutzspannungen aufbauen.

Fatal sind falsch gerittene Seitengänge: Häufig werden Biegungsgrad und Abstellung übertrieben oder die Pferde knicken in der Halsbasis ab. Besonders die überbeweglichen Exemplare brauchen keine zusätzliche Mobilität. Diese verursacht ebenfalls – vor allem, wenn sie mit überhöhtem Tempo kombiniert wird – einen enormen Verschleiß. Auch bringen Seitengänge großen Stress in die Becken-Lenden-Region, wenn versucht wird mit übertriebener Lateroflexion das innere Hinterbein weit unter den Schwerpunkt zu holen.

Um die Körperhaltungen in den ungesunden Bewegungsmustern zu verstehen, benötigen wir einen kurzen Exkurs über die natürlich vorkommenden.

Körperposition Weidehaltung

Die natürlichste Körperhaltung für eine Pferd ist das Grasen. In dieser verbringt es – wenn möglich – die meiste Zeit seines Lebens. Deshalb hat die Natur den Pferdekörper in der Art erschaffen, dass ihm die obere Verspannung in der Weidehaltung einen großen Teil seiner Körperlast abnimmt, wodurch Energie eingespart wird. Das Nackenband wird durch das Senken des Halses in eine Vorspannung gebracht und diese setzt sich über das Rückenband fort. Es entsteht ein Zug an den Dornfortsätzen; die Wirbelsäule wird stabilisiert und die ermüdungsfreien passiven Strukturen übernehmen einen großen Teil des Bauchraumgewichts. Die langsame Fortbewegung während des Weidens im Schritt ist energieeffizient und erfordert kaum Muskelkraft.

Das Langmachen des Halses entspannt das Genick und lockert die Halswirbel; diese divergieren – sie gleiten auseinander. Die Nervenaustrittslöcher sind maximal geöffnet und Reizweiterleitung und Stofftransport in den Gefäßen werden nicht gestört. Die Gelenkflächen liegen optimal und unkomprimiert aufeinander.

Der cervikothorakale Übergang befindet sich nicht mehr in einer Strecksituation – die gesamte Wirbelsäule ist gebeugt, was wiederum den Rückenmarkskanal entlastet und die Oberlinie dehnt. Der Unterkiefer rutscht nach vorn und erst das bringt die Zähne in eine optimale Fressposition. Jedes Abzupfen des Grases mobilisiert den vorderen Rücken in einer kleinen Flexion.

Hat das Pferd nicht ausreichend Möglichkeit, sich in dieser natürlichen Körperhaltung zu bewegen, bestenfalls ganzjährig für mehrere Stunden am Tag, verspannt sich sein Körper auch ohne unser Zutun. Leider ist es auch nicht gleichbedeutend, Heu vom Boden aus zu füttern, da das Pferd sich am Heuhaufen meist in seiner favorisierten Schrittstellung – immer ein bestimmtes Bein vorn – positioniert. Gerade die langsame Vorwärtsbewegung während des Grasens führt zur gleichmäßigen Entspannung beider Körperhälften. Grasen liefert optimale Dehnung und sanfte Mobilisation des gesamten Pferdekörpers.

Nun mögen sich viele fragen: Warum reiten wir unsere Pferde dann nicht dauerhaft in einer sehr tiefen Kopf-Hals-Position?

Der lang nach unten gestreckte Hals verlagert den Schwerpunkt des Pferdes nach vorn. Im langsamen Schritt und ohne Reiter ist das für das Pferd problemlos möglich. Die Situation ändert sich allerdings, wenn Gewicht auf dem Rücken und Tempo hinzukommen.

Auf den beiden Fotos sind die Abhängigkeit von Kopf- und Widerristhöhe und ihr Einfluss auf die Sattellage deutlich erkennbar. Ein tiefer Kopf bedingt ein Sinken des Widerrists und ein Anheben der Sattellage. Ein hoher Kopf kann den Widerrist um wenige Zentimeter heben, allerdings sinkt dabei die Sattellage etwas ab. Schön ist dies durch die Zaunelemente im Hintergrund ablesbar. Nun haben wir das ewige Dilemma: die Diskussion um die erforderliche Halshöhe. Propagierer des Vorwärts-Abwärts begründen ihr Vorgehen mit dem positiven Effekt des Anhebens der Sattellage, Vertreter einer hohen Kopf-Hals-Position argumentieren mit dem Heben des Widerrists – und beide haben recht!

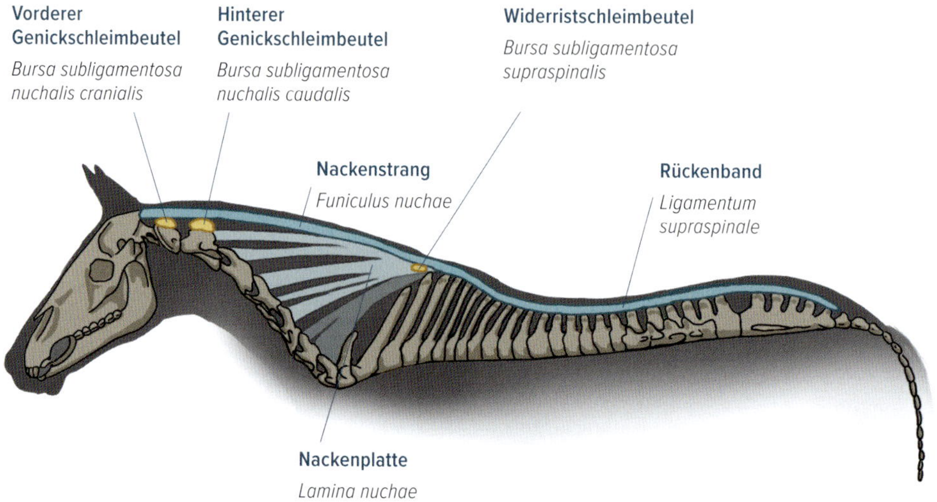

Nackenband = Nackenstrang und Nackenplatte

Nackenrückenband

Das Nackenrückenband ist eine stabile, jedoch nur wenig elastische Struktur, die eine wichtige Rolle bei der Unterstützung der Bewegung spielt. Es besteht aus zwei Anteilen: dem Nackenband (Ligamentum nuchae) und dem Rückenband (Ligamentum supraspinale). Das Nackenband setzt sich wiederum aus dem oberflächlich gelegenen Nackenstrang (Funiculus nuchae) und der tief liegenden Nackenplatte (Lamina nuchae) zusammen. Ihr Ursprung ist der kaudale Teil des Nackenstrangs, die Ansätze an den Halswirbeln 2 bis 7. Der Nackenstrang bildet gemeinsam mit den Oberhalsmuskeln die Oberlinie des Halses. Das kräftige Band ist paarig angelegt und verläuft vom Hinterhauptbein bis zum Kreuzbein des Pferdes.

Neue Erkenntnisse haben gezeigt, dass die Nackenplatte nicht – wie früher angenommen – bei allen Pferden an den unteren beiden Halswirbeln inseriert[24]*. (Die Anteile, die an den*

24 ECVM, auch bekannt als Equine Complex Vertebral Malformation, ist eine vermutlich vererbbare Deformation der untersten beiden Halswirbel, des ersten Brustwirbels und der ersten Rippen. Die betroffenen Wirbel weisen entweder fehlende Anteile oder Knochenwucherungen an sonst knochenfreien Stellen auf. Rippen können sogar vollständig fehlen. Etwa jedes Fünfte der untersuchten Pferde wies bei der Sezierung diese Missbildungen auf.
Bei betroffenen Pferden sind die Anteile der Nackenplatte, die am sechsten und siebten Halswirbel inserieren, nicht angelegt. Dies führt zu einer massiven Einschränkung des passiven Trageapparats, gesteigerter Instabilität und erhöhter Beweglichkeit im Bereich der Halsbasis. Das Fallenlassen aus dem Hals heraus fällt diesen Pferden deutlich schwerer, weil die ermüdungsfreie Struktur fehlt und dies über Muskulatur ausgeglichen werden muss, was deutlich anstrengender ist. Hinzu kommt, dass fehlende Knochenanteile mit nicht vorhandenen Ansatzstellen für die Muskulatur einhergehen. Besonders die Muskeln, die die Halsbasis von unten unterstützen, werden geschwächt, was die Instabilität in diesem Bereich potenziert… Durch eine Stufenbildung zwischen den Wirbeln kann eine Einengung des Rückenmarkkanals entstehen; entzündete Facettengelenke und knöcherne Zubildungen treten ebenfalls auf.
Die Symptome von ECVM sind Ataxie, Hypermobilität und Hypertonie im Bereich der Halsbasis, Rittigkeitsprobleme, Schwierigkeiten mit Gleichgewicht und Losgelassenheit, Stolpern, unvorhersehbare Stürze, Stützen aufs Gebiss,

untersten beiden Halswirbel ansetzen, sind farblich dunkler verändert, um hervorzuheben, dass sie gegebenenfalls nicht vorhanden sind.) Ein Fehlen führt zu höherer Beweglichkeit und Stabilitätsverlust im Bereich der Halsbasis.

Das Nackenrückenband ist mit den Dornfortsätzen des Rückens ab dem 3. Brustwirbel verbunden. Schleimbeutel schützen die knöchernen Strukturen des vorderen Widerrists sowie von Atlas und Axis (den ersten beiden Halswirbeln). Diese sogenannte obere Verspannung ist eine effiziente Konstruktion, um Muskelkraft und dadurch Energie zu sparen, da Sehnen und Bänder ermüdungsfrei Spannung aufrechterhalten können. So ist das Nackenrückenband ein wichtiger Teil des passiven Bewegungsapparats. Verliert es allerdings seine physiologische Vorspannung – dies geschieht bei weggedrücktem oder durchhängendem Rücken, bei deutlich erhobenem Kopf, verkürztem Hals oder wenn das Becken flach gestellt wird – dann verliert es seine Funktionalität, kann keine Last übernehmen und der Körper muss vermehrt auf Muskelkraft zurückgreifen. Besonders der lange Rückenmuskel verspannt infolgedessen und muss Haltearbeit verrichten, für die er als Bewegungsmuskel nicht vorgesehen ist.

häufige Vorhand-Lahmheiten, Schwierigkeiten beim Galoppieren und Aufstehen, sowie unkoordinierte Gänge, Hals- und Schulterasymmetrien, Schmerzzeichen und Headshaking. Diese Liste ist sicherlich verlängerbar.
ECVM hat viele Überschneidungen mit Symptomen der Trageerschöpfung. Dies ist ursächlich sicherlich der Schlüsselstelle Halsbasis im Bewegungsablauf zuzuschreiben. Pferden mit ECVM habe eine deutlich schlechtere Ausgangposition Tragkraft zu entwickeln.
Ein großes Problem ist die Vererbbarkeit von ECVM. Leider gehen viele Pferde in die Zucht, obwohl – oder gerade weil – sie körperliche Mängel aufweisen und als Reitpferd nicht nutzbar sind. Aufklärung und ein Verantwortungsbewußtsein der Züchter wird hoffentlich bewirken, dass diese Missbildungen ausgemerzt werden.

Foto: © iStockphoto.com/mari_art

Fluchtmodus

Dies ist die natürliche Körperhaltung eines Pferdes mit aktiviertem Fluchtmodus. Allerdings muss es sich dafür nicht zwingend im gestreckten Galopp befinden. Diese Haltung nimmt es auch bereits im Stand oder in niedrigeren Geschwindigkeiten und Gangarten ein, wenn es Stress hat. Körperhaltung und mentale Anspannungssituation bedingen sich gegenseitig.

In der freien Natur flieht das Pferd in dieser Art; aber eine Flucht geht normalerweise nur über geringe Distanzen im Geradeaus. Im Gelände ohne Reiter für kurze Strecken funktioniert das meistens ohne Folgeschäden zu provozieren, aber auf dem Platz ist diese Körperhaltung höchst destruktiv und führt zur Trageerschöpfung. Da eine korrekte Biegung unter diesen Voraussetzungen unmöglich ist und sich Richtungsänderungen schwierig gestalten, werden die räumlichen Restriktionen einer Reitbahn zum Problem. Und das gilt leider eben auch schon ohne Reiter und für niedrigere Tempi als den Renngalopp.

Fluchtmodus

Mit einer festgestellten Rückenlinie Gewicht ohne Verschleiß zu tragen ist nicht möglich, denn ist die Streckerkette im Fluchtmodus aktiv, werden Brust- und Bauchmuskulatur durch die reziproke Hemmung „weggeschaltet". Die ventrale Kette kann ihren Teil an einem harmonischen Zusammenspiel nicht leisten, was zu verschleißenden Bewegungsmustern führt. Blockierungen im CTÜ und in der Brustwirbelsäule folgen und der Rumpf wird in der tiefen Position fixiert, wenn das Pferd dauerhaft über dem Zügel in dieser Haltung laufen muss.

Verschlimmert wird die Situation noch, wenn der Hals dabei zusätzlich durch Zügelzug irritiert und der Widerrist durch einen schiebenden Sitz nach unten verlagert wird, oder wenn versucht wird mit Hilfszügeln den Weg der ehrlichen Ausbildung abzukürzen.

Im Körper des Pferdes geschieht Folgendes:

1. Das Pferd befindet sich im **Fluchtmodus.**

2. Es hebt seinen **Kopf** so hoch es geht, um möglichst viel von seiner Umgebung wahrnehmen zu können.

3. Die gesamte **Streckerkette** wird vom Genick bis hin zur Rückseite der Hinterhand aktiviert. Das passiert automatisch, wenn der Sympathikus anspringt; die Wirbelsäule wird dadurch in maximaler Streckung festgestellt.

4. Diese Körperhaltung drückt den **Widerrist** nach unten. Die Oberlinie ist so verkürzt, dass sogar Falten am oberen Hals entstehen.

5. Die Vorspannung des **Nackenrückenbandes** wird außer Kraft gesetzt – dieser Anteil des passiven Trageapparats kann keine Last übernehmen.

6. Die **Dornfortsätze** nähern sich einander an.

7. Der **lange Rückenmuskel** verkürzt sich. Er setzt am vorderen **Becken** und an den Dornfortsätzen des Sakrums an, zieht sie durch seine Kontraktion nach vorn und kippt beide insgesamt flacher. Der **LSÜ** wird dadurch geschlossen.

8. An der kaudalen Seite des Beckens sind die **langen Sitzbeinmuskeln** (*M. semitendinosus*, *M. semimembranosus* und *M. biceps femoris*) über das breite Beckenband verbunden. Diese sind Teil der Streckerkette und ebenfalls verkürzt.

9. Sie fungieren als **Kniegelenksstrecker** und öffnen über die Spannsägenkonstruktion das **Sprunggelenk** gleich mit.

10. Eine so ausgerichtete **Hinterhand** arbeitet weit nach hinten heraus und zeigt eine verlängerte zweite Stützbeinphase bei verringertem Vorgriff. Sie katapultiert den Körper nach vorn.

11. Der **Halsansatz** befindet sich ebenfalls in **Überstreckung** und zeigt mit dem Brustbein zusammen die Laufrichtung an. Der **Unterhals** ist aktiv, um sich für maximalen Schub als Hilfsmotor im „Allbeinantrieb" zu beteiligen.

12. Durch diese Form der absoluten Wirbelsäulenstreckung wird **der Thorax nach vorn-unten** geschoben, was allerdings durch den maximal erhobenen Kopf wieder etwas relativiert wird.

13. Für eine größtmögliche Sprunglänge ist der Bereich des **Brustbeins** weit geöffnet.

14. Die Elastizität des Rumpftrageapparats ist ausgeschaltet, was die **vorderen Zehenbereiche** fordert – aber besser kurz überlastet als tot ...

15. Dieses **Bewegungsmuster** ist auf maximalen Schub und hohe Beschleunigung ausgelegt.

Was der LSÜ für die Bewegung ausmacht

An dieser Stelle sollte eigentlich das Kapitel über Versammlung kommen und wie das Ausmaß der Beckenkippung entweder Schub- oder Tragkraft begünstigt. Nun war es aber immer so, dass sich mir der Sinnzusammenhang zwischen Beckenausrichtung und Kraftentfaltung nicht erschlossen hat, weil Widersprüche auftraten: Ein flaches Becken begünstige mehr Schub (so weit gehe ich mit), ein steiles Becken sei tragfähiger; die Sprinter unter den Pferden zeigen aber häufig diese Konformation – warum haben die nicht die flachste Beckenausrichtung von allen? Manche Exemplare mit extrem steilem Becken und abschüssiger Kruppe (Modell „Bergab") wiederum haben überhaupt keinen Druck (keine Energie) auf dem Hinterbein, die vorn ankommt. Sie haben keine Aktivität, weder für Schub noch für Kraft, sondern verlagern ihr Gewicht in einer Pseudo-Versammlung (die Vorhandlastigkeit reduziert sich dabei nicht) nach hinten, während sich der Bewegungsradius der Hinterbeine unter den Körper verschiebt – eigentlich das Fußungsverhalten, auf das Versammlung abzielt (dachte ich bisher auch). Ich bin von Natur aus ein Hinterfrager, und dieses Thema hatte mich immer äußerst unzufrieden zurückgelassen …

Was macht die Becken-Lenden-Region in der Versammlung und wie funktioniert die Kraftübertragung?

Die Ausrichtung des Beckens hat einen nicht unerheblichen Einfluss auf das Bewegungsmuster. Das Kreuzbein kippt in Versammlung mit seinem kaudalen Ende ab und stellt simultan das Becken steiler; aber wie genau das geschieht, entscheidet über Gesunderhaltung oder Verschleiß. Kraftentfaltung und Beanspruchung hängen nämlich nicht nur vom Ausmaß der Beckenkippung ab, sondern werden vor allem davon beeinflusst, mit welchem Kraftvektor und in welcher relativen Ausrichtung zur Lendenwirbelsäule das Kreuzbein die Energie der Hinterbeine nach vorn übertragen kann.

Von daher schauen wir uns den LSÜ, ebendiese Verbindung zwischen Sakrum und Lendenwirbelsäule, genauer an:

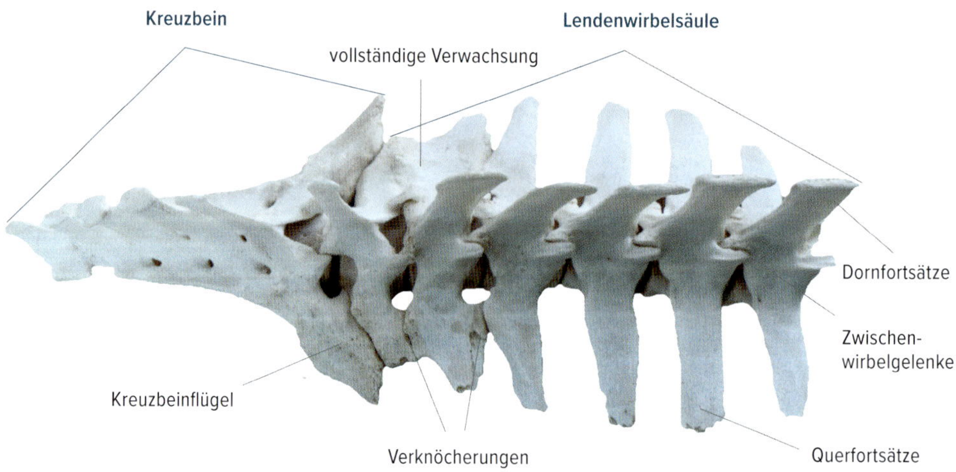

Foto: Dr. Sandra Ruzicka

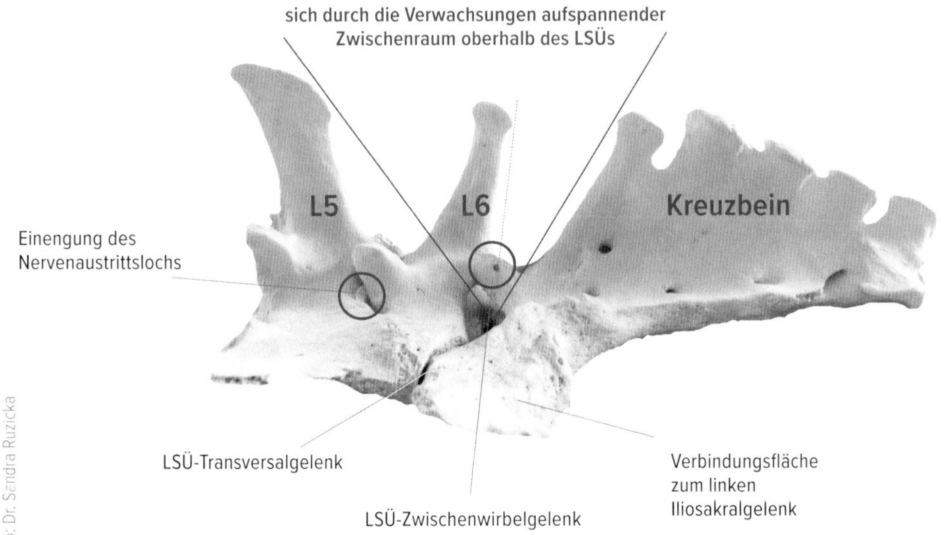

Foto: Dr. Sandra Ruzicka

Der lumbosakrale Übergang besteht anatomisch aus vier einzelnen gelenkigen Verbindungen: zwei Zwischenwirbel- und zwei Transversalgelenken und einer Verbindung über die Bandscheibe. Die beiden Transversalgelenke bilden sich aus den Querfortsätzen (den „Transversalfortsätzen") des letzten Lendenwirbels und den Kreuzbeinflügeln. Im Laufe eines Pferdelebens verknöchern und verwachsen die Querfortsätze der letzten beiden Lendenwirbel in der Regel miteinander. Im Fall des bildgebenden Skeletts sind es sogar die letzten drei Lendenwirbel, die deutliche knöcherne Veränderungen aufweisen. Dadurch erweitert sich die skelettale Grundlage des LSUs und auch der dazugehörige Zwischenraum, den die Dornfortsätze aufspannen, vergrößert sich.

Was genau befindet sich in dem Zwischenraum und warum interessiert uns das? Das sogenannte Spatium wird ausfüllt von Zwischendornenbändern (*Lig. interspinalia*) und -muskeln (*Mm. interspinales*). Es wird überspannt vom kaudalen Ende der Rückenbandes (*Lig. supraspinale*) und der thorakolumbalen Faszie. Bis auf die Muskeln sind das alles relativ feste, unelastische Strukturen.

In Zusammenhang mit Versammlung wird immer wieder vom einhergehenden Öffnen des LSÜs gesprochen, weil dieses das Becken steil kippt. Ja, das ist eine mögliche Variante der Winkeländerung im Becken, aber wie wir im Folgenden sehen werden, verhindert das die korrekte Versammlung sogar eher. Geschieht das Abkippen in dieser Form, dann vergrößert sich der Zwischenraum der Dornfortsätze. Wir erinnern uns: Bis zu 20 Grad ist ein Beugen hier theoretisch möglich; das geht einher mit mehreren Zentimetern Dehnung. Bei Verwachsungen der letzten beiden Lendenwirbel wird die Belastung auf den vergrößerten Zwischenraum verteilt. Was daraus resultiert, sind zum einen Verletzungen der oberhalb liegenden bindegewebigen Strukturen: Diese überdehnen, zerreißen, entzünden sich, kalzifizieren und vor allem: heilen extrem langsam. Zum anderen verändert sich der

Kraftvektor, über den das Kreuzbein seine Energie in die Lende transportiert. Bestmöglich erfolgt diese Energieübertragung, wenn die Unterlinie der Wirbelreihe etwa in einer Flucht liegt. Dann sind die Wirbelkörper geradlinig hintereinander ausgerichtet. Der Kraftvektor geht nun in Richtung dieser Geraden direkt von einem Teil der Wirbelsäule in den anderen über.

Die Transversalgelenksflächen sind uneben und in der Art ausgeformt, dass die Querfortsätze der Lendenwirbel leicht oberhalb der Kreuzbeinflügel zum Liegen kommen (in der folgenden Abbildung sieht man den auseinandergeklappten LSÜ). Von daher gibt es für jedes Pferd nur eine einzige – nennen wir sie neutrale – Anordnung, die diesen optimalen Kraftvektor ermöglicht und die immer nahe an der geraden Ausrichtung von Lendenwirbelsäule zu Kreuzbein liegt. Ansonsten wären die Gelenksflächen ellipsoid geformt. Wird der Winkel im LSÜ verändert, entstehen Druckspitzen in den Gelenken, die bei Belastung mit ziemlicher Sicherheit Schmerzen hervorrufen. Die regionalen Verknöcherungen deuten darauf hin, dass das auch nicht in dieser Form stattfinden möchte. Je weiter die Öffnung erfolgt, desto mehr wird die Hinterhand quasi entkoppelt, weil der Kraftvektor nicht mehr in Richtung vordere Wirbelsäule, sondern schräg daran vorbei zeigt. Die Kraftübertragung nach vorn reduziert sich und dadurch, dass die Querfortsätze des letzten Lendenwirbels etwas oben aufliegen, hebelt eine Energieübertragung aus der Hinterhand bei einem geöffneten LSÜ das kaudale Ende der Lendenwirbelsäule buchstäblich nach oben weg.

Es kommt nun für gute Bewegungsmuster nicht darauf an, den Winkel im LSÜ zu ändern, um Kreuzbein und Becken ins vermehrte Setzen zu kippen und damit die optimale Funktion ihrer geradlinigen Ausrichtung zueinander einzuschränken, sondern es geht vielmehr darum, in welcher Art und Weise sich der Pferdekörper arrangieren kann, damit diese Winkeländerung eben gerade nicht geschehen muss.

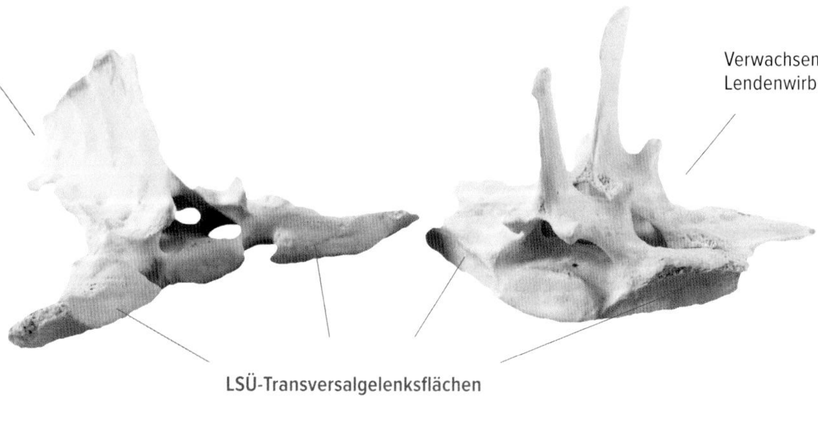

Foto: Dr. Sandra Ruzicka

Nun ist es nicht so, dass der LSÜ in einer funktionalen, physiologischen Bewegung starr und fixiert bleibt. Die Amplitude reicht auch in gesunden Bewegungsmustern von Flexion bis Extension. Allerdings geschieht die Bewegung um diesen einen neutralen Nullpunkt der Ausrichtung herum. Der LSÜ öffnet, um das Vorschwingen des Beins zu ermöglichen, muss dann aber wieder in die neutrale Position gelangen können, um die Energie nach vorn zu transportieren, wenn ein Bein in die Kraft kommt und die einzelnen Gelenke dem Druck, der mit der Energieübertragung einhergeht, standhalten müssen.

In einem funktionalen Trab beispielsweise öffnet und schließt sich die Verbindung zwischen Lendenwirbelsäule und Kreuzbein physiologisch innerhalb einer vollständigen Fußungsphase zweimal. Die Öffnung erfolgt immer zur Hangbeinphase; zur Stützbeinphase schließt sich der Übergang in die neutrale Nullstellung, um die Energie verschleißfrei weiterzuleiten.

Im Galopp wird eine physiologische Amplitude von Streckung und Beugung um den geschlossenen lumbosakralen Übergang herum vollzogen. Im Moment der Schwebephase wölbt sich der gesamte Rücken und die Hinterbeine können weit untertreten. Die Energieübertragung erfolgt in der neutralen Position in der Stützbeinphase der Hinterbeine und anschließend streckt sich der Übergang, während das Pferd sich quasi über seine Vorderbeine hinweg rollen lässt. Je versammelter der Galopp wird, desto mehr reduziert sich die Streckungsphase.

Wenn ich im Folgenden von einem „geschlossenen" LSÜ spreche, dann meine ich damit diese physiologische Bewegung um die neutrale Ausrichtung herum. „Absolut offen" oder auch nur „offen" bedeutet hingegen eine Beugung im LSÜ, bei dem er sich nicht in einer neutralen Nullposition befindet, wenn das jeweilige Hinterbein beginnt, Kraft zu übertragen, sondern weiterhin gebeugt ist.

Wenn wir mit diesem Wissen weiterdenken, was folgt für Versammlung und Tragkraft?

Zunächst beschäftigen wir uns mit der häufig anzutreffenden Beschreibung von Versammlung:

> *Die Versammlung ist ein leichtfüßiges Ausbalancieren auf kleinerer Grundfläche. Der LSÜ öffnet sich (das liest man immer und immer wieder) und kippt das Becken steil. Je höher der Versammlungsgrad ist, desto höher ist seine Beugung und desto steiler kippt das Becken. Dies gilt gleichwohl für versammelte Gangarten als auch für die Übergänge nach unten. Die Hinterbeine werden dabei näher herangeschlossen und stärker angewinkelt. Eine steilere Beckenposition lässt die Hinterbeine gut durchschwingen und ein weites Untertreten braucht es für ein gutes Bewegungsmuster, denn je mehr die Pferde untertreten, desto besser ist ihr horizontales Gleichgewicht. Die zweite Stützbeinphase minimiert sich. Der Schlüssel dazu ist das Reiten von hinten nach vorn – mit vermehrt treibender Hilfe an die Hand heran. Die Bauchmuskeln wölben den Rücken auf, der Schwerpunkt wird etwas nach hinten verlagert und so die Vorhand entlastet. Das Pferd bewegt sich in Selbsthaltung und kadenziert in einem vermehrten Bergauf. Der Reiter kommt zum Sitzen und das Pferd ist jederzeit in der Lage vorwärtszugehen.*

In diesen Aussagen steckt sehr viel Wahrheit! Allerdings verbergen sich auch Missverständnisse darin, die die Bewegungsidee der Versammlung verfälschen und so zu krank machenden Gangbildern führen. Diese Fehlannahmen hängen zusammen und sind untereinander folgerichtig; es werden nur Details übersehen.

Gehen wir die Sätze nacheinander durch:

1. **Die Versammlung ist ein leichtfüßiges Ausbalancieren …**
   Ein versammeltes Pferd fußt aufgrund von gutem Gleichgewicht leichtfüßig und leise, das ist wahr.

2. **… auf kleinerer Grundfläche.**
   Ich gehe davon aus, dass diese Ableitung aus der höchst versammelten Form der Piaffe, aus Varianten am Platz oder mit minimalstem Vorwärts wie den Schulgangarten oder Pirouetten entstand. In diesen verkleinert sich die Grundfläche, das ist richtig. Nur leider kann man daraus nicht auf die anderen Versammlungsgrade im Vorwärts schließen, denn bis hin zur Piaffe sind das ja fließende Übergänge. Besser für eine Extrapolation nutzbar wäre die Passage. Sie gilt als die höchstmögliche Versammlung im Trab, die ein Vorwärts beinhaltet. In dieser trifft man allerdings nicht auf besagte kleinere Grundfläche.
   Anhand des Fotos ist ersichtlich, dass die Röhren der stützenden Beine parallel stehen, ergo hat sich der Abstand von Vor- und Hinterhand nicht verkürzt. Ich habe natürlich nicht nur dieses eine Foto betrachtet, sondern mir sehr viele Trabbilder in unterschiedlichen Tempi und Versammlungsgraden angeschaut und bei keinem gesund erhaltenden Bewegungsablauf im Vorwärts eine Verkürzung der Grundfläche gefunden. Allerdings tritt diese bei verschleißenden Bewegungsmustern auf: Die stützenden diagonalen Beine kommen sich näher, aber nicht aus dem Grund, dass sich die Hinterhand heranschließt, sondern vielmehr weil eine schwere Vorhand nicht wegkommt und länger Bodenkontakt hat. Im Prinzip schließt sich die

Foto: © iStockphoto.com/Callipso

Vorhand in einem ziehenden Bewegungsmuster an die Hinterhand heran.

3. **Der LSÜ öffnet sich und kippt das Becken steil.**
Diese Aussage ist insoweit richtig, als dass in korrekter Versammlung das Becken relativ zum Boden etwas abkippt. Allerdings fehlt ein entscheidender Faktor: Es kommt immer auf die Art und Weise an, wie das „Sich-Setzen" vonstattengeht. Es ist ein Denkfehler, dass sich der LSÜ öffnen MUSS. Die Tatsache, dass sein Öffnen das Becken kippt, ist korrekt, aber die Schlussfolgerung, dass ein Abkippen des Beckens zwingend ein Öffnen erfordert, eben nicht. Diese Fehlinterpretation erzeugt falsche Bilder von Biomechanik und Bewegungsmustern!

Funktional kommt das absolute Öffnen, wie bereits erwähnt, einer Entkopplung des Hinterhandmotors gleich. Der LSÜ wird dysfunktional und es resultieren Verletzungen der oberhalb liegenden Strukturen aufgrund von Überdehnung während die unteren, wie Bandscheiben und Transversalgelenke, komprimiert werden. Ich gehe davon aus, dass das einer der Hauptgründe für knöcherne Veränderungen in diesem Bereich ist.

Wieso öffnet sich der LSÜ dann überhaupt absolut?
Meist beginnt alles mit der Ausrichtung der vorderen Schlüsselstelle, wobei wir bei unserem Thema wären: Wenn der Thorax abgesunken ist (und da reicht ja bereits das Reitergewicht auf dem untrainierten Rumpftrageapparat) oder er wird sogar aktiv durch einen Fluchtgedanken nach unten weggedrückt, dann lässt die Hohlkreuzsituation im Widerristbereich die restliche Wirbelsäule bis hin zur Lende in Folge ebenfalls absacken. Rufen wir uns dazu erst mal die transversalen Gelenkflächen in Erinnerung: Die Querfortsätze des letzten Lendenwirbels liegen etwas oben auf. Die Verlagerung nach unten bringt weitere Kompression auf die Transversalgelenke und den LSÜ in eine Extension, die wiederum das Kreuzbein flacher kippt. Das Gleiche gilt für den Fluchtmodus. Außerdem kippt der verkürzte lange Rückenmuskel (analog der Erklärung im Fluchtmodus) Becken und Sakrum zusätzlich nach vorn und stellt sie flacher. Die beiden Effekte summieren sich auf. Zunächst ist das erst mal das Gegenteil vom Öffnen des LSÜs. Der Bewegungsradius der Hintergliedmaße verlagert sich durch die veränderte Ausrichtung des Kreuzbeins nach hinten heraus.

Wird nun aber auf ein vermehrtes Untertreten bestanden (weil das ja bekanntermaßen für Versammlung benötigt wird), muss dafür ein Abkippen im Becken stattfinden. Werden dabei vielleicht aufgrund falscher Sitz- und Zügeleinwirkung Halsbasis und Brustkorb noch weiter nach unten geschoben (oder zumindest am Heben gehindert), dann öffnet sich der LSÜ in vielen Fällen (zu den Alternativen kommen wir später) aus folgenden Gründen:

Der tief liegende Brustkorb verursacht ein verschobenes Gleichgewicht und es resultieren bereits Schmerzen und Stress. Das nach oben verschobene Kreuzbein macht ein physiologisches Untertreten unmöglich, solange der Brustkorb dort unten festhängt. Wird nun durch mechanische Reitmethoden, die dauerhaft und stark – vielleicht noch durch Hilfsmittel verstärkt – treiben und einen Vorgriff der Hinterbeine erzwingen oder auch wenn körperliches Unvermögen fehlinterpretiert und darauf falsch reagiert und vielleicht sogar gestraft wird, dann steigert sich der Stress.

Das aktiviert den Angstmuskel, den *M. psoas major*. Dieser kippt das Becken trotz des festgehaltenen Rückens und des abgesackten Thorax steiler. Das Kreuzbein wird durch das straffe Iliosakralgelenk gezwungen ebenfalls abzukippen, was den LSÜ unter Schmerzen öffnet. Durch seinen Ursprung innen an der Lendenwirbelsäule zieht der Psoas von ventral auch an dieser und bringt den LSÜ in weitere Schwierigkeiten. Es entsteht ein sogenannter „Angsthintern".

Ein Steilerstellen des Kreuzbeins verändert den Kraftvektor und dieser Umstand hebelt in Bewegung das kaudale Ende der Lendenwirbelsäule nach oben weg. Das verschärft die Beugung des LSÜs noch weiter. Hinzu kommt, dass sein unverhältnismäßiges Öffnen zudem noch von vielen Reiters ganz bewusst verlangt wird, weil ja besagtes Missverständnis über die einhergehende Verbindung als Voraussetzung zur Versammlung besteht und diese Position aktiv gesucht und belohnend verstärkt wird. Nicht selten ist ein Sitzresultat des inneren Bildes, das durch die Visualisierung des absoluten Öffnens des LSÜs entsteht, die falsch umgesetzte „Kreuzhilfe", die das Gesäß des Reiters verspannt, ihn aus dem Sattel hebt und die Bewegungen blockiert.

So kann der LSÜ, obwohl es Schmerzen bereitet, dennoch zum Öffnen gebracht werden.

Die Abwärtstendenz des Brustkorbs wird gesteigert, weil das kraniale Ende der Lendenwirbelsäule durch das Hochhebeln seines kaudalen Bereichs nach unten verlagert wird. Die Kraftübertragung der Hinterhand wird drastisch eingeschränkt und ein Anheben des Thorax durch den hinteren Hebel[25] gewissermaßen unmöglich gemacht, was wiederum negative Auswirkungen auf die Tragkraft hat.

Eine gesund erhaltende Versammlung ist nur mit einem neutral in Nullposition stehenden (und damit meine ich nicht einen fixierten) LSÜ möglich, denn ausschließlich bei einem geschlossenem LSÜ kann die Energie der Hinterhand effizient und gesundherhaltend nach vorn übertragen werden, und nur dann kann das Pferd den Thorax von hinten mit anheben und die Rumpfträger unterstützen.

Ja, ein Abkippen von Becken und Kreuzbein in Versammlung relativ zum Boden findet statt, aber relativ zur Lendenwirbelsäule eben gerade nicht. Geschieht dies dennoch, werden die Bewegungen verschleißend und führen zu Trageerschöpfung.

Wenn man sich nun vorstellt, dass vorn ein Zug herrscht, der das Becken flach stellt, es aber dennoch zum Kippen gezwungen wird, dann wundert es nicht, dass so viele Pferde Probleme mit den Iliosakralgelenken zeigen. Diese straffen Gelenke werden ebenso wie der LSÜ stark beansprucht, wenn sowohl Lenden- als auch Beckenkippung diesen zum unphysiologischen Öffnen zwingen. Nicht selten entstehen hier gleichzeitig Verletzungen, und der Winkel zwischen Kreuzbein und Becken ändert sich. Es entstehen oben aufgesetzte Schweifansätze.

Jetzt haben wir lange darüber gesprochen, wie das Abkippen im Becken unphysiologisch geschieht. **Aber was ist denn die gesund erhaltende Alternative?**

---

25 In der Biomechanik spricht man von **vorderem und hinterem Hebel**, die gemeinsam den Rücken aufwölben.

Die Lösung ist einfach: Nicht der LSÜ allein öffnet sich, sondern die gesamte Region oberhalb geht stattdessen in Dehnung. Genauer braucht es für das Abkippen des Beckens den Bereich ab dem antiklinalen Wirbel schweifwärts, den hinteren Hebel. Wenn sich jedes Segment ein kleines bisschen verlängert und gleichzeitig minimal beugt, dann muss nicht der LSÜ alles allein leisten. Statt einen insgesamt verkürzten Rücken lokal im LSÜ zu überdehnen, ergibt die Summe aller kleinen Dehnungen dieselbe Länge. Das bringt den LSÜ zunächst mal aus einer Extension in die neutrale Nullstellung. Zur Streckerkette gehört ebenfalls der mittlere Kruppenmuskel. Dessen Ansatz liegt lateral am Oberschenkel direkt am Hüftgelenk und zieht bei Stress das Becken flacher. Lässt er los, verlängert er sich und das Becken kippt ganz von allein etwas ab. In dieser Kombination – und nur in dieser – kann ein Abkippen schadlos geschehen.

Was braucht es für Dehnungsbereitschaft? Losgelassenheit, Stressfreiheit und Zwanglosigkeit – genau das, was die Reitlehren postulieren. Losgelassenheit kommt vor Schwungentwicklung und Versammlung.

Außerdem geht es nicht darum, den Bereich so weit es geht zu wölben! Damit der empfindliche Bereich des LSÜs eben nicht in eine übermäßige Öffnung muss und der Kraftvektor zwischen Kreuzbein und Lendenwirbelsäule erhalten bleiben kann, stabilisiert die vorgedehnte Oberlinie, indem sie bremsend arbeitet (sie verlängert sich unter Kontraktion) den Bereich des LSÜ von oberhalb. Wir benötigen eine Stabilisierungskompetenz der dorsalen Kette, keine Überdehnung und übermäßige Beugung des gesamten hinteren Hebels. Das gibt eine völlig andere Körperhaltung, denn in dieser Art wird die Vorhand gleichzeitig beim Anheben unterstützt.

4. **Je höher der Versammlungsgrad ist, desto höher ist seine (des LSÜs) Beugung und desto steiler kippt das Becken. Die Hinterbeine werden dabei näher herangeschlossen und stärker angewinkelt.**
Ja, ein weites Öffnen im LSÜ kippt das Becken relativ zum Boden steiler – wie wir wissen, ist das aber nicht das, was wir uns unter gesundheitlichen Aspekten wünschen. Auch die Hinterbeine werden dann näher herangeschlossen, das ist folgerichtig. Was aber nicht möglich ist, ist, dass unter diesen Voraussetzungen eine stärkere Anwinkelung im Sinne von echter Hankenbeugung[26] stattfindet. Ganz im Gegenteil resultiert aus einem sehr steil gestellten Becken in Kombination mit einem absolut geöffneten LSÜ eine verringerte Beugefähigkeit der Hinterhand in der Stützbeinphase, denn durch den Ansatz des Psoas hüftgelenksnah am Oberschenkel geht ein Öffnen dieses Gelenks einher. Für eine korrekte Hankenbeugung müsste es sich schließen, was aber durch den verkürzten Psoas nur eingeschränkt möglich ist. Das Gleiche gilt für die äußeren schrägen Bauchmuskeln und den geraden Bauchmuskel: Diese kippen das Becken ebenfalls steil und haben dann häufig Probleme nachzugeben. Der mittlere Kruppenmuskel, der *M. glutaeus medius*, wird durch das Steilerstellen unter Öffnen des LSÜs überdehnt; er agiert als Hüftgelenksstrecker, reduziert in diesem die Winkelverkleinerung und verhindert eine optimale Hankenbeugung. Außerdem bringen die Sitzbeinmuskeln Knie und Sprunggelenk

26 Unter **Hankenbeugung** versteht man die Beugung von Hüftgelenk, Knie und Sprunggelenk während der Stützbeinphase. Die Hankenbeugung gleicht der Aufladung einer Sprungfeder und leistet ihren Anteil am energieeffizienten Katapulteffekt eines funktionalen Ganzkörpersystems.

in eine vermehrte Streckung, weil sie durch die allgemeine schmerzhafte Überlastungssituation eine Schutzspannung aufbauen.

Mit der eingeschränkten Hankenbeugung schützt der Körper sich selbst: Die Hinterhand darf sich in der Stützbeinphase unter diesen Umständen gar nicht vollständig vom Körpergewicht beugen lassen. Ihre maximierte gespeicherte Energie würde in der Entladungsphase durch den verschobenen Kraftvektor den geöffneten LSÜ noch weiter aufhebeln und verletzen, als das ohnehin bereits mit eingeschränkter Hankenbeugung geschieht.

Eigentlich macht die Hinterhand etwas Ähnliches wie die Vorhand, die den Rumpf in der tiefen Position fixiert, weil ein Schwingen dort unten Strukturen zerstören würde: Die Hinterhand verweigert die korrekte Hankenbeugung, indem sie die großen Gelenke alle ein wenig weiter öffnet, die zuständige Muskulatur anspannt und die Hankenbeugung einschränkt, weil das daraus resultierende Federn im Bereich des absolut geöffneten LSÜs die dortigen Strukturen zerstören würde. Der reduzierte Katapulteffekt der Hinterhand hat wiederum negative Auswirkungen auf das tensegrale System und seine Ganzkörper-Stoßdämpferfunktion.

Das gilt ebenfalls für eine korrekte Piaffe! Auch in dieser kippt das Becken nicht maximal steil, sondern faltet sich mit allen großen Gelenken zusammen und der LSÜ bleibt funktional. Das Becken kippt nur so weit, wie die vorgedehnte Oberlinie von dorsal bremsend es stabilisieren kann. Die geprüfte Aussage ist in ihrer gesamten Formulierungskombination so also nicht korrekt, weil sich die einzelnen Komponenten gegenseitig ausschließen.

Manchmal macht es den Eindruck, als wäre Hankenbeugung etwas, was erst spät in der Ausbildung kommt und viel Übung benötigt. Eine physiologische Hankenbeugung geht mit Losgelassenheit einher und die ist bekanntlich eines der grundlegenden Ziele. Nur eine VERMEHRTE Hankenbeugung kommt mit der Versammlung.

Durch die in der vierten Formulierung beschriebene Anordnung der Hinterhand entstehen Körperhaltungen, die ins Extrem weitergedacht einem Sliding Stop[27] ähneln würden. Mir ist bewusst, dass dieser nicht als klassische Versammlungsübung definiert wird und das ist auch genau richtig. Aber warum eigentlich nicht? Schauen wir uns LSÜ und Beckenkippung an, dann müsste der Sliding Stop den Aussagen nach für eine ultimative Versammlungsfähigkeit des Pferdes sprechen. In ihm ist

27 Ein Sliding Stop ist ein gleitender Halt im Westernreiten aus Höchstgeschwindigkeit heraus.

Foto: Hannes Rosenkranz

der LSÜ maximal geöffnet, das Becken maximal gekippt und die Hinterbeine sind maximal vorverlagert.

Wenn das wirklich die Voraussetzungen für Versammlung wären, dann könnten Pferde aus einem Sliding Stop direkt mit voller Kraft vorwärts wieder heraus galoppieren, denn in echter Versammlung wird Energie gespeichert: Der Sliding Stop müsste mehr Kraft liefern als jede andere Körperhaltung. Stattdessen ist es im Gegenteil überhaupt nicht möglich, direkt wieder in den Galopp zu gelangen, weil die Hinterhand dabei entkoppelt und vollständig aus der Last genommen wird. Das Pferd rutscht mit ihr, während es mit der Vorhand weiterläuft. Man könnte den Ablauf als „Setzen ohne Versammlung" bezeichnen. Eine auf den Sliding Stop häufig unvermittelt folgende Übung ist der sogenannte Rollback: Bei diesem erfolgt eine um 180 Grad gesprungene Hinterhandwendung, in der direkt angaloppiert wird. Dafür bringt das Pferd aber zunächst über einige wenige Tritte rückwärts die Hinterhand in eine Hankenbeugung, schließt den LSÜ und kippt das Becken wieder etwas flacher, denn:

Eine unter den Rumpf geschobene Hinterhand mit absolut gebeugtem LSÜ hat nur wenig Kraft!

Tatsächlich ist der Sliding Stop eine Lektion, deren Ausführung ohne spezielle Hufeisen und ebenen, rutschfähigen Untergrund in der Form gar nicht möglich wäre. Die Übung wird leider häufig bereits in jungen Jahren, bevor die Wachstumsfugen geschlossen sind, übermäßig trainiert. Zu früh zu exzessiv gefordert, zerstört er die Pferde, denn er verursacht eine falsche Verknöcherung des Kreuzbeins und belastet den LSÜ.

Nun werden viele sagen: „Na ja, ich reite ja keine Sliding Stops." Das hohe Verschleißpotenzial, das für den Sliding Stop gilt, ist jedoch auch gültig für alle anderen Bewegungsmuster von Versammlungsversuchen, die mit einem absoluten Öffnen des LSÜs und mit eingeschränkter Hankenbeugung einhergehen. Bei denen wird sogar versucht, auf diese desolate Körpersituation über längere Zeiträume hinweg Last zu bringen, was das Problem verschlimmert. Da das physiologisch nicht möglich ist, kompensieren andere Strukturen und es entsteht eine Trageerschöpfung. Beim Sliding Stop wird der Bereich des LSÜs zwar entkoppelt und verletzlich gemacht, aber er muss eben auch kein Gewicht übernehmen ...

5. **Dies gilt gleichwohl für versammelte Gangarten als auch für die Übergänge nach unten.**
Versammlung heißt, dass bremsende Kraft für kontrollierte, langsame Bewegungen zur Verfügung steht. Eine Entkopplung im LSÜ verspannt und verletzt die dorsale Kette, reduziert ihre Stabilisierungskompetenz durch die übermäßige Aufwölbung und damit ihre Fähigkeit, den Rumpf in der Versammlung anzuheben. Der einzige korrekte Übergang nach unten, auf den die Aussage zutrifft, ist der Sliding Stop und der ist eher das Gegenteil eines versammelten Halts.

6. **Eine steilere Beckenposition lässt die Hinterbeine gut durchschwingen.**
Das Hüftgelenk ist ein Nussgelenk[28]. Das schränkt seinen Bewegungsspielraum ein und hat Auswirkung auf die Ausrichtung der Fußungsphase. Ein durch ein abgekipptes

28 Ein **Nussgelenk** ist ein Kugelgelenk, bei dem die Gelenkpfanne mit einer Lippe über die Mitte hinweg ragt.

Becken nach vorn gebrachtes Hüftgelenk verlagert die Beinbewegung in ihrer Gesamtheit nach vorn, eine flachere Beckenausrichtung verlagert diese nach hinten.
Wie wir wissen gibt es zwei Varianten, in denen das geschehen kann: einmal mit losgelassener, dehnfähiger Oberlinie und stabilisierten LSÜ und einmal mit einem dysfunktionalen, absolut geöffneten, was mit einer verspannten dorsalen Kette einhergeht. Ein lockeres, physiologisches Durchschwingen der Hinterbeine kann nur in der ersten Möglichkeit geschehen. Die Aussage ist also richtig, wenn man den Zusammenhang kennt und damit kein extremes Abkippen meint. Es ist erst mal nur ein Loslassen im Rücken, das das Becken LEICHT abkippen lässt und ermöglicht, dass die Hinterbeine locker durchschwingen. Ein vermehrtes Abkippen kommt mit der Steigerung des Versammlungsgrads und erfolgt nur in dem Ausmaß, wie die Vorhand gehoben wird. Wenn aktiv nach einer steilen Beckenkippung gefragt wird, bevor Losgelassenheit besteht, können nur ungesunde Bewegungsmuster resultieren!

Ich möchte an dieser Stelle eine Wortkreation einführen: die **„Hüftfreiheit“** analog zur Schulterfreiheit. So wie die Bewegung in der Schulter durch einen angehobenen Rumpf und eine offene Halsbasis freier wird, so wird auch die Bewegung in der Hüfte freier, wenn das Pferd durch eine elastische Oberlinie und unter Erhalt der Funktionalität im LSÜ mit dem Becken abkippt. Hüftfreiheit und Schulterfreiheit treten nur gemeinsam auf und sind Merkmale gesunder Bewegungsmuster.

Kommen wir zum nächsten Teil der Versammlungsbeschreibung:

7. **Und ein weites Untertreten braucht es für ein gutes Bewegungsmuster, denn je mehr die Pferde untertreten, desto besser ist ihr horizontales Gleichgewicht.**
Wie wir am Beispiel des Sliding Stop gesehen haben, ist das schlichtweg falsch. Es ist ein Trugschluss, dass ein weitestmöglicher Vorgriff gleichbedeutend mit maximal erhöhter Tragkraft ist. Es kommt nicht auf die absolute Weite des Untertretens an! Ein zu großes Ausmaß, relativ zur Dehnfähigkeit der dorsalen Kette, bringt den LSÜ in eine Dysfunktionalität, indem es ihn absolut öffnet. Lange nicht jede weit vorschwingende Hinterhand arbeitet in gesund erhaltenden Gangbildern.
Hüftfreiheit und Vorgriff sind Merkmale guter Bewegungsmuster der Hinterhand und keine Voraussetzung. Die Reihenfolge ist vertauscht – das Pferd MUSS NICHT untertreten FÜR gute Bewegungsmuster, sondern es KANN untertreten AUFGRUND guter Abläufe. Achtet nicht darauf, wie viele Hufspuren die Hinterhand übertritt, sondern in welcher Form dies geschieht. Weniger ist da nicht selten mehr …

8. **Die zweite Stützbeinphase minimiert sich.**
Wenn man vom Fluchtmodus aus kommend sagt: „Die zweite Stützbeinphase soll sich zugunsten der ersten Hangbeinphase verkürzen“, dann ist das völlig richtig. Das gilt allerdings nur bis dorthin, wo das Hinterbein durch einen stabilisierten LSÜ noch zur Hankenbeugung fähig ist.

9. **Der Schlüssel dazu ist das Reiten von hinten nach vorn – mit vermehrt treibender Hilfe an die Hand heran.**
Ich weiß genau, was mit dieser Aussage gemeint ist: Versammlung heißt nicht vorn zu ziehen und zu verlangsamen, sondern die Hinterhand sogar aktiver werden zu lassen und die Oberlinie zum Aufwölben bringen,

indem die Hand in sanfter Anlehnung begleitet. Und mit treibender Hilfe sollte unsere Körperenergie und nicht Unterschenkel, Sporen oder Gerte gemeint sein.
Das funktioniert allerdings nicht, wenn der Thorax in tiefer Position festgestellt ist und auch nicht, wenn der Reiter den LSÜ dabei zu öffnen versucht.

Diese Formulierung für sich allein gestellt und ohne Sinnzusammenhang hört man leider immer wieder und ich finde das höchst gefährlich. Sie produziert in den meisten Fällen durch ein viel zu intensives Dauertreiben bei gleichzeitigem Vorne-Gegenhalten sehr ungesunde Bewegungsmuster. Was man so bekommt sind feste Rücken und dysfunktionale Schlüsselstellen. Übertriebenes Treiben bringt den Reiter aus dem Gleichgewicht, produziert im besten Fall nur Widerwillen, im schlechtesten Angst. Das Pferd verspannt sich, der Bewegungsfluss geht verloren und es wird daraufhin noch deutlicher getrieben.

Es sind meist die Zügel oder der gesamte Reiterkörper, die das Vorwärts blockieren. Statt die Hände mit der Bewegung mitgehen zu lassen und Weichheit in den Menschen zu bringen, wird auch hier mit vermehrtem Treiben reagiert – der Fokus ist an der falschen Stelle! Erst mal geht es darum, die Pferdebewegung bestmöglich zu begleiten ohne sie einzuschränken und das Pferd mit unserer Energie zu synchronisieren.

Der Schenkel sollte nur dann genutzt werden, wenn eine Änderung der Situation gefragt ist und direkt wieder aussetzen, wenn diese erfolgte. Ansonsten verliert die vorwärtstreibende Hilfe ihre Bedeutung. Und der Schenkel sollte auch immer erst sekundär nach entsprechenden, primären Körperhilfen eingesetzt werden. „Mehr treiben!“ ist eine der Anweisungen, die ich im Unterricht nicht verwende – intelligent weniger zu treiben, darauf kommt es an.

10. Die Bauchmuskeln wölben den Rücken auf.
Ich finde diese Aussage schwierig, wenn sie allein steht. Zum einen lenkt sie die Aufmerksamkeit, wie die vorangehende auch, auf ein übermäßiges Treiben, zum anderen sind es ganz sicher nicht die Bauchmuskeln allein, die für die Rückenform zuständig sind. Manchmal wird sogar vermittelt, das Pferd würde mit ihnen tragen und den Rücken heben, und so ist es nicht. Erinnert ihr euch noch daran, wie viele Muskeln an der dorsalen und wie wenige im Verhältnis dazu an der funktionalen ventralen Kette beteiligt waren? Gegen eine festgehaltene Streckerkette wölbt die äußere schräge und die gerade Bauchmuskulatur den Rücken ganz sicher nicht auf und dann kann allein aus ihrer Aktivierung heraus auch kein korrektes Bewegungsmuster entstehen. Diese Aussage bringt sie zu sehr in den Fokus, wo doch der Rücken „einfach erst mal nur“ loslassen müsste.

Optimal funktioniert die Bauchmuskulatur nur im ausgeglichenen Zusammenspiel zwischen dorsaler und ventraler Kette. Ist die Oberlinie nicht dehnfähig, dann ist ihre Arbeit zusätzlich anstrengend (ein Symptom für Tragerschöpfung war ihre Hypertrophie). Sie kann – **wenn kein Fluchtmodus angeschaltet ist** – im tensegralen System ihren Anteil als Gegenspieler der Rückenmuskulatur übernehmen und dann ist sie auch an der Aufwölbung beteiligt, weil sie ihr Arbeit abnehmen kann. Sie ist aber nicht alleinverantwortlich dafür, ob das Pferd den Rücken wölbt oder nicht. Und sie darf auch auf gar keinen Fall dauerhaft angespannt sein, weil das das Gleichgewicht ebenfalls verschiebt. Ein federndes Ganzkörpersystem hat sowohl funktional arbeitende Rückenmuskeln, die den LSÜ stabilisieren als auch funktionale Bauchmuskeln.

Dazu kommt noch, dass die äußeren schrägen Bauchmuskeln an den Rippen entspringen. Eine Verspannung beeinflusst daher auch immer die Atmung negativ. Atemnot aktiviert den Sympathikus, stellt wieder den Rücken fest und verkürzt ihn, wo man ihn doch durch die Bauchmuskelaktivierung ursprünglich verlängern und aufwölben wollte – da beißt sich die Katze in den Schwanz.

Dem aufmerksamen Leser ist vielleicht aufgefallen, dass ich beim Vorgang des absoluten Öffnens des LSÜs die Bauchmuskeln nicht erwähnt habe. Natürlich sind diese ebenfalls beteiligt, denn auch sie stellen das Becken steiler.

11. Der Schwerpunkt wird etwas nach hinten verlagert und so die Vorhand entlastet. Das Pferd bewegt sich in Selbsthaltung und kadenziert in einem vermehrten Bergauf. Genau das ist das Ziel! Versammlung bedeutet, dass der Schwerpunkt nach hinten verlagert wird, indem sich die Hanken vermehrt beugen und der Brustkorb angehoben werden kann, was die Vorhandlastigkeit verringert und die Schulter freier macht. So kann sich das Pferd besser tragen. Wie wir nun wissen, ist dies nur möglich, wenn der LSÜ stabil bleibt. Nur dann kann die Aufrichtung reell sein – „relativ“, wie man im Reiterjargon sagt.

Erkennbar ist das an der Lende: Wenn sie nach kranial absinkt, bedeutet das, dass der Brustkorb das ebenfalls tut. Eine unveränderte Lage zeigt bereits, dass der Rumpf in einer neutralen Position gehalten werden kann. Bei höherem Versammlungsgrad wird ihr Verlauf gerade oder sogar ansteigend. Das sieht man beispielsweise in sehr guten Piaffen.

Deren verkleinerte Grundfläche resultiert aus dem Heben der Vorhand. Das Becken kippt tatsächlich stärker RELATIV ZUM BODEN, aber eben nur so weit, dass es RELATIV ZUR LENDE gleich ausgerichtet bleibt. Nur das hebt sie und dann natürlich in Folge auch die Vorhand und verkleinert durch diese Aufrichtung die Grundfläche. Der LSÜ ist dennoch funktional und wird unter enormer Muskelleistung von der dorsalen Kette elastisch stabilisiert.

Wie sollte auch ein Heben des Thorax funktionieren, wenn der LSÜ sich öffnet? Wenn die Hinterhand als Hebel fungiert, was wäre dann seine Öffnung? Sie käme einem Bruch gleich, der den Hebel unbrauchbar macht.

Die zwei Varianten offener und geschlossener LSÜ ergeben eine völlig unterschiedliche Biomechanik.

Versucht einmal beide in euch zu fühlen: Lehnt euch dafür etwas vor und probiert zuerst ein Abkippen im Becken nur durch Öffnen der Lende. (Komplett realistisch ist das nicht, weil unser LSÜ sich nicht in der Art beugen kann, aber für die Idee reicht es.) Merkt euch den Winkel, den euer Becken dann zum Boden aufweist. Kippt anschließend das Becken langsam in denselben Zielwinkel, während ihr den Rücken in einer stabilen Länge haltet. Ihr werdet merken, dass das völlig unterschiedliche Auswirkungen hat. Bei der ersten Version zieht man nur sein Gesäß ein, bei der zweiten hebt sich gleichzeitig der Oberkörper. Überzeugt?

12. Der Reiter kommt zum Sitzen …

Ja, das stimmt, weil die Ganzkörperfederung die Energie optimal verteilt und der Rücken keine Haltearbeit leisten muss.

13. … und das Pferd ist jederzeit in der Lage vorwärtszugehen.

Wie wahr! Die Überprüfung der Qualität der Versammlung ist immer, wie viel Energie das Hinterbein daraus nach vorn transportieren kann. Jede Versammlung, und sei sie noch so klein, wird von einem lockeren Verlängern aufgelöst, das nicht getrieben wird, sondern von allein geschieht, weil Energie gespeichert wurde. Nur dann war die Versammlung reell. Und ich behaupte, dass das nur mit einem funktionalen LSÜ möglich ist, weil nur dieser eine optimale Hankenbeugung zulässt.

Zwischenfazit

Ihr seht: In den Formulierungen zur Versammlung steckt, wie gesagt, viel Wahrheit! Schwierig werden sie, wenn sie aus dem Sinnzusammenhang herausgerissen werden, denn für sich allein gestellt können sie schnell fehlinterpretiert werden. Dann sind sie nur Floskeln, die häufig eine falsche Hilfengebung verursachen – wir denken an die Ausführungen über das „Treiben an die Hand heran“ und „die Bauchmuskeln wölben den Rücken auf“. Leider hört man oft ebendiese leeren Phrasen die Reithallen füllen.

Das Definieren der Gangqualität durch eine Reduktion auf stark vereinfachte Aussagen führt zu Problemen. Eine Fixation auf Linien, Winkel und Abstände, ohne das große Ganze zu betrachten, birgt eine immens große Gefahr, dass daraus ungesunde Bewegungsabläufe entstehen. Ein weites Untertreten, die Nase an der Senkrechten und ein steilerer Kippungsgrad des Beckens – diese drei durchaus korrekten und leicht erkennbaren Merkmale einer echten Versammlung werden zur Farce, wenn sie erzwungen werden ohne auf den Rest des Körpers zu achten. Sie allein machen noch lange keine guten Gangbilder aus. Ganz im Gegenteil führt eine Fokussierung auf sie eher zu verschleißenden Bewegungen, weil die inneren Bilder nicht stimmen.

Ich hoffe, ich trete niemandem auf die Füße mit diesem Kapitel! Aber es sind einige wenige Missverständnisse über die Zusammenhänge zwischen Funktionalität und Biomechanik vorhanden. Ich zweifle ganz und gar nicht die gesamten Reitlehren an, ganz im Gegenteil – ich finde sie großartig. Ich wollte nur ein paar kleine Irrtümer aufzeigen, die meiner Meinung nach allerdings weitreichende Folgen haben. Man kann alles auf diesen einen Punkt herunterbrechen:

Der LSÜ darf sich nicht absolut öffnen, weil er ansonsten seine Funktionalität verliert und das zu Trageerschöpfung führt.

Für gesunde Bewegungsmuster kommt es auf die geradlinige Anordnung des LSÜs an und die steht in direkter Abhängigkeit zu Losgelassenheit und Dehnungsbereitschaft.

Kompensationsvarianten der Becken-Lenden-Region

Es gibt noch andere Varianten, wie sich die Becken-Lenden-Region ausrichten kann, wenn bei einer aktivierten Streckerkette und einem Brustkorb in tiefer Position ein Untertreten gefordert wird:

Neben der optimalen Version – die Oberlinie lässt los, entspannt sich und lässt Hüftfreiheit zu – haben wir bereits die destruktive, die mit dem absoluten Öffnen des LSÜs kompensiert, kennengelernt. Es gibt noch zwei weitere Möglichkeiten:

Das Becken bleibt flach mit in Extension verriegeltem LSÜ

Wie wir aus der Fluchtmodus-Folgekette wissen, ist neben der Rücken- auch die Sitzbeinmuskulatur verkürzt und streckt Knie und Sprunggelenk. Soll das Pferd weit untertreten, verringert sie aufgrund von Dehnungsschmerz nicht nur den Vorgriff, sondern verhindert auch eine optimale Hankenbeugung. Pferde, die in dieser Art laufen, sind im Bereich der Kniekehle berührungsempfindlich und verkrampft, denn sie erfahren Überdehnungen und Zerrungen bis hin zu Muskelrissen.

Kann das Becken durch losgelassene Rückenmuskeln leicht abkippen und die elastischen (und nicht durch die aktivierte Streckerkette verkürzten) Kniegelenkstrecker sind dehnfähig, dann ermöglicht das einen gesund erhaltenden Vorgriff mit gebeugten Hanken. Bei einem flach fixierten Becken kommt das Untertreten durch die vergrößerten Knie- und Sprunggelenkswinkel vornehmlich aus dem Hüftgelenk.

Die Lende wölbt sich in einen kompensatorischem Karpfenrücken

Für das Untertreten kippt das Becken ab, aber um das verletzende, absolute Öffnen des LSÜs zu vermeiden, wölbt sich die gesamte Lendenwirbelsäule kompensatorisch übermäßig mit auf. Dass das ein bedeutendes Symptom für Trageerschöpfung ist, ist nun nicht mehr verwunderlich, oder? Vorn zieht der Brustkorb nach unten und hinten das Becken. Ihre starke Beugung verhindert, wie auch beim absoluten Öffnen des LSÜs, dass der Brustkorb angehoben werden kann, weil die Stabilisierung der Oberlinie fehlt.

Es entstehen erworbene Karpfenrücken, gepaart mit einem steilen Becken, die Extensionsblockierungen im thorakolumbalen Übergang (der Bereich ist oft der Wendepunkt zwischen Lordose und

Foto:© iStockphoto.com/GlobalP

Kompensatorisch gewölbte Lende

Kyphose) und kompensatorisch Flexionsblockierungen in der Lende zeigen. Besonders die Querfortsätze der hinteren Lendenwirbelsäule geraten unter massiven Kompressionsstress und reagieren mit knöchernen Veränderungen. Interessant wären vergleichende Sezierungen der hinteren Schlüsselstellen von Pferden, bei denen man möglichst die lebenslang vorausgegangene Gangqualität kennt: Haben wirklich alle Verknöcherungen und Verwachsungen oder sind das Sekundärfolgen ungesunder Bewegungsmuster und Tiere mit guten hätten keine?

Pferde mit hoher Grundspannung, kurzen Rücken oder solche, die zwischendurch immer wieder in den Schub kommen, wie Springpferde, neigen langfristig zu dieser Variante. Die anderen können diese Körperhaltung irgendwann oft nicht mehr halten.

Anhand des Beispielbildes sieht man sehr gut die Aufwölbung der Lende, das steile Becken, die eingeschränkte Hankenbeugung und das Nichtheben des Brustkorbs. Obwohl kein Reiter auf dem Pferd sitzt, ist diese Körperhaltung zur Gewohnheit geworden, weil sich Strukturen ihrer Nutzung entsprechend umformen. Auch wenn Abläufe verschleißend sind, verweilen Pferde dennoch in ihnen, weil ihr Körper sie in den Ausgleichsbewegungen gefangen hält.

Der LSÜ öffnet absolut

Über den Vorgang der absoluten Öffnung des LSÜs mit der einhergehenden Verletzungsträchtigkeit und der Abkopplung der Energieübertragung haben wir ja bereits ausführlich gesprochen. Hier sind nur noch einige zusätzliche Gedanken:

Eine absolute Öffnung des LSÜs kann genetisch prädisponiert sein. Ein steiles Becken und die Fähigkeit, es noch weiter abzukippen, ist in einigen Rassen ein Zuchtziel. Besonders in Kombination mit einer Bindegewebsschwäche kommt es schneller zu einem krankhaften Öffnen.

Die Fußung der Hinterhand verändert sich in der Art, dass ihr Bewegungsradius nach vorn verlagert wird. Es kommt zu einer vermehrten Trachtenfußung und die Trittsicherheit reduziert sich durch das schräge Aufkommen. Es bilden sich lange Zehen und niedrige Trachten, die wiederum dieses Gangbild verstärken, eine Unterständigkeit der Hinterhand provozieren (beides Symptome der Trageerschöpfung ...) und das Problem ist wieder zirkulär.

Hand in Hand mit dem Öffnen geht ein abgesackter Brustkorb. Schaut unter anderem auch hinter den Sattel für die Beurteilung der Qualität der Gangbilder. Die Lende ist ein sehr unkompliziert zu analysierendes Merkmal, weil sie Aussagen über die Thorax-Position treffen lässt.

Direkter Vergleich LSÜ offen und LSÜ funktional

Anhand der Fotos ist erkennbar, was für direkte Auswirkungen die Ausrichtung der hinteren Schlüsselstelle hat. Direkt im Anschluss fotografiert, ist einmal das Becken steil gekippt, die Hinterhand untergestellt und die Becken-Lenden-Region in einer übermäßigen Aufwölbung, die wahrscheinlich eine Mischung aus Beugung der Lende und absolutem Öffnen des LSÜs ist. Die Vorhand gleicht mit einer rückständigen, bodenweiten Stellung aus. Dieses Pony – ich denke, da sind wir uns einig – ist so sicher nicht versammelter und tragkräftiger, als wenn es regelmäßig wie im Vergleichsfoto steht.

Die kompensatorischen Varianten treten nicht unbedingt separat in Reinform auf. Oft gehen sie ineinander über. Sie sind abhängig von Exterieur, Reitweise und vor allem der psychischen Verfassung.

Auswirkungen auf die Fesseln bei Lastaufnahme mit eingeschränkter Hankenbeugung

Alle Kompensationsmuster gehen durch Verspannungen mit verminderter Hankenbeugung einher. Ein großes Problem ist, dass dadurch der Katapulteffekt eingeschränkt wird und das Fasziensystem die einwirkenden Kräfte nicht gut umverteilen kann.

Durch die fehlende Stoßdämpfung resultieren Überlastungen. Es entsteht ein unphysiologisches Auffußen, bei dem ein Großteil der Energie vom Fesseltrageapparat absorbiert werden muss. Das geht natürlich vor allem zulasten der Fesselregion,

Foto: privat

aber auch Knie und Sprunggelenk nehmen dabei Schaden und Hüfte, Iliosakralgelenk und LSÜ ebenfalls – eigentlich alle Gelenke der Hinterhand. Deshalb ist eine physiologische Hankenbeugung so immens wichtig.

Selbstversuch: *Spring einmal mit durchgedrückten, festgestellten Knien und anschließend mit gebeugten.*

Die besonders schmerzhaften Hinterfesseln möchte das Pferd dann entlasten. Es wird versucht, die übermäßige Durchfederung durch Einziehen der Zehe zu umgehen. Leider nutzt das Pferd dazu genau die Muskulatur (langer Rückenmuskel und Kniegelenksstrecker), die die Hankenbeugung noch weiter reduzieren. Es beginnt ein Teufelskreis, bis schlussendlich überstreckte Hintergliedmaßen mit durchtrittigen Fesseln resultieren

Damit die schmerzende Hinterhand nicht mehr so viel Last aufnehmen muss, zieht das Pferd sich außerdem vermehrt über die Vorhand. Es entstehen Schonhaltungen mit erhöhter Kruppe, weggedrücktem Rücken und abgesunkenem Widerrist. Und da sind wir wieder bei der Trageerschöpfung...

Zwischenfazit

Der Schlüssel zur Belastbarkeit der Hinterhand liegt in einem funktionalen LSÜ, den man durch eine Oberlinie erhält, die so losgelassen ist, dass sie Hüftfreiheit und Hankenbeugung zulässt und die dennoch den LSÜ von dorsal stabilisiert. Pferde mit festgehaltenem oder mit im hinteren Bereich kompensatorisch (nicht genetisch) aufgewölbtem Rücken oder solche, bei denen sich der LSÜ absolut öffnet, können nicht dauerhaft verschleißfrei ihre Hinterhand nutzen. Es kommt IMMER zu pathophysiologischen Bewegungsmustern, weil die Beugung der großen Gelenke IMMER eingeschränkt wird!

Hyperflexion

Die Hyperflexion, auch Rollkur oder LDR (Low Deep Round) genannt, ist eine umstrittene Trainingsmethode, die mittlerweile in Deutschland verboten ist. Der Hals wird dabei deutlich gebeugt in runder, tiefer Form eingestellt und die Nasenlinie des Pferdes befindet sich hinter der Senkrechten. Dabei zählt nicht nur die hier auf dem Foto zu sehende extreme Ausführung dazu. Auch die weicheren Versionen in geringgradigeren Ausprägungen wirken körperlich in dieselbe Richtung.

Foto: © iStockphoto.com/Azaliya

Ist das Genick nicht mehr der höchste Punkt und die Nase hinter der Senkrechten, dann ist das Pferd im Hals überbeugt (hyperflektiert).

Dabei macht es keinen nennenswerten Unterschied, ob das Pferd durch Hilfszügel, falsch genutzte scharfe Gebisse, Herunterriegeln, „Anspielen" oder auch nur durch fähiges Timing und leichte Hilfengebung in diese Position gebracht wird. Besonders der Schlaufzügel führt so gut wie immer zu falschen Gangbildern. Dauerhaft in diesen zu verweilen, ist unnatürlich und stellt eine Zwangshaltung dar, die in kürzester Zeit zu Kompensationskörperhaltungen und ungesunden Bewegungsmustern führt.

***Hilfszügel** wirken ausnahmslos rückwärts und immer bremsend. Sie behindern den Schwung und Bewegungsenergie geht verloren. Stattdessen muss ausgleichend getrieben werden, was widersprüchliche Signale sendet. Hilfszügel verderben das Maul und die skelettale Grundlage des Halses verkürzt sich, wo doch ein Verlängern für physiologische Bewegungsmuster erforderlich wäre. Nur die Oberlinie wird lang – zu lang. Besonders gravierend ist es, wenn Hilfszügel beim Springen verwendet werden, weil sie den gesamten Ablauf behindern; Absprung, Basküle und Landung – alles wird negativ beeinflusst. Auch wenn sie zur Gewohnheit geworden sind: Überdenkt bitte den Einsatz von Hilfszügeln. Kennt ihr den Spruch: „Ausbinder gehören in Profihände und Profis brauchen keine Ausbinder"? Hilfszügel sind, wenn überhaupt, für kurze Momente der Pferdeausbildung gedacht und das auch nur absolut korrekt angewandt. Die Absicht dahinter sollte immer sein, so schnell wie möglich ohne sie zurechtzukommen. Die einzige vertretbare regelmäßige Nutzung ist meiner Meinung nach, wenn ein Schulpferd vor unausbalancierten Reitern geschützt werden muss.*

Auch wenn sich das Pferd „hinter dem Zügel" verkriecht, ist das falsch: Dort hält es sich aktiv in der Beizäumung und das verspannt ebenso. Die Ursachen liegen häufig schon Jahre zurück. Wenn beispielsweise mit Ausbindern anlongiert wurde, dann kann das Schmerzgedächtnis bewirken, dass ein Pferd den Kontakt zum Zügel für den Rest seines Lebens meidet. Es gibt außerdem die Variante des „unsichtbaren Hilfszügels" – das Pferd hat zwar keinen eingeschnallt, verhält sich dennoch so, weil jeder Wechsel in eine andere Kopf-Hals-Position sanktioniert wird – das hat nichts mit Selbsthaltung und guter Ausbildung zu tun.

Der einzige Unterschied, ob das Pferd sich auf den Zügel legt oder sich dahinter verkriecht, ist, dass im erstgenannten Fall noch deutlichere Schadenmechanismen an der Halswirbelsäule hinzukommen, weil dann in der Regel dem Reiter auch noch die Zügelunabhängigkeit fehlt. Wie sich allerdings der restliche Körper in Folge ausrichtet und was das für Auswirkungen auf den Bewegungsmechanismus hat, ist identisch.

Wenn das Pferd sich für einen kurzen Moment (ohne handdominierte Hilfengebung und ebenso ohne negative Auswirkungen auf die Korrektheit seines Bewegungsablaufs) hinter die Senkrechte begibt, ist das physiologisch unbedenklich und wird auch von Tieren in freier Bewegung gezeigt.

Warum genau wird dann überhaupt in Hyperflexion geritten? Ängstliche Menschen glauben manchmal, dass sie so mehr Kontrolle hätten, aber glaubt mir: Das ist nicht wahr. Die Rollkur wird oft auch als Überkorrektur des „Über-den-Zügel-Gehens“ oder bei instabilen, überbeweglichen Pferden genutzt. Ich kann vor dem Hintergrund von Hypermobilität und ECVM die technische Idee zur Rollkur sogar nachvollziehen. Dieser Körperhaltung gelingt es, eine vermeintliche Stabilität in der Halsbasis zu schaffen. Der CTÜ ist in dieser Art definitiv nicht abgesackt oder instabil. Leider wird durch diese Festigkeit dabei Stabilität mit Immobilisierung verwechselt. Echte Stabilität herrscht TROTZ Mobilität. Unbeweglichkeit hingegen kann nur zu Pseudostabilität und Verspannung führen.

Einige Jahre dachte man, die Vorteile dieser Methode würden überwiegen. Zum Glück ist mittlerweile bekannt, was sie für Konsequenzen nach sich zieht. Leider dauert es immer eine Weile, Gewohnheiten zu ändern und vielerorts begegnet man der Hyperflexion noch ... Aber nicht alles, was die meisten anderen (noch) praktizieren, ist zwangsläufig richtig, auch falls es sich um sportlich erfolgreiche Vorbilder handelt.

Wird Bewegung auf einzelne Merkmale des Körpers reduziert, zwingt man Pferde in falsche Abläufe. Eine senkrechte Nasenlinie allein stellt noch lange keine Versammlung dar und „Kopf tief“ ist auch leider nicht gleichbedeutend mit „Rücken hoch“. Viele Reiter denken sogar, sie würden ihren Pferden mit dieser Körperhaltung etwas Gutes tun. Von daher: Auch falls ihr es bereits besser wisst – verurteilt nicht vorschnell, denn jeder tut sein Möglichstes. Häufig ist es auch einfach nur ein Missverständnis: Die Rollkur ist keine Dehnungshaltung und auch kein Vorwärts-Abwärts; sie gleicht sogar eher einem „Rückwärts-Abwärts“!

Die Rollkur ist eine der Hauptursachen für erlernte Hilflosigkeit. Die Psyche des Pferdes leidet: Sein natürlicher Stolz geht verloren und es gerät unter massiven Druck, zum einen weil sein Sichtfeld stark eingeschränkt wird und es nur noch den Boden direkt vor sich sehen kann, was für ein Fluchttier katastrophal ist, zum anderen weil die Beugung des Halses Kehlkopf und Luftröhre quetscht (das gilt auch bereits für die milderen Varianten!), was die Atmung erschwert und bis zur Todesangst führen kann. Dazu kommt die psychische Qual des Ausgeliefertseins in einer Zwangshaltung und auch einhergehende Schmerzen summieren sich zum Stress hinzu. So ist es nicht schwer herzuleiten, dass die Streckerkette im Fluchtmodus aktiviert ist, was eigentlich von vornherein schon ein physiologisches Bewegungsmuster verhindert.

Eine typische körperliche Folgekette könnte sein:

1. Wird das Pferd dauerhaft in Hyperflexion eingestellt, wird das **Nackenrückenband** nach vorn hin überspannt.

2. Besonders im **Bereich der ersten Halswirbel** kommt es durch die Überzäumung zu einem deutlichen Zug des NRBs. Das tiefe und enge Einstellen produziert einen massiven Druck auf die dort liegenden Strukturen: Es kann zu Überdehnungen bis hin zu Zerreißungen und Verkalkungen des Nackenrückenbandes, einem falschen Knick mit Rollkurmuskulatur und Genickschleimbeutelentzündungen kommen. Außerdem entstehen Blockaden in Kiefergelenken, Zungenbein und Genick, was wiederum über die craniosacrale Verbindung mit dem Kreuzbein verschaltet ist. Zudem gibt es zwei Knochenfortsätze an der Schädelbasis; diese verkanten bei Hyperflexion den Atlas. Ein „Durchstellen“ in Rollkur kann diese sogar frakturieren!

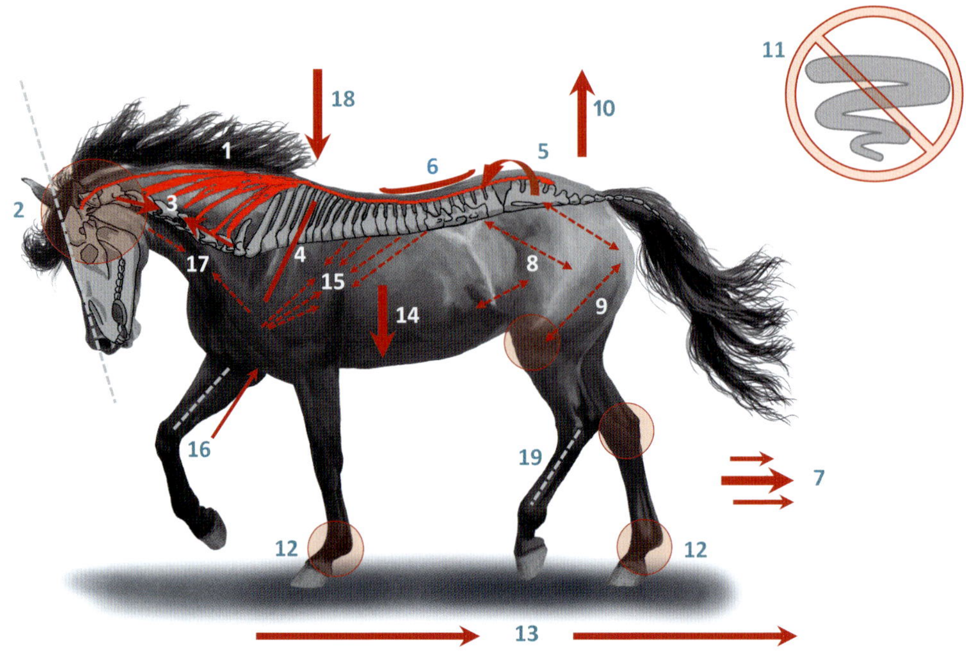

3. Die **Halswirbelsäule** wird auf der gesamten Länge, aber besonders im Bereich der hyperflektierten Genickwirbel komprimiert, was einen hochgradigen Schadensmechanismus mit Entzündungen, Arthrosen und die Einengung der Nervenaustrittlöcher mit allen seinen Folgen nach sich zieht. Der Hals geht als Balancierstange verloren.

4. Weil die Muskelansätze von Trapez- und Rautenmuskel oben am Schulterblatt und ihre Ursprünge am NRB liegen, werden die **Schultern** steiler gekippt. Das reduziert die Schulterfreiheit, denn das Schultergelenk arbeitet durch Steilstellung der Schulter nicht optimal und die Vorhand wird stattdessen aus dem Ellenbogen herausgehoben.

5. Das Nackenrückenband ist vom Hinterhauptbein bis hin zum **Kreuzbein** angelegt und mit den einzelnen Dornfortsätzen der Sattellage und der Lende verbunden. Entsteht am vorderen Ende dieser oberen Verspannung ein starker Zug, wirkt dieser auch auf den Rest ein. So wird in Folge nicht nur das Kreuzbein nach vorn gekippt, das heißt sein kaudales Ende angehoben, sondern auch das Becken flacher gestellt.

6. Auch die **Lendenwirbelsäule** blockiert in einer Extensionssituation. Tatsächlich reicht das Hohlkreuz noch weiter nach vorn. Durch das überspannte Nackenrückenband ist es der Wirbelsäule nicht möglich, physiologisch zu schwingen.

7. Der Stress leistet seinen Beitrag zum Feststellen des Rückens und Flachstellen des Beckens.

Die **Hinterhand** arbeitet nach hinten heraus. Die Becken-Lenden-Region hat die unter dem Fluchtmodus erläuterten Möglichkeiten zu kompensieren, wenn nun Vorgriff gefordert wird. Alle Varianten haben eins gemeinsam: Die Vorhand wird nicht entlastet.

8. Zudem werden **Bauch- und innere Lendenmuskeln** reziprok gehemmt und überdehnt.

9. Die **langen Sitzbeinmuskeln** entspringen an der hinteren Wirbelsäule und am Becken und fungieren als Kniegelenksstrecker. Ein Zug im Ursprungsgebiet erzeugt ebenso ein Strecken von Knie und Sprunggelenk.

10. Das Pferd kommt mit der **Hinterhand** höher.

11. Die verminderte Beugefähigkeit in Knie und Sprunggelenk reduziert ihrerseits den Katapulteffekt. **Der Federmechanismus des gesamten Körpers wird gestört** – auch die Stoßdämpfung der Vorhand.

12. Das dysfunktionale Federsystem verursacht Schäden im unteren Bereich aller Beine, weil die **Zehenregionen** kompensieren, indem sie weiter durchfesseln. Sie verschleißen rapide.

13. Insgesamt entsteht ein **Bewegungsmuster**, bei dem das Pferd sich mit der Vorhand in einer verlängerten zweiten Stützbeinphase in einer schwunglosen Bewegung zieht.

14. Durch das ziehende Bewegungsmuster sinkt der **Brustkorb** ab.

15. Der **breite Rückenmuskel**, der *M. latissimus dorsi*, verspannt, weil er der stärkste Rückführer der Vorhand ist und zieht diese durch die einhergehende Verkürzung im Stand rückständig.

16. Relativ dazu wird bei fixierter Gliedmaße der **Rumpf nach vorn gezogen**. Erkennbar ist das am vorgeschobenen **Brustbein**.

17. Der **Antagonist** zum breitesten Rückenmuskel ist der **Arm-Kopf-Muskel.** Dieser verspannt, weil der Kopf von ihm in der Hyperflexion gehalten werden muss und er das Genick stabilisiert.

18. Der **Widerrist** sinkt, weil er nicht von hinten unterstützt wird, der tiefe Hals die Vorhandlastigkeit verstärkt und das Bewegungsmuster sich verschiebt.

19. Die **Parallelität der Diagonalen** ist dissoziiert.

Dies ist nur eine mögliche Folgekette und berücksichtigt weder Sekundärschäden noch Schonhaltungen. Auf jeden Fall folgen unmittelbar Verspannungen und Verkrampfungen der tiefen wirbelsäulennahen Muskulatur, Blockaden und so weiter. Besonders der zur isometrischen Arbeit gezwungene Hals baut Kompensationsmuskulatur auf. Ein typischer Rollkurhals zeigt eine Verjüngung in die falsche Richtung – keinen stabilen Halsansatz, dafür hypertrophe vordere Bereiche. Schmerzen entstehen.

Genickschleimbeutelentzündung

Foto: © iStockphoto.com/nelivideo

Das Fotos zeigt eine Genickschleimbeutelentzündung und typische Rollkurmuskulatur, auch wenn die Nase temporär vor der Senkrechten ist.

In dieser Körperhaltung kann sich kein gesundes Bewegungsmuster etablieren und sie ist auch eine schlechte Ausgangssituation für Versammlung oder Verstärkung. Die Rollkur als Dauermethode ist psychisch verwerflich, unzweckmäßig und entwürdigend! Sie birgt sowohl psychisch als auch physisch ein hohes Schadenpotenzial. Die Muskeln der Oberlinie werden das Bewegungsmuster immer dominieren und das myofasziale Ganzkörpersystem in seiner Funktion einschränken. Trageerschöpfung ist die Folge.

Es hat immer einen Grund, warum das Pferd den Kopf nicht aus der Halsbasis heraus fallen lässt und es sollte niemals dazu gezwungen werden! Nachhaltigere Ergebnisse erreicht man, indem man Wissen um funktionelle Anatomie, Bewegungsmuster und Lernverhalten mit einer achtsamen Hilfengebung kombiniert.

Absolute Aufrichtung und Verstärkung

1. Sind die Schlüsselstellen Halsbasis und Becken-Lenden-Region nicht in funktioneller Ausrichtung vorbereitet (CTÜ geöffnet und die Region um den LSÜ herum dehnfähig, um diesen eben gerade nicht vermehrt zu öffnen), kann eine **Aufrichtung** niemals korrekt sein und nur absolut über die Hand und ohne Rahmenerweiterung erfolgen.

2. Wenn der Kopf unter diesen Voraussetzungen gehoben wird, geht die Spannung des **Nackenrückenbandes** verloren. Das Pferd muss den Reiter mit der Rückenmuskulatur tragen und diese fällt als Bewegungsmuskel aus.

3. Die **Nasenlinie** kann, muss aber nicht hinter der Senkrechten sein – auch vor der Senkrechten ist dieses Bewegungsmuster sehr ungesund und hat nichts mit Tragkraft zu tun.

4. Es entsteht ein **falscher Knick**, wenn vorher in Hyperflexion geritten wurde. Das Genick ist nicht mehr der höchste Punkt.

5. Die **Halswirbelsäule** zeigt die Form einer scharfen S-Kurve. Der gesamte Hals ist gestaucht und kurz, die Halsbasis befindet sich in Hyperextension mit allen pathologischen Folgen.

6. Das Pferd hat **wenig Ganaschenfreiheit:** Atmung und Schluckvorgang sind eingeschränkt.

7. Gebeugt wird nur der vorderste Teil der **Wirbelsäule** bis zum mittleren Halswirbel (und das auch häufig noch in einem zu großen Ausmaß), der gesamte Rest geht bis zum LSÜ in Extension und sinkt in ein Hohlkreuz ab.

8. Der **Stress** durch die schmerzende Körperhaltung aktiviert Fluchtmodus und Streckerkette. Das Pferd stellt den Rücken noch weiter fest und drückt ihn weg. Weil zusätzlich meistens Zug auf den Zügeln ist, wird alles auch noch verkürzt und erfährt durch Kompression einen hohen Schaden. Die **Dornfortsätze** nähern sich einander auf der gesamten Länge des Rückens an. Entzündungen und Knochenveränderungen folgen, es entstehen Kissing Spines und andere Abnutzungserscheinungen. Die Rückenmuskeln verrichten Haltearbeit, was sie verspannt und die eigentlichen Bewegungsmuskeln langfristig absterben lässt.

9. Unterhalb der Wirbelsäule nimmt das **ventrale Längsband** Schaden. Ein energieeffizientes

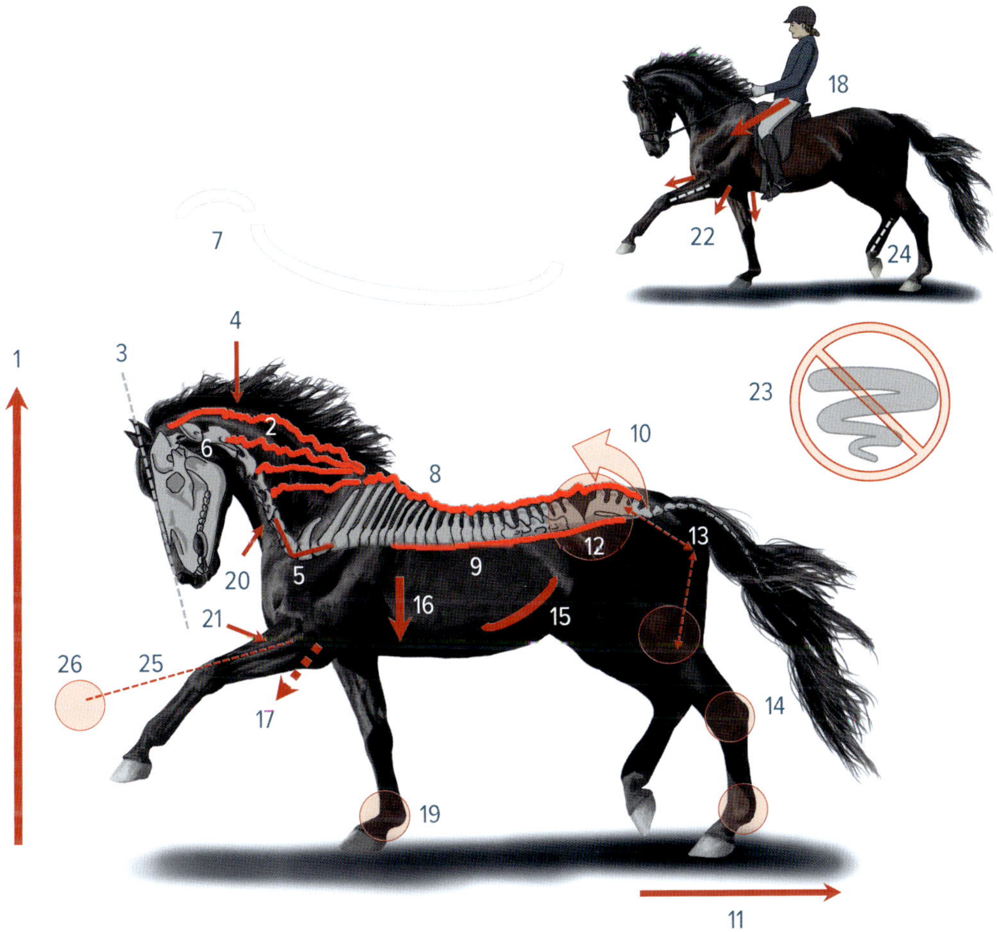

Schwingen zwischen den passiven Strukturen NRB und ventrales Längsband ist unmöglich.

10. Durch die gestreckte Lende werden **Kreuzbein und Becken** flach gekippt,

11. was die Hinterhand nach hinten heraus arbeiten lässt und den Schub unphysiologisch verstärkt.

12. Das **Untertreten** kann entweder mit einem absoluten **Öffnen des LSÜs** beantwortet werden, was die Hinterhand vom Rest des Körpers entkoppelt,

13. oder der Vorgriff erfolgt ausschließlich aus einem Beugen des Hüftgelenks mit **überspannten Sitzbeinmuskeln**.

14. Das geht mit Degeneration in **LSÜ, Iliosakralgelenken, Knien, Sprunggelenken und vor allem der Fesseln** einher.

15. Ein erzwungenes Untertreten (der Effekt wird über Sporen noch drastisch verstärkt) verursacht hypertrophe äußere schräge **Bauchmuskeln**, die ähnlich einer Dampfrinne hervortreten.

16. Die Spannsägenkonstruktion ist dysfunktional und die Hinterhand nicht in der Lage, Last aufzunehmen. Deshalb sinkt der **Brustkorb** ab

17. und das **Brustbein** ist nach ventral und kranial verschoben.

18. Ein Liege-Schiebe-Sitz drückt außerdem aktiv **Widerrist** und Thorax noch weiter nach vorn/unten und den Sattel nach vorn.

19. Die verminderte Stoßdämpfung produziert **Probleme der vorderen Zehenbereiche**.

20. Der **Arm-Kopf-Muskel** (*M. brachiocephalicus*) muss aktiv werden, weil der Schultergürtel in eine Dysfunktionalität gezwungen wird.

21. Durch die hohe Kopf-Hals-Position und den verkürzten Unterhals werden die Vorderbeine durch die Ellenbogenbeuger (*M. biceps brachii* und *M. brachialis*) hochgerissen, statt locker aus der Schulter zu schwingen. Es entstehen unphysiologische **Spannungstritte.**

22. Die **Unterlinie** ist voll geöffnet und durch reziproke Hemmung der verkürzten Oberlinie nicht fähig auszugleichen.

23. Die gesamten **Katapulteffekte** werden quasi ausgeschaltet und ein Schwingen verhindert.

24. Die **Parallelität der Diagonalen** von Unterarm und hinterer Röhre geht verloren. Dieses Bewegungsmuster mit der Vorhand sieht zwar spektakulär aus, da aber die Hinterhand nicht mitkommt, ist das Gangbild in seinen Fußungsphasen völlig verschoben. Es kommt zum Verlust des Zweitaktes mit sehr verschleißenden Einbeinstützen vorn!

25. Häufig zeigt sich zusätzlich eine **übertriebene Streckung der Vorderbeine**

26. und eine unphysiologische **Schleuderbewegungen der Hufe**.

Auch dies ist nur eine exemplarische Folgekette einer Negativspirale.

Die absolute Aufrichtung gibt es natürlich nicht nur im starken Trab. Hier sind die pathologischen Folgen allerdings deutlich erkennbar, denn die Trabverstärkung gilt als Bewährungsprobe und zeigt die Korrektheit der Rückentätigkeit auf. Relative Aufrichtung[29] und Hinterhandaktivität sind erforderlich, ansonsten folgen extrem verschleißende Gangbilder. Das Ganze gipfelt in falschen Traversalen in Verstärkung mit Einbeinstütze vorn und zu viel Abstellung, die durch die Scherkräfte unfassbar schädlich sind.

29 Relative Aufrichtung: die Vorhand hebt sich, während die Hinterhand sich relativ dazu senkt.

Verschleißendes Bewegungsmuster in absoluter Aufrichtung

Foto: © iStockphoto.com/Somogyvari

Eine große Ursache für verschleißende Bewegungsmuster ist ein ***falsch verstandenes, zu frühes und schnelles Vorwärts****, das vielerorts zum Gewohnheitsbild geworden ist. Von Gustav Steinbrecht stammt der leider oft aus dem Sinnzusammenhang gerissene Satz „Reite dein Pferd vorwärts und richte es gerade", der die moderne Reiterei stark prägte. Steinbrecht ging es dabei keineswegs um die absolute Geschwindigkeit, denn es folgt: „Unter dem Vorwärtstreiben verstehe ich nicht ein Vorwärtstreiben des Pferdes in möglichst eiligen und gestreckten Gangarten, sondern vielmehr die Sorge des Reiters, bei allen Übungen die Schubkraft der Hinterhand in Tätigkeit zu erhalten, dergestalt, dass nicht nur bei den Lektionen auf der Stelle, sondern sogar bei Rückwärtsbewegungen das Vorwärts, nämlich das Bestreben, die Last vorwärtszubewegen, in Wirksamkeit bleibt." Und weiter geht das Zitat, dass das ebenfalls für die Arbeit auf mehreren Hufschlägen gilt. Steinbrecht propagiert demnach Schwung und kein übereiltes Tempo. Schwung ist eine Mischung aus Energie, Elastizität und Schubkraft und darf nicht mit Geschwindigkeit verwechselt werden! Schwung ist übrigens auch der 4. Punkt der Ausbildungsskala. Und dort steht ebenso, dass dieser nichts mit Tempo zu tun hat. Leider wissen nur Wenige, wie es nach dem berühmten Satz weitergeht und missbrauchen ihn als Entschuldigung für ein endloses „Geradeausreiten" in übereiltem Tempo auf der ganzen Bahn.*
Wenn die Schlüsselstellen des Pferdekörpers noch nicht für physiologische Gangbilder ausgerichtet sind, dann bringt eine übertriebene „Vorwärtsreiterei" das Pferd in Schwierigkeiten, weil durch die Geschwindigkeit der Körper deutlich mehr belastet wird, wenn er noch nicht im Gesamtsystem losgelassen schwingt.

Eine Trabverstärkung ist kein Selbstzweck und wird nicht besser, sondern schlechter, wenn man sie ohne gute Vorbereitung exzessiv trainiert. Sie kommt chronologisch erst nach Dehnungsbereitschaft sowie leichter Versammlung in relativer Aufrichtung und gehört nicht in die Lösungsphase. In absoluter Aufrichtung kann weder echte Schulter- noch Hüftfreiheit gegeben sein. In dieser gezeigten Form ist ein starker Trab nur Showgestrampel mit weggedrücktem Rücken. Eine dauerhafte Aufrichtung in dieser Art ist der mit Abstand destruktivste Bewegungsmechanismus, den wir unseren Pferden zumuten können.

Für das ungeübte Auge sind die Schlüsselstellen CTÜ und LSÜ schwierig zu deuten. Schaut hinter den Sattel, denn dort kann man besonders gut an der Lende erkennen, ob die Wirbelsäule sich aufwölbt. Die Parallelität der Diagonalen ist ebenfalls leicht analysierbar. Lasst euch nicht täuschen von imposanten Vorhandbewegungen. Auf die Hinterhand kommt es an!

Wird in Hyperflexion vorbereitet, entsteht durch den übermäßigen Zug des Nackenrückenbandes eine falsche Ausrichtung der Becken-Lenden-Region und die Vorhand ist bereits vermehrt belastet. Darauf aufbauend kann keine relative Aufrichtung entstehen.

Manchmal wird zusätzlich die Wirkung von Stress genutzt, um die durch zu viel Zügeleinwirkung oder die unphysiologischen Körperhaltungen ausgebremsten Pferde wieder aktiver zu machen. Dieses „Elektrisch-Machen" ist höchst kontraproduktiv, da zusätzliche Verspannungen von Oberlinie und Lendenmuskel die Bewegungsmuster weiter verschlechtern, indem sie den LSÜ zum Öffnen zwingen. Und eine Reitmethode, die Angst aktiv nutzt, ist meiner Meinung nach aus psychologischer Sicht tierschutzwidrig.

Auch hier muss es nicht um große körperliche Gewalteinwirkung gehen. Allein Sitz und Ausstrahlung des Reiters können Gewalt transportieren. Hinten treiben und vorne ziehen birgt unfassbar hohes Konfliktpotenzial und die Hilfen dazu müssen nicht besonders „laut" sein. Allein keinen Ausweg zu haben genügt.

Werden diese drei Muster gemeinsam genutzt (eine Vorbereitung in Hyperflexion, eine Pseudoaufrichtung, die mit einem Senken des Brustkorbs einhergeht und schließlich noch der bewusste oder unbewusste Missbrauch des Fluchtmodus), entstehen Bewegungen, die in kürzester Zeit den Körper des Pferdes verschleißen lassen. Für das Tier ist das mit viel Leid und auch Ungerechtigkeit verbunden, da es die körperlichen Anforderungen unter diesen Umständen gar nicht schmerzfrei leisten kann. Es entstehen irreparable Schäden bis hin zur Unreitbarkeit und das ist nicht selten das Todesurteil! Die durchschnittliche Lebenserwartung lebensversicherter Pferde liegt in Deutschland bei unter acht Jahren!

Diese Methoden – besonders in Kombination – können nicht zum Ziel der nachhaltigen Gesunderhaltung unseres Partners führen, sondern enden IMMER in einer Trageerschöpfung mit pathologischen Folgen!

Absolute Aufrichtung und Versammlung

Werden Pferde in absoluter Aufrichtung versucht zu piaffieren, dann schaffen sie es häufig schon, irgendwie auf der Stelle zu traben. Mit Versammlung im Sinne von relativer Aufrichtung, bei der sich die Vorhand hebt, während die Hinterhand sich relativ dazu senkt und ihre Last aufnimmt, hat das nichts zu tun. Im Gegenteil: Mit beiden Schlüsselstellen in der Dysfunktionalität beginnt die Hinterhand zu hüpfen, weil die Hanken sich in der Stützbeinphase nicht richtig beugen lassen. Die Vorhand wird eher schwerer als freier, denn die Reihe der Wirbelkörper ist kopfwärts deutlich abschüssig. Der Thorax ist abgesackt, die Becken-Lenden-Region übermäßig aufgewölbt und es fehlt ihr die Stabilisierung von oben. Der LSÜ öffnet sich dysfunktional wie im vorangegangenen Kapitel erläutert und die Vorderbeine werden durch den abgesackten Rumpf in eine Rückständigkeit

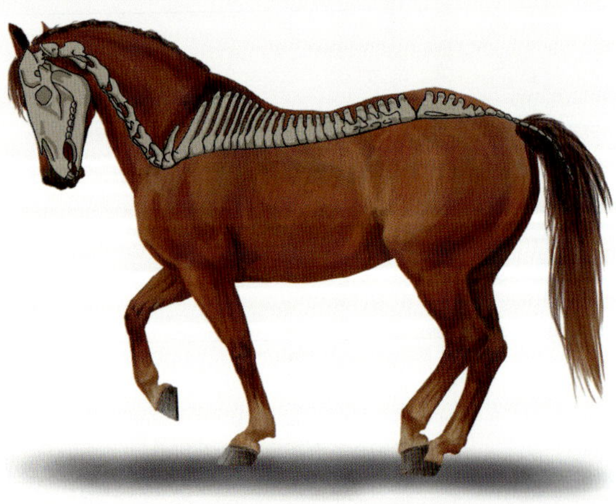

gezwungen. Das Pferd hat Gleichgewichtsprobleme und verändert seine Bewegungen: Es treten breiteres Fußen, ein Schwenken der Hinterhand, Taktverlust und Ausgleichsbewegungen der Gliedmaßen in der Luft auf.

Es gibt diverse Varianten der Kompensationskörperhaltungen in der Piaffe; bei jeder ist der Brustkorb abgesackt, der LSÜ nicht funktional und sie sind allesamt verschleißend. Das ist Versammlung ad absurdum, die zu Trageerschöpfung führt.

Untertourig und hängend

In einem weiteren Bewegungsmuster, das Trageerschöpfung bedingt, ist das Pferd schwunglos und ohne Hinterhandaktivität unterwegs, während es sich über seine Vorhand zieht. Die Rückenlinie wird zwar nicht aktiv verkürzt und nach unten durchgedrückt wie im Fluchtmodus – diese Exemplare lassen sich einfach hängen. Die Kompensationskette ist dennoch ähnlich. Auch in dieser Variante können die passiven Strukturen der oberen Verspannung dem Körper keine Arbeit abnehmen, indem sie sich an der Ganzkörperfederung beteiligen, weil ihnen durch die kurze Oberlinie die Vorspannung im Nackenrückenband fehlt.

Auf einem untrainierten Rücken ohne Zügelkontakt stundenlang durchs Gelände zu bummeln führt schnell zu diesem auseinandergefallenen Bewegungsmuster mit hoher Kopf-Hals-Position. Die wenigsten Pferde sind so gebaut, dass sie dauerhaft am hingegebenen Zügel im Schritt einen Reiter tragen können. Besonders gefährlich ist das bei Pferden mit niedriger Faszienspannung und langem Rücken. Meist landet man bei dem Modell „V". Auch eine Körperhaltung, die schwunglos dauerhaft über dem Zügel ist, führt zu diesem Bewegungsmuster.

Mit einem hohen Halsansatz führt die Untertourigkeit häufig zu dem Modell „Durchhängend", besonders wenn ein schöner Hals mit korrekter Aufrichtung verwechselt wird und das Pferd in verlangsamten Gangarten nicht über den Rücken geht. Häufig ist bei diesen Tieren Leichttraben oder entlastendes Sitzen schwieriger als Aussitzen. Diese Sitzbequemlichkeit liegt allerdings nicht an einem korrekten Gangbild.

Pferde, die sich in dieser Art bewegen, haben in der Regel einen zu niedrigen Muskeltonus. Man könnte sagen sie sind entspannt, und zwar ZU entspannt ... Fehlende Körperspannung kann genauso negative Auswirkungen haben wie eine zu hohe. Diese Pferde hängen in ihrem Bindegewebe, weil die Muskelaktivität nicht ausreicht. Der aktive Trageapparat sollte ausreichend unterstützen, um den passiven zu entlasten.

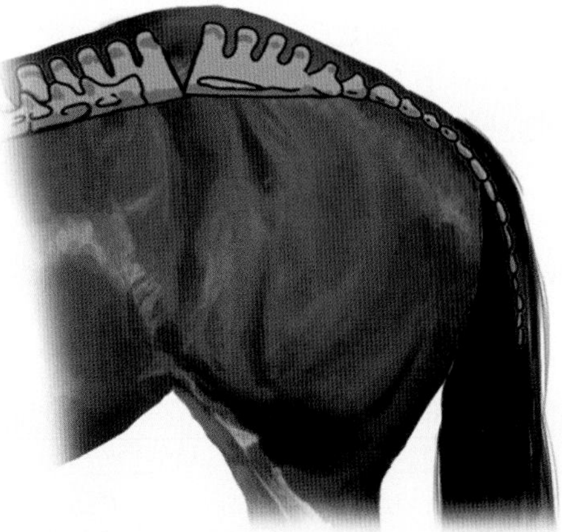

Die langsamen Bewegungen werden sonst zu einem Großteil von Letzterem aufgefangen. Seine faszialen Strukturen leiern aus und auch die knöchernen degenerieren. Es entstehen Senkrücken und Hängebäuche, die Wirbelsäule befindet sich in einer Hohlkreuzsituation bis mindestens zur Lende. Die Unterlinie ist weit offen, beide Schlüsselstellen sind dysfunktional und der Brustkorb ist abgesackt. Diese Pferde schlurfen und zeigen häufig vorn sowie hinten abgelaufene Zehen.

Man könnte sagen, der Körper befindet sich in einer negativen Entspannung. Was er braucht ist etwas mehr positive Spannung. Damit meine ich Aktivierung, ohne den Fluchtmodus auszulösen – ein schmaler Grat, der sehr viel mit Ausstrahlung und Intention des Menschen zu tun hat.

Untertourig und zu aufgewölbt

In diesem Gangbild bewegen sich die Pferde in einer Körperhaltung mit weit aufgedehnter Oberlinie. Allerdings erfolgt diese Dehnung nicht nur nach vorn wie bei der Hyperflexion; der hintere Anteil wird durch ein Abkippen im Becken ebenso verlängert.

Besonders bei Pferden, die in der klassisch europäischen Westernreitweise gearbeitet werden, kommen in manchen Fällen drei Dinge zusammen, die zu diesem ungesunden Bewegungsmuster führen: zum einen die Exterieurmerkmale eines tiefen Halsansatzes gepaart mit einer eher steilen Kruppe, zum anderen die Körperhaltung mit der extrem niedrigen Kopf-Hals-Position und dem absolut offenen LSÜ, in der vornehmlich trainiert wird. Die letzte Zutat ist ein untertouriges Tempo. Das führt nicht selten zum Modell „Bergab“, bei dem eine Trageerschöpfung häufig unerkannt bleibt. Diese Konformation im Seitenbild mit steilem Becken und unterständiger Hinterhand ist ein starkes Indiz für eine Dysfunktionalität im LSÜ.

Warum wird diese hier oft nicht entdeckt? Weil die Hinterhand sich im oberen Teil quasi nach hinten herausschiebt und so eine Pseudotragkraft vorgaukelt. Das Pferd setzt sich, ohne sich durch die Beugung seiner Hanken zu versammeln – ein sehr verschleißender Bewegungsablauf. Zwar sind Wendungen auf engstem Raum möglich, was eine vermeintliche Versammlung vortäuscht, aber die Vorhand hebt sich dabei nicht, weil der LSÜ sich absolut öffnet und Energieübertragung und Aufrichtekompetenz einschränkt. Auch in dieser Variante ist der Thorax abgesackt und der Körper nimmt Schaden. Eine steilere Hinterhand, wie sie viele Westernpferde rassetypisch zeigen, tendiert häufig ins extreme Abkippen, weil ihr das exterieurbedingt leichtfällt und speziell auf diese Fähigkeit züchterisch selektiert wird.

Die trageschwache Situation der hinteren Schlüsselstelle geht mit einer Vorständigkeit der Hinterbeine einher. Diese Konformation verschiebt ihren Bewegungsradius unter den Körper und führt zu einem eingeschränkten Spielraum des Oberschenkels im Hüftgelenks nach hinten heraus, was die Möglichkeit Schub aufzubauen reduziert. Das Gangbild ähnelt dem einer Marionette: Die Beine heben sich vermehrt nach vorn/oben. Die Hinterhufe kommen rutschend auf, was für einen Sliding Stop durchaus wünschenswert, für die allgemeine Trittsicherheit allerdings hinderlich ist.

Durch den tiefen Halsansatz und einer reitweisenentsprechenden sehr niedrigen Kopf-Hals-Position werden die Schulterblätter steiler gezogen (selbst wenn nicht fälschlicherweise noch zusätzlich die Nase hinter die Senkrechte gerät). Das lässt ein ziehendes Bewegungsmuster und durch das nach vorn verlagerte Gewicht eine erhöhte Vorhandlastigkeit entstehen, wenn der Widerrist nicht gleichzeitig zum Anheben animiert wird.

Hinten ist also die Rumpfhebefähigkeit ausgeschaltet und vorn wird die Vorhand, die den Brustkorb für Tragkraft nach hinten/oben stemmen müsste, ebenfalls daran gehindert. Beide Schlüsselstellen sind dysfunktional im Sinne von gesunden Bewegungsmustern.

Ein großes Problem ist, wenn die vom Pferd angebotenen, langsamen, flachen und sehr sitzbequemen Gangarten in vermeintlicher Tragkraft dauerhaft so geritten werden. Im untertourigen Tempo und mit wenig Muskelspannung besteht ein ähnlich hoher Verschleiß für den passiven Trageapparat wie in dem vorangegangenen Muster.
Das NRB übernimmt in dieser Körperhaltung hier zwar einen großen Anteil der Last, der aktive Bewegungsapparat wird so jedoch nicht sonderlich gefordert und gefördert. Ein Gangbild mit langen Phasen am Boden und wenig schwungvoller Federung zerstört das Bindegewebe, weil es ausleiert. Junge Pferde können in der Art vielleicht zunächst relativ verschleißarm laufen, aber Faszien altern ebenso wie der Rest des Körpers, was ihre Elastizität reduziert. Ist der aktive Trageapparat nicht in der Lage, sie zu schützen, ist ihre Abnutzung deutlich höher.

Man sollte diese energielose Langsamkeit nicht annehmen, sondern erst einen schwungvollen Federmechanismus aktivieren, um positive Spannung im Pferd zu generieren, die das System schwingen lässt. Ein kurzer Schub ins Vorwärts sollte regelmäßig ausgelöst werden, weil er hilft, den LSÜ in die neutrale Position zurückzubringen. Eine gute Versammlung ist langsam, aber dabei kraftvoll und elastisch, braucht eine gewisse Aufrichtung und wechselt sich ab mit einem Vorwärts.

Ich möchte damit nicht sagen, dass alle Westernpferde trageerschöpft sind. Weil sie vermeintlich versammelt laufen, wird nur leider oft die Notwendigkeit einer entsprechenden Ausbildung übersehen und sie enden in einer Trageerschöpfung. Auch sie benötigen für nachhaltige Gesunderhaltung Bewegungsmuster mit einem angehobenen Brustkorb und einem funktionalen LSÜ.

Schlüsselstellen und Trageerschöpfung

Die Ausrichtungen der beiden Schlüsselstellen Halsbasis und Becken-Lenden-Region bedingen sich gegenseitig und sind von entscheidender Bedeutung für Gangqualität und Gesunderhaltung.

Das Absacken des Brustkorbs wird immer als „die Trageerschöpfung" definiert. Das bezieht sich allerdings nur auf die vordere Schlüsselstelle. Ich möchte so weit gehen und sagen: Das ist die **„Trageerschöpfung vorn"**.

Eine Hyperextension im CTÜ und eine Fixierung des Brustkorbs in einer abgesackten Position blockieren die Federung im Rumpftrageapparat. Daraus resultiert eine Unfähigkeit der Vorhand, den Thorax nach hinten oben zu stemmen. Der Hals wird aufgerichtet, aber der Brustkorb fehlt. Dies engt das große Nervengeflecht der Vorhand, den *Plexus brachialis*, ein und verhindert Schulterfreiheit.

Ihr wisst sicher, worauf ich hinaus möchte: Die hintere Schlüsselstelle kann meiner Meinung nach ebenso eine separate Trageerschöpfung zeigen, die **„Trageerschöpfung hinten"**, die wiederum eine Trageerschöpfung vorn auslösen kann.

Eine Hyperflexion im LSÜ und eine Fixierung des Beckens in einer steilen Position blockieren die Federung der Hankenbeugung. Daraus resultiert eine Unfähigkeit der Hinterhand, Last aufzunehmen und den Thorax von hinten anzuheben. Das Kreuzbein wird gekippt, aber die Lende fehlt. Dies engt das große Nervengeflecht der Hinterhand, den *Plexus lumbosacralis*, ein und verhindert die Hüftfreiheit.

Ja, die Becken-Lenden-Region kann auch noch zwei weitere Stellungsveränderungen zeigen, die die Hankenbeugung einschränken. Sie besitzt einfach mehr Gelenke. Aber ich konnte mir die Analogiebildung nicht verkneifen. Schlussendlich geht es darum, ob sich die hintere Schlüsselstelle im Sinne von Tragkraft funktional bewegen kann. Auch in den anderen Varianten ist die Hinterhand aufgrund fehlender Lastaufnahmefähigkeit durch eine eingeschränkte Hankenbeugung trageschwach. Das Öffnen des LSÜs ließ sich nur so gut mit dem Schließen des CTÜs vergleichen.

Trageerschöpfung betrifft nicht nur die Vorhand und den Brustkorb, sondern hat ebenso auch einen Anteil in der hinteren Schlüsselstelle. Daher differenziere ich in „Trageerschöpfung vorn" und „Trageerschöpfung hinten". **Trageerschöpfung kann auch an der hinteren Schlüsselstelle beginnen!**

Beispielhafter falscher Ausbildungsweg

0. Zu eng ausgebundenes Longieren
1. Falsche Beizäumung
2. Zu frühe Verstärkungen
3. Pseudoversammlung

Dies ist ein leider oft zu sehender, moderner und falsch verstandener Ausbildungsweg. Er bringt den Schwerpunkt nach vorn und das Pferd verschleißt frühzeitig.

BEWEGUNGS-ZIELE

Ziel unseres Rehabilitationsprogramms ist ein tragkräftiges Pferd. Wir haben im letzten Kapitel gesehen, wie essenziell dabei die Gangqualität ist, denn der Körpergebrauch beeinflusst zu großen Teilen seine Entwicklung. Wir werden uns im Folgenden mit unterschiedlichen, gesunden Bewegungsabläufen beschäftigen und sie in eine sinnvolle Ausbildungsreihenfolge bringen.

Alle korrekten Bewegungen haben eine Gemeinsamkeit: ein Ganzkörperfedern in einem funktionalen myofaszialen System. Das ist die Grundvoraussetzung für Tragfähigkeit, denn nur dann ist ein harmonisches Zusammenspiel zwischen dorsaler und ventraler Kette in positiver Spannung gegeben. Die Katapulteffekte der gegenspielenden Strukturen ermöglichen elastische, kraftsparende, energieeffiziente Bewegungen. Diese schonen durch eine ausgeglichene tensegrale Spannungsverteilung den Körper, indem sie lokale Überlastungen verhindern. Die höheren Gangarten werden schwungvoll, die gesamte Wirbelsäule kann divergieren, ein langer Hals als Balancierstange genutzt werden und egal in welcher Höhe er sich befindet – das Nackenrückenband ist in physiologischer Vorspannung. Der Rumpf schwingt zwischen der neutralen und der angehobenen Position, der Widerrist federt und öffnet sich in jeder Schwebephase rhythmisch nach oben und der lumbosakrale Übergang arbeitet um die Nullstellung herum. Mit so ausgerichteten Schlüsselstellen besitzt ein Pferd in jedem gesunden Bewegungsablauf Schulter- und Hüftfreiheit.

Die Fußung ist achsengerecht, die Gliedmaßen werden physiologisch belastet und die Nase zeigt dorthin, wo die Vorderhufe auffußen werden. Die Durchfesselung ist geringer, da die Stoßdämpfung optimal funktioniert. Das Gangbild wird fast schon unspektakulär leicht und ist gut zu sitzen.

Dafür müssen alte kompensatorische Bewegungsmuster durchbrochen und durch neue verschleißfreie ersetzt werden. Fehlhaltungen und Ausgleichsbewegungen werden aufgelöst, Kompensations- zu Reitpferdemuskulatur umtrainiert und auch der Faszienapparat baut sich um und wird geschmeidiger.

Foto: © iStockphoto.com/Callipso

Funktionales myofasziales System

Durch Schmerzfreiheit kann wieder Freude an Bewegung entstehen und das Pferd entwickelt Kraft, Ausdauer, Gleichgewicht, Mobilität und Stabilität. Es ist gesünder und gleichzeitig entspannter. Stolz gepaart mit Nervenstärke gibt das ideale Bild. Ziel ist ein bewegungskompetentes und psychisch intaktes Pferd.

Losgelassenheit

Wie genau kommen wir nun zu diesen positiven Gangbildern? Unser allererstes Etappenziel ist die Losgelassenheit. Sie beinhaltet sowohl einen mentalen als auch einen körperlichen Anteil.

Es besteht eine direkte Wechselbeziehung zwischen Losgelassenheit und Fluchtinstinkt. Bei Stress jedweder Art befindet sich das Pferd im Fluchtmodus und Losgelassenheit fehlt. Körperliche Folgen sind eine verkürzte Oberlinie, ein flach gestelltes Becken und fehlende Hankenbeugung, was zu einer reziproken Hemmung der ventralen Kette führt. Außerdem wird für die Bewegung der Unterhals aktiv mitgenutzt, der Brustkorb nach unten gedrückt und die Schiefe wird ebenfalls ausgeprägter. Unbedingte Voraussetzung für Losgelassenheit ist also die Abwesenheit von Stress. Und ich rufe in Erinnerung: Trageerschöpfung bedeutet Stress.

Besonders Kreislinien belasten die Strukturen, wenn sich das Pferd unter Anspannung bewegt, da durch die festgehaltene Rückenmuskulatur eine Kurvenbewältigung in verschleißender Schräglage erfolgen muss.

Erst, wenn sich Losgelassenheit und mit ihr die Dehnungsbereitschaft im Rücken eingestellt hat, sind CTÜ und LSÜ überhaupt in der Lage, sich im Sinne von physiologischen Gangbildern auszurichten. Nur ein mental losgelassenes Tier kann gesunde Bewegungsabläufe zeigen, denn andernfalls blockiert die Streckerkette die Funktionalität beider Schlüsselstellen. Nach Versammlung oder Verstärkung darf keinesfalls vor ihrem Erreichen gefragt werden, denn ansonsten verschärft sich

Foto: © iStockphoto.com/mari_art

Fluchtmodus verhindert Losgelassenheit

die Dysfunktionalität in Halsbasis und Becken-Lenden-Region. Losgelassenheit ist ihre unbedingte Voraussetzung!

Losgelassenheit hat eine Verbindung zu Muskelaufbau und Gesunderhaltung: Muskelphysiologisch benötigt ein Aufbau den steten Wechsel zwischen An- und Abspannen, da während der Relaxation durchblutet und mit Nährstoffen versorgt wird. Das ist unter Verspannung nicht gegeben. Da ebenfalls die Faszienspannung stressanfällig ist, bewegt sich ein losgelassenes Pferd geschmeidiger und mobiler. Einhergehend mit erhöhter Beweglichkeit sind Koordinationsfähigkeit und Gleichgewicht. Losgelassenheit führt zu physiologischen Bewegungsmustern, ermöglicht die harmonische Beteiligung der ventralen Kette, reduziert den Verschleiß und trägt zur nachhaltigen Gesunderhaltung bei.

Merkmale sind das Fallenlassen des Halses aus einem gehobenen Widerrist heraus, eine Dehnungsbereitschaft, ein entspannter Unterhals, rhythmisches und ausgeglichenes Muskelspiel von Ober- und Unterlinie, ein ruhiges Abschnauben, ein dehnfähiger Rücken, das Durchschwingen aller Gliedmaßen. Der Schweif als Verlängerung der Wirbelsäule gilt als Anzeiger für Rückenform und -spannung. Bestenfalls wird er locker getragen und pendelt im Takt. In der korrekten Biegung zeigt er immer ein wenig nach innen, ansonsten liegt er mittig. Ein subtilerer, aber ebenfalls sehr aussagekräftiger Qualitätsparameter ist die Atmung.

Ein Indiz für eine Steigerung der Losgelassenheit ist, dass nervöse Pferde ruhiger und triebige gehfreudiger werden.

Das Pferd ist aufmerksam und durchlässig auf reiterliche Hilfen, wobei es mit ruhiger Maultätigkeit eine entspannte Mimik zeigt. Kurz gesagt ist Losgelassenheit ein funktionales myofasziales System, gepaart mit einem klaren, kooperativen Kopf. Die innere und äußere Balance spiegelt sich in den Bewegungsmustern wider – diese sind gleichmäßig. Allerdings ist ein taktreiner Gang im Umkehrschluss nicht immer losgelassen.

Von daher ist es von größter Wichtigkeit, den Fluchtgedanken aufzulösen, denn ein entspannter Geist ist überhaupt erst körperlich in der Lage, verschleißfreies und muskelaufbauendes Training absolvieren zu können.

Den Körper können wir durch lösende Übungen ansprechen; die Psyche braucht eine pferdegerechte Kommunikation. Verzichtet auf übermäßiges Treiben und bildet euch stattdessen im Bereich des Lernverhaltens weiter, um die Durchlässigkeit zu verbessern.

Da sich das Herdentier mit uns synchronisiert, darf auch der Mensch entspannt sein. Das Pferd kann nicht losgelassener sein als sein Reiter und angespannte Pferde spiegeln häufig nur! Manchmal manifestiert sich Angst vor Kontrollverlust in einer straffen Zügelverbindung und klemmenden

Beinen. Überprüft zunächst diese beiden Punkte und bringt Weichheit in euren Körper. Losgelassenheit hat viel mit gegenseitigem Vertrauen zu tun. Um das Training so stressfrei wie möglich zu gestalten, sollte Zwanglosigkeit herrschen.

Losgelassenheit ist die Abwesenheit von Verspannungen. Aber damit ist kein schlaffer Muskeltonus in untertourigen Gangarten und auch nicht Erschöpfung gemeint. **Lösen ist auf gar keinen Fall das gleiche wie Ermüden.** Die zunächst negative Spannung wird in Losgelassenheit umgewandelt, um dann mit positiven Spannungsmomenten kombiniert zu werden.

Die psychische Komponente der Losgelassenheit steht chronologisch VOR der physischen. Losgelassenheit ist unabhängig vom Ausbildungsstand immer die Grundvoraussetzung für jeden weiteren Schritt. Sie bildet die Basis für Gesundheit, Gleichgewicht und Durchlässigkeit, wobei auch bei denen jeweils sowohl die physischen als auch die psychischen Anteile gemeint sind.

Die Auswirkungen, besonders auch im psychologischen Sinn sind weitreichend. Ein losgelassenes Pferd wird durchlässiger und kann infolge des Trainings seinen Körper besser nutzen; für das Fluchttier bedeutet das, dass es nicht vermehrt nach Feinden Ausschau halten muss, um ein schlecht funktionierendes System auszugleichen. Schmerzfreiheit und gutes Körpergefühl wiederum entspannen auch mental und die Pferde sind ausgeglichener und zufriedener, sogar in der Herde. Ein stressfreieres Leben in der Herde wechselwirkt direkt mit der allgemeinen Nervosität – die Verbindungen sind schier endlos.

Nachhaltige Gesunderhaltung ist also weitaus mehr als nur reiner Muskelaufbau ...

Fallbeispiel

Im oberen Bild war mein Trainingspferd gerade angekommen. Bedingt durch seine Vorgeschichte war es angespannt und aggressiv. Sein Körper befand sich im Fluchtmodus mit deutlich aktivierter Streckerkette.

Zwischen den beiden Bildern liegt nur eine knappe Woche Verhaltenstraining und Manualtherapie. Im unteren Foto kann man der Körperhaltung die wachsende Entspannung ansehen. Der Unterschied im Erregungslevel lässt ihn wie zwei verschiedene Pferde aussehen.

Zur besseren Veranschaulichung wurde das Pony auf dem einen Bild gespiegelt.

Fotos: Dr. Sandra Ruzicka

Foto: © iStockphoto.com/Callipso

Dehnungshaltung

Die Losgelassenheit ermöglicht uns die Dehnungshaltung. Ihr Name ist dabei Programm: Der Rücken dehnt sich, richtet die Schlüsselstellen funktional aus und dorsale und ventrale Kette können ausgeglichen arbeiten.

Die Divergenz der Wirbelsäule ist für das Gangbild essenziell, denn drei der Vorhand-Gliedmaßenträger sind mit dem Nackenrückenband und der Brust-Lenden-Faszie verbunden. Die Länge der Wirbelsäule und damit einhergehend die Funktion ihrer passiven Strukturen steht also in direkter Wechselwirkung mit dem Rumpftrageapparat.

Demnach haben die Positionen von Hals und Rücken Einfluss auf die vertikale Stoßdämpfung der Vordergliedmaßen. Und wie wir aus dem Kapitel über den LSÜ gelernt haben, steht die Dehnfähigkeit des Rückens ebenso im Zusammenhang mit der Hankenbeugung und der Stoßdämpfung der Hintergliedmaße. Für eine Spannungsverteilung im gesamten myofaszialen System ist die Entwicklung einer korrekten Dehnungshaltung daher so wichtig.

In der linken Illustration verpufft die Energie des Bewegungsmusters nach hinten heraus, in der rechten wird der sogenannte positive Spannungsbogen durch ein Ganzkörperfedern in der Dehnungshaltung realisiert. In ihr wird die Last

tensegral verteilt. Die Dehnungshaltung ist bei einem intakten Fasziensystem bei gleichzeitiger Verschleißfreiheit das energieeffizienteste Bewegungsmuster, weil es einen Ausgleich schafft zwischen passivem und aktivem Trageapparat, was es so bedeutend für die Ausbildung macht.

Bei korrekter Ausführung zeigt das Pferd alle Anzeichen von Losgelassenheit, die Ohren wippen im Takt nach vorn/unten, die Nase ist der vorderste Punkt und wird ungefähr auf Höhe des Buggelenks getragen. Der Hals ist lang gewölbt und der CTÜ offen. Die Oberhalslinie ist in etwa doppelt so lang wie die des Unterhalses und eine Ganaschenfreiheit wird durch erkennbare Atlasflügel deutlich. Der Bereich der Kehle ist unkomprimiert.

Der durch das Nackenrückenband entlastete lange Rückenmuskel kann als Bewegungsmuskel arbeiten. Die harmonisch arbeitende Unterlinie hilft den Rücken aufzuwölben und die Wirbelkörper liegen nahezu waagerecht in einer Linie. Nur so kann der lange Rückenmuskel die Halsbasis von dorsal stabilisieren und es dem Arm-Kopf-Muskel ermöglichen loszulassen. Da dieser Teil des Fluchtgangbildes ist, gelingt das nur über Zwanglosigkeit. Das „Ausschalten" der Unterhalsmuskulatur ist so immens wichtig, weil nur dann der stärkste Rumpfträger, der *M. serratus ventralis*, physiologisch federn kann. Erst jetzt ist er in der Lage seiner Stoßdämpferfunktion nachzukommen und langfristig aufzumuskeln. Ein optimales Federkrafttraining für den sehnig durchzogenen Muskel geschieht im steten Trab in dieser Haltung. Aber ohne die Unterhalsmuskulatur als Zusatzmotor zu laufen ist sehr anspruchsvoll und sollte deshalb bedachtsam gesteigert werden. Wenn ihr euch über die Gangqualität unsicher seid, dann beobachtet die Bewegungen am Ursprung des Arm-Kopf-Muskels, genau an der Stelle, wo ihr auch den CTÜ-Test durchführt: Hier wollt ihr ein lockeres Muskelspiel beobachten.

Da der Rumpf nun angehoben im Schultergürtel schwingt, kann der Hals sich **aus seiner stabilisierten Basis heraus** fallen lassen. Da sowohl der *M. serratus ventralis* und ebenso der Halsteil des langen Rückenmuskels die vordere Brust- und die untere Halswirbelsäule bis einschließlich des vierten Halswirbels stabilisieren, geschieht das Fallenlassen eigentlich genau genommen gar nicht aus dem Widerrist heraus, wie man es so oft liest, sondern betrifft nur die ersten drei Halswirbel, die das Pferd in einer korrekten Dehnungshaltung einfach locker hängen lässt. Ein Pferd, das in dieser Art läuft, hat keine Kompressionen im CTÜ, weil dieser sich offen bewegen kann.

Die Formulierung „Das Pferd soll den Hals fallen lassen" möchte ich genauer durchleuchten: Leider ist sie genauso gefährlich wie manch andere isolierte Anweisung. Wenn nämlich das Fallenlassen aus einem bereits abgesunkenen Brustkorb gefordert wird, dann verlagert sich das Gewicht erheblich mehr auf die Vorhand. Auf gar keinen Fall sollte man deshalb aus einer tiefen Rumpfposition danach fragen. Eine alternative Formulierung wäre meiner Meinung nach „Das Pferd soll sich in der Halsbasis heben, um sich im oberen Hals locker fallen lassen zu können". Das gibt ein gänzlich anderes inneres Bild, oder? Sucht mal nach beiden Versionen in eurem eigenen Körper. **Eine korrekte Dehnungshaltung beinhaltet eine Selbsthaltung von Rumpf und Halsbasis und darf nicht mit einem einfachen Hängenlassen in ebendiesem Bereich verwechselt werden.**

Wie kommen wir zu dieser gesunden Körperhaltung? Eigentlich ist es simpel: Raus mit dem Stress aus dem System; das entspannt die Streckerkette und die Hinterhand kann frei durchschwingen. Wenn dann der Brustkorb gehoben ist, tun Hals- und Kopfgewicht ihr Übriges. Die vertikale Thoraxausrichtung und nicht die absolute Halshöhe ist der Marker für die Qualität des Bewegungsmusters in der vorderen Schlüsselstelle! Am Anfang stehen also Rumpfstabilisation und Entspannung der Oberlinie.

Deshalb gibt noch eine Zwischenstufe auf dem Weg zur Dehnungshaltung: die **Remontehaltung**[30]. Das Pferd darf in ihr zunächst sein Gleichgewicht unter dem Reiter zurückgewinnen und eine neutrale Thoraxposition auch unter Belastung erlangen. Die Remontehaltung ist eine unerlässliche Voraussetzung für die Dehnungshaltung und wird leider oft übersprungen. Dies gilt ebenso für ältere Pferde, bei denen Muster aufgebrochen werden sollen; sie befinden sich dennoch in der Grundausbildung. Die Remontehaltung ist übrigens auch die perfekte Körperhaltung für das Gelände.

Die Hände begleiten lediglich am langen Zügel, der Hals wird in seiner Länge nicht eingeschränkt und der Reiter ermöglicht durch einen raumgebenden Sitz ein Auffächern und Verbreitern des Widerrists. Man unterstützt über sanfte, biegende Übungen. Zeigt die Oberlinie dann Dehnungsbereitschaft, richten sich die Schlüsselstellen entsprechend aus und es resultieren Schulter- und Hüftfreiheit. Die Vorhand kann jetzt durch den vermehrten Vorgriff aus einer verlängerten ersten Stützbeinhase heraus nach hinten/oben stemmen und dadurch den Brustkorb heben. Der lange Rückenmuskel kann wie oben beschrieben die Halsbasis heben und die Hinterhand kann unterstützen, indem eine elastische Hankenbeugung und ein stabilisierter LSÜ den Thorax ebenfalls in der angehobenen Position konsolidiert.

Erst sobald das Pferd Losgelassenheit zeigt, sich in der Halsbasis anhebt und die Becken-Lenden-Region funktional wird, können wir vermehrt Energie über unseren Sitz kreieren und den

Mit Reiter entspräche diese Körperhaltung der Remontehaltung.

Foto: © iStockphoto.com/virgonira

Ganzkörperfedermechanismus stärker aktivieren. Ist das lockere Bewegungsmuster auch unter dem Reiter zurückerlangt, ergibt sich die Dehnungshaltung meist ganz von selbst. Wenn wir ein gut zu transportierender Passagier sind und nicht stören, wird das Pferd den Hals ganz von allein im oberen Teil fallen lassen, indem es sich an den Zügel herandehnt und dann in den ersten Gelenken fallen lässt. Wird eine Beizäumung über die Hand angefragt, erfolgt oft ein reines Nachgeben im Genick, das nichts mit dem restlichen Körper zu tun hat. Im ersten Fall kommt das Genick über die Nase, im zweiten kommt die Nase unter das Genick. Einmal wird der Hals lang, einmal kurz, einmal bleibt die Kehle offen, einmal wird sie eng, einmal nimmt das Pferd Raum ein und dehnt sich von der Sattellage ausgehend nach vorn/oben und wächst vor uns und einmal eben nicht.

Versucht man vor Erhalt der Losgelassenheit den Hals zu senken, geht das immer auf Kosten der Balance. Ein „Einstellen" gelangt genauso wenig zu einer korrekten Körperhaltung wie ein vermehrtes Treiben gegen eine stressaktivierte Streckerkette dieses vermag. Der einzige Weg führt über die Losgelassenheit. Vordere und hintere Schlüsselstelle verursachen beide sofort verschleißende Gangbilder, wenn die Psyche außer Acht gelassen wird.

30 „Remonte" bezeichnet ein Pferd in der Grundausbildung.

Nur die richtige Rückentätigkeit führt zur gewünschten Dehnungshaltung und die hängt unmittelbar mit der psychischen Konstitution zusammen.

In einer korrekten Dehnungshaltung findet das Pferd sein Wohlfühltempo, das sogenannte Arbeitstempo, in dem es Geschwindigkeit und Takt hält. Das Auffußen ist leise, das Abfußen federnd und aktiv und der Bodenkontakt kurz. Das Gangbild ist unspektakulär, aber schwungvoll; die Schwebephasen sind deutlich ausgeprägt. Das Bewegungsmuster ist ruhig, aber energisch. Die Parallelität der Diagonalen im Trab bleibt erhalten, die Fußungslängen von Vorhand und Hinterhand sind identisch und auch die anderen Gangarten sind taktrein.

Egal aus welchem ursprünglichen Gangbild das Pferd kommt: Ziel ist zunächst die Dehnungshaltung, denn nur aus ihr entwickeln sich echte Versammlung und Verstärkung.

Vergleicht man die Wirbelsäulen der oberen Abbildungen wird ersichtlich, dass alle zwei Gemeinsamkeit aufweisen: Zum einen verlaufen sie zwischen Lende und Halsbasis deutlich abfallend, was die Vorhandlastigkeit in diesen Bewegungsmustern erklärt. Zum anderen ist in jeder Bewegungsvariante mindestens eine der Schlüsselstellen dysfunktional.

In der Dehnungshaltung relativiert sich die Abschüssigkeit von Brust- und Lendenwirbelsäule und sowohl Halsbasis als auch Becken-Lenden-Region können stabilisiert und physiologisch genutzt werden.

ABER: Die Dehnungshaltung ist zwar eine gute Basis, auf die wir immer wieder zurückkommen sollten, aber sie ist nicht das alleinige Endprodukt. Gerade vor dem Hintergrund von Hypermobilität und ECVM ist die Frage, inwieweit betroffene Pferde überhaupt in der Lage sind, ihr fasziales System für den Katapulteffekt und zur Lastabnahme zu nutzen. Das gleiche gilt für Pferde mit nicht optimalen Exterieur-Proportionen. Bei ihnen nimmt der Muskelaufbau eine entsprechend höhere Relevanz zur Stabilisierung ein. Aber auch für alle anderen gilt: Bestenfalls kombiniert man die Dehnungshaltung mit anderen Bewegungsmustern wie der Entspannungshaltung und einer vermehrten relativen Aufrichtung, um ein optimales Training zu gewährleisten.

Eine ähnliche Körperhaltung, aber mit tieferer Kopf-Hals-Position, ist die ***Entspannungshaltung****. In ihr ist die Nase auch der vorderste Punkt, allerdings sinken dabei Brustkorb und CTÜ zwischen den Schulterblättern ab und die Hinterhand kann nicht optimal arbeiten. Diese Körperhaltung ist wundervoll für die Psyche und sie entlastet die Strukturen des Oberhalses. Sie ist eine effektive Pausenhaltung, sollte aber nicht dauerhaft und nur in langsamem Tempo genutzt werden, da ansonsten der Rumpftrageapparat unnötig belastet wird. Wichtig dabei ist: je tiefer der Hals kommt, desto weiter muss die Nase nach vorn und die Ganasche sich öffnen. Andernfalls zieht das Nackenrückenband das Kreuzbein flach und der Entspannungseffekt der vorderen Streckerkette geht verloren. Anlehnung in der Tiefe ist falsch!*

Foto: © iStockphoto.com/Marta_Kent

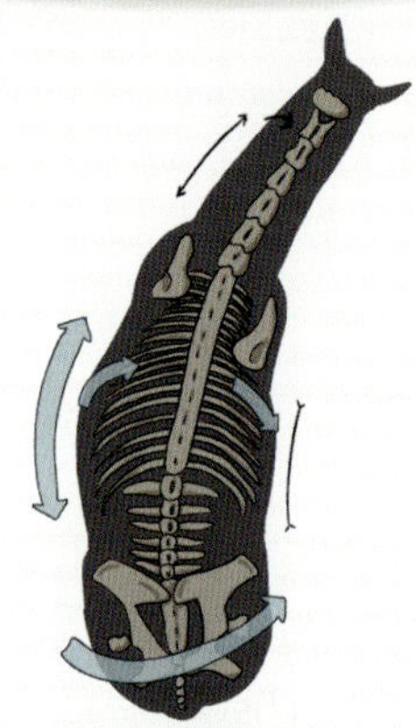

Biegung

Biegung ist die unbedingte Voraussetzung für verschleißfreie Seitengänge und Geraderichtung.

Foto: © iStockphoto.com/Somogyvari

Nur weil der Kopf hereinkommt, heißt es aber nicht unbedingt, dass das Pferd korrekt gebogen ist. Wie genau das Pferd gebogen ist, entscheidet jedoch darüber, ob man das Pferd in die richtige oder in die falsche Richtung trainiert! Falsch ausgeführte Seitengänge und Wendungen sind höchst pathologische Bewegungsabläufe mit ungesunden Belastungssituationen.

Die beiden Bildern zur Galopppirouette verdeutlichen das Problem. Das untere sieht leichtfüßiger aus. Im Vergleich fällt auf den ersten Blick auf, dass der Braune deutlich harmonischer erscheint als der Fuchs. Aber warum? Zunächst betrachten wir die Wirbelsäule: Oben befindet sie sich im Hohlkreuz, unten ist sie aufgewölbt. Was ist der Unterschied? Es ist die korrekte Biegung.

Betrachten wir den Fuchs zuerst. Der Reiter zieht den Kopf nach innen, die Hinterhand fällt aus, der Hals wird steif, das Pferd ist im Hohlkreuz. In dieser Variante kippt der Widerrist (und auch die restlichen Dornfortsätze) entgegen der Biegung und das Gewicht lastet hauptsächlich auf der Schulter, zu der der Widerrist kippt, weil die Hüfte sich innen hebt und der äußere Hinterfuß ausfällt. Durch ein Überstrecken der Wirbelsäule gerät der LSÜ in Bedrängnis, die Lendenwirbelsäule wird komprimiert und der Rücken weggedrückt Der entkoppelte LSÜ erschwert der Hinterhand die Lastaufnahme. Der Hals ist in seiner Basis abgeknickt und eine Pirouette für das Pferd dementsprechend schwierig umzusetzen.

Im Gegensatz dazu sieht der Braune recht harmonisch aus. Er kann die Wirbelsäule in der Art rotieren, dass der Widerrist nach innen kippt. Durch die daraus folgende Brustkorbrotation ist es dem Pferd möglich, sein Becken korrekt zu platzieren. Voraussetzung für die korrekte Lastaufnahme der Hinterbeine und des Hebens des Brustkorbs ist das Vorkommen der inneren Hüfte nach vorn-unten. Es kann infolgedessen seinen Körper physiologisch nutzen. So ist es ihm möglich, auch in der Traversalwendung Last auf dem inneren Hinterbein aufzunehmen und Thorax und Vorhand zu heben. Der Lendenwirbelbereich ist entlastet und der LSÜ kann funktional arbeiten.

Die Seitbiegung der Wirbelsäule (laterale Biegung) ist an weiteren Merkmalen in allen Bewegungen zu erkennen. Am Kopf beginnend ist das innere Ohr etwas tiefer als das äußere. Der Unterkiefer dreht sich unter den Atlas ein und der Reiter erkennt das innere Auge. Der Mähnenkamm fällt nach Innen, die Nase bleibt innerhalb der Körperlinie und Rippenbogen und Rumpf wölben sich etwas nach außen (Illustration). Daher kommt auch das Gefühl, das das Pferd sich um das innere Bein biegt. Nicht, weil man damit den Bauch wegdrückt, sondern weil die kontralaterale Seite sich weitet. Das innere Bein sinkt nach unten, während der äußere Oberschenkel des Reiters angehoben wird. Eine gute Biegung wird nicht innen enger – das würde die Zwischenwirbelgelenke in Komprimierungsstress bringen, sondern dehnt die Gegenseite. Übrigens kippt ein Zug am inneren Zügel ebenfalls die Dornfortsätze in die falsche Richtung.

Biegung ist also unabhängig davon, wo das Pferd hinschaut; vielmehr geht es um eine korrekte, händische Thoraxrotation.

Brustkorbrotation und laterale Biegung mit Beugung und Streckung der Wirbelsäule hängen zusammen. Eine Streckung geht mit einer Annäherung der Dornfortsätze einher, eine Aufwölbung hingegen nicht.

Tragkraftentwicklung

Tragkraft wird häufig als die aus der Hankenbeugung entstehende Federkraft definiert und mit Versammlung in Zusammenhang gebracht. In dieser Art erklärt, würde sie jedoch erst spät in der Ausbildung als Endziel entstehen. Eine physiologische Beugung der großen Gelenke der Hinterhand ist allerdings in jedem gesunden Gangbild von Anfang an vonnöten; in der Versammlung geht es nur um eine vermehrte Hankenbeugung.

Tragkraft als Gegenteil von Trageerschöpfung möchte ich etwas weitreichender definieren: Diese ist für mich eine Kombination aus vertikaler Thoraxkontrolle, der Fähigkeit die Becken-Lenden-Region zu lockern und gleichzeitig zu stabilisieren und einem energetisch adäquaten Schwingen im myofaszialen System. Für mich beginnt sie mit einer Dehnungsbereitschaft und der dadurch ermöglichten funktionalen Ausrichtung beider Schlüsselstellen, was zunächst das Pferd überhaupt erst einmal befähigt zu tragen, ergo TragFÄHIGKEIT liefert. Gepaart mit einem Ganzkörperfedern können Gangbilder entstehen, die die gewünschte Muskulatur ausbilden und so mit der Zeit Tragkraft entwickeln. Ein Kraftausdauertraining in unterschiedlichen gesunden Körperhaltungen führt schlussendlich zu einer Versammlungskompetenz.

Diese Punkte sind bereits zu Beginn der Pferdeausbildung etwas, worauf wir achten und die wir trainieren sollten, denn im besten Fall ist ein Pferd in ausreichendem Maße tragkräftig, bevor wir auf seinem Rücken Platz nehmen. In dieser Art gewährleisten wir die Kraftübertragung der Hinterhand, die Stoßdämpfung der Vorhand und eine optimale Energieeffizienz.

Um eine Trageerschöpfung vorn zu verhindern, muss die Oberlinie loslassen und den Rumpf von dorsal heben. Das wird dabei von einer nach hinten-oben stemmenden Vorhand unterstützt, die dafür den Rumpftrageapparat nutzt. Der Brustkorb wird also per Muskelkraft in die gehobene Position gezogen und geschoben. Je stärker diese beiden Bewegungen mit der Zeit werden, desto höher wird eine korrekte Aufrichtung realisierbar. Der Thorax hängt bestenfalls nicht nur passiv in der thorakalen Muskelschlinge, sondern das Pferd trägt ihn aktiv. Und ganz nebenbei wird noch der CTÜ stabilisiert.

Auf den folgenden Fotos ist ein zufällig entstandener Vergleich zwischen einem Hängenlassen des Brustkorbs und einem Hochstemmen durch die Vorhand bei gleichzeitigem Heben durch die dorsale Hals- und Rückenmuskulatur erkennbar. Der Unterschied in der Widerristhöhe macht bestimmt zehn Zentimeter aus! Keines der Beine hat seine Position gewechselt und auch das Becken wurde nicht aktiv gekippt. Die Schwerpunktverlagerung nach hinten und das Wachsen im Stockmaß werden allein durch die Vorhand bewirkt. Dieser Effekt kommt einer vorderen Tragkraft gleich, die unabhängig von der hinteren ist. Tragkraft bezieht sich nicht nur auf die Speicherung der Federkraft der Hinterhand und ihr Potenzial Last aufzunehmen; vielmehr sollte der komplette Körper als Trageapparat betrachtet werden.

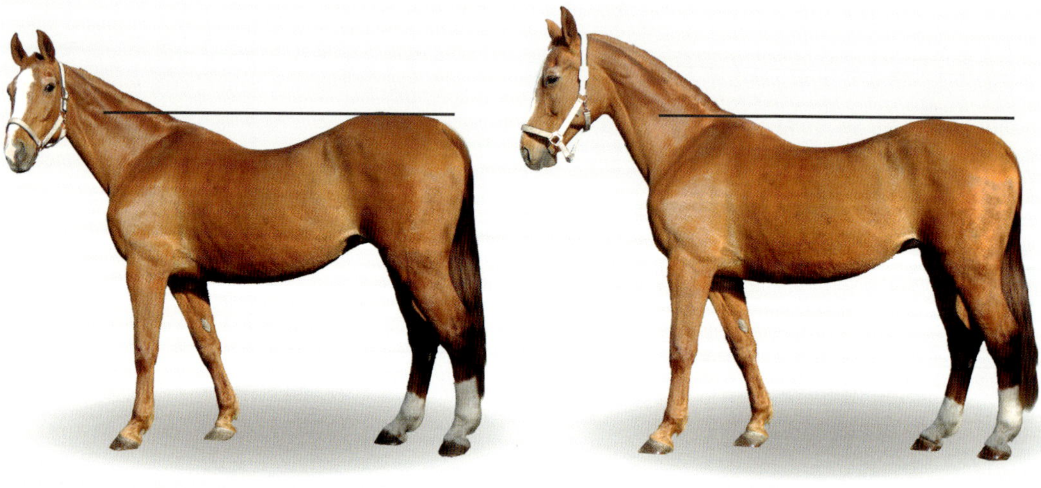

Fotos: Dr. Sandra Ruzicka

Eine Trageerschöpfung hinten wird verhindert, indem ebenfalls zunächst eine Dehnung der Streckerkette zugelassen wird. Diese bewirkt ein Abkippen der Gesamtheit der hinteren Schlüsselstelle und ermöglicht eine optimale Hankenbeugung. Eine dorsale Stabilisierung des LSÜs gewährleistet funktionale Bewegungsamplituden um dessen neutralen Nullpunkt herum und vermeidet ein pathologisches absolutes Öffnen. Die Ausrichtung der Becken-Lenden-Region ist entscheidend für die Energieübertragung. Nur in dieser gerade beschriebenen Form kann das Pferd Last aufnehmen und den Brustkorb in seiner Anhebung von hinten unterstützen.

Wenn beide Schlüsselstellen das Federn in einem angehobenen Rumpftrageapparat und Hankenbeugung ermöglichen, kann der Körper tensegral arbeiten. So entwickeln wir eine Ganzkörpertragkraft und erst dann kann man an Tragkraft im Sinne von einer Erhöhung des Versammlungsgrads denken.

Wenn der Rumpf in einer tiefen Position fixiert ist, kann die Hinterhand keine Last aufnehmen. Das Bild, dass sie allein für die Aufrichtung des Brustkorbs verantwortlich ist, erzeugt oft ungesunde Bewegungsmuster, weil daraufhin zu viel getrieben wird. Lasst die Vorhand ihren Teil der Arbeit übernehmen. Im Laufe einer guten Ausbildung wachsen die Pferde zunächst temporär und, wenn die Rumpfträger trainiert sind, schließlich auch dauerhaft im Stockmaß.

Und auch ungerittene Pferde brauchen Tragfähigkeit und eine gewisse Tragkraft, sonst zerstört sich ihr Körper durch Eigengewicht und falsche Gangbilder auf der Kreisbahn langfristig von selbst.

Da wären wir gleich beim nächsten Thema: der Geraderichtung. Ihr Ziel ist es, beide Körperhälften auszugleichen, indem sie Dehnfähigkeit, Koordination und Kraft egalisiert. Geraderichten gehört meiner Meinung nach ebenfalls direkt von Anfang an in die Ausbildung, weil nur ein geradegerichtetes Pferd seine Kraft optimal kanalisieren kann. Aber Vorsicht: lieber weniger und korrekter als verbogen und irgendwie schief. Besonders, wenn der LSÜ bereits in einem übermäßigen Öffnen gefangen ist, verschlechtern Seitengänge eher anstatt zu helfen. Mindestens genauso wichtig, wie sanft die Schiefe auszugleichen, ist, das Pferd ohne zu eilen nach vorn ziehen zu lassen, denn dann ist der LSÜ funktional ausgerichtet.

Der passive Bewegungsapparat wird zum Mittragen gebracht, wenn die negative Spannung sinkt. Anschließend können wir positive Energie hineingeben, den aktiven Trageapparat anregen und erreichen eine federnde Dehnungshaltung. Sobald diese als Basiskörperhaltung nutzbar ist, finden in kurzen Reprisen Wechsel mit relativer Aufrichtung und Entspannungsposition für körperliche und mentale Pausen statt.

Entscheidend ist, dass die Divergenz der Wirbelsäule zu jedem Zeitpunkt bestehen bleibt, die Schlüsselstellen nicht blockiert und aktiver und passiver Trageapparat in ausgeglichenem Verhältnis beansprucht werden. Dann kann man nach und nach die Momente der Aufrichtung in Dauer und Frequenz steigern. Wenn Aufrichtung die vertikale Beweglichkeit des Rumpfes in Relation zur Hankenbeugung ist, dann steigt der Versammlungsgrad, je höher die Aufrichtung wird. Der Schwerpunkt kommt dabei immer weiter nach hinten und die Linie der Wirbelkörper verlagert sich in der Art, dass die Steigung zum Kopf hin immer ausgeprägter wird.

Versammlung ist als Kraftakt nicht zu unterschätzen. In der Natur zeigt ein Pferd nur selten und

dann auch meistens nur für kurze Momente zur Demonstration seiner Muskelkraft die Imponierhaltung, von der die Versammlung abgeleitet ist.

Aufrichtung ist selbst bei einem funktional mitgenutzten Fasziensystem pures Krafttraining und benötigt Kraftausdauer. Leistungsphysiologisch gilt: Zu wenig Beanspruchung senkt die Belastbarkeit, weil sie keine ausreichenden Trainingsreize setzt, zu hohe verursacht Gewebeschäden. Die Kunst ist, die goldenen Mitte zu finden zwischen zu wenig und zu viel. Generell ist es wichtig aufzuwärmen und auch ein Abwärmen ist wesentlich, wenn hohe Leistung gefragt wurde. Sehr anspruchsvolles Krafttraining sollte außerdem nicht an direkt aufeinanderfolgenden Tagen durchgeführt werden.

Ziel ist elastische Stabilität. Diese ist besonders für hypermobile Pferde essenziell. Bis diese sich ausreichend stabilisiert haben, sollte ihre Ganggewalt etwas eingeschränkt werden, um sie vor sich selbst zu schützen.

Blickschulung

Um richtige Vorstellungen von Bewegungen und Körperhaltungen entwickeln zu können, müssen wir unseren Blick schulen. So können wir lernen, die Gangqualität einzuschätzen. Nur wer weiß, wie genau der Körper sich in gesunden Bewegungsmustern verhält, kann nach diesen suchen.

Eigentlich sind die Vergleichsbilder mit den Wirbelsäulen so anschaulich und selbsterklärend, dass nicht mehr viel dazu gesagt werden muss. Achtet auf Anordnung und Aufrichtung der Wirbelkörperreihe, denn sie gibt Aufschluss über

Kompressionsgeschehen, Vorhandlastigkeit und Hankenbeugung. Je abfallender sie zwischen Lende und Halsbasis verläuft, desto schädlicher sind die Bewegungen.

Allgemein kann man sagen, dass der Hals in jeder Haltung insbesondere in seiner Basis so lang wie möglich bleiben sollte, um den CTÜ zu entlasten. Ein Pferd kann in jeder Halshöhe gut oder schlecht laufen – es kommt auf die Rumpfhöhe an.

Schaut hinter den Sattel! In Versammlung hebt sich die Lende oder bleibt zumindest auf derselben Höhe. Sinkt sie nach kranial hin ab, tut das ebenfalls der Thorax und der LSÜ befindet sich wahrscheinlich in Schwierigkeiten (Wir haben versucht, die Öffnung des LSÜs in den Illustrationen mit darzustellen.).

Welche Kette ist dominant und was macht das Brustbein? Dieses lässt Aussagen über den CTÜ zu.

Wie ist die Schweifhaltung und wie der Grad der Durchfesselung?

Gute Bewegungsmuster sind losgelassen und eher unauffällig, nicht angespannt und exaltiert. Selbst bei hoher Kraftanstrengung wirken sie leicht und mühelos.

Die Piaffe ist die höchste Form der Versammlung im Trab auf der Stelle. In der dargestellten falschen Variante verkleinert sich die Grundfläche aufgrund rückständiger Vorderbeine, in der richtigen nähert sich stattdessen die Hinterhand, weil der Brustkorb sich so stark anhebt. Das vordere Beinpaar bleibt im Lot.

Nur ein neutral geschlossener LSÜ ermöglicht es, die Hanken vermehrt zu beugen und befähigt die Lende, den Thorax anzuheben. Erkennbar ist das an einer Lendenregion, die zum Widerrist hin ansteigt, an einem Setzen in der Hinterhand und einem Wachsen im Stockmaß. Setzt sich das Pferd in der Piaffe oder hüpft es hinten? Die Vorhand wird in korrekter Aufrichtung immer freier und freier und als Resultat kann aus einer guten Piaffe schlussendlich eine Levade entstehen.

Gute Verstärkungen erkennt man daran, dass die Fußungslängen von Vor- und Hinterhand gleich groß bleiben. Korrekte Verstärkungen zeigen deutlich unspektakuläre Bewegungen in der Vorhand, dafür bleibt die Hinterhand erhalten.

***Selbstversuch**: Kreise deine Arme ganz achtsam möglichst weit und achte währenddessen auf Kompensationsbewegungen deiner Lendenwirbelsäule. Wie groß kannst du die Kreise gestalten ohne in ein Hohlkreuz zu geraten und wie viel größer werden sie mit?*

Eine Verstärkung ist von der Ausrichtung der Becken-Lenden-Region nichts anderes als eine leichte Aufrichtung, nur mit großen Schritten. Die Lende darf nicht in eine Extensionssituation geraten und die Wirbelköperreihe bleibt ansteigend. Es gilt: je höher das Tempo, desto größer der erforderliche Rahmen und desto weiter kommt die Nase nach vorn.

Gesund erhaltender Ausbildungsweg

0. Formgebende Ausbildung am Boden
1. Korrekte Dehnungshaltung (über Remontehaltung)
2. Relative Aufrichtung
3. Echte Versammlung oder
4. Verstärkung – beides unter Erhalt der Funktionalität der Schlüsselstellen

Dieser Weg bringt den Schwerpunkt im Laufe der Ausbildung nach hinten und lässt das Pferd verschleißarm altern.

REHABILITATIONS-PROGRAMM

Bei Trageerschöpfung besteht Handlungsbedarf!

Aber wie entwickeln wir Rumpftragekompetenz und Tragkraft? Es ist bekannt, dass die Pferde nicht für das Tragen eines Reiters geboren sind. Dennoch können wir ihnen ermöglichen, sich weitestgehend verschleißfrei zu bewegen. Hilfreich sind alle Maßnahmen, die den Druck auf den Rücken vermindern, diesem ein Dehnen und Entspannen ermöglichen und ihn so seine Funktion wieder übernehmen lassen. Da sich der Körper so aufbaut wie er genutzt wird (Struktur und Funktion bedingen sich gegenseitig), ist es für die Rehabilitation wichtig, neue und gesündere Bewegungsideen zu geben und falsche Muster dauerhaft zu verändern, um nachhaltige Ergebnisse zu erzielen. Oder: Gutes Training lässt Reitpferdemuskulatur und die entsprechenden faszialen Verbindungen wachsen, schlechtes fördert Kompensationsstrukturen.

Das Erlernen gesunder Bewegungsmuster ist abhängig von Genetik, Aufzucht, Psyche, Körperzustand, Training und von etlichen äußeren Faktoren. Auf die erstgenannten Punkte haben wir rückblickend keinen Einfluss mehr, wohl aber auf die letzteren. Wichtig ist Veränderung, denn das Alte hat ja offensichtlich nicht funktioniert ... Ich möchte Einstein zitieren: „Die Definition von Wahnsinn ist, immer das Gleiche zu tun und andere Ergebnisse zu erwarten.“ Essenziell sind daher Umdenken und Anpassung. Es gilt die bisherige Arbeitsweise zu hinterfragen. In allen „Reit“-Weisen gibt es grandiose Sachen und in allen kann man zu extrem agieren. Je mehr Wissen man sich aneignet, desto besser kann man das beurteilen.

Denn nun stellt sich ist die Frage: Welches Training ist das richtige? Und da gehen die Meinungen über den Weg weit auseinander. In der Theorie, was Trageerschöpfung ist und welche Auswirkungen sie auf den Körper hat, sind sich die Experten recht einig, nicht aber beim Reha-Training. Es gibt grundlegende Gemeinsamkeiten wie das Ziel der Tragkraft aussieht, aber die Wege dorthin unterscheiden sich deutlich und die Fülle der Möglichkeiten droht einen zu erschlagen. Und leider klingt auch noch jeder Ansatz irgendwie plausibel.

Foto: © iStockphoto.com/GlobalP

Das Reha-Programm ist etwas Individuelles (und das ist auch gut so), aber es gibt einen groben Plan, und der sieht folgendermaßen aus: Ursachen abstellen, therapieren und Bewegungsmuster umschulen.

Allgemein gilt: **Runter vom Pferd!** Der Körper wird zunächst ohne Reitergewicht umstrukturiert und erst wieder in den Sattel gestiegen, wenn sich der Rumpftrageapparat erholt und Tragekompetenz gebildet hat. Eine Trageerschöpfung ist allein durch richtiges Reiten nicht umkehrbar! Das Pferd ist bereits mit dem Gewicht des eigenen Körpers überfordert und muss erst mal wieder in die Lage gebracht werden sich, ohne Schaden zu nehmen, selbst zu tragen.

Aber wie sieht das Rehabilitationsprogramm jetzt genau aus?

1. **Ursachenforschung**
2. **Kommunikationsgrundlage entwickeln und Entspannung finden**
3. **Therapie für Tragfähigkeit**
4. **Training am Boden: formloses und formgebendes Aufbautraining**
5. **Tragkrafttraining unter dem Sattel**

Diese Reihenfolge ist nicht in Stein gemeißelt und die Punkte überschneiden sich – Ursachen abstellen und therapieren kann beispielsweise gleichzeitig stattfinden oder auch das Entwickeln einer Kommunikationsgrundlage und ein formloses Bodentraining. Allerdings fängt man, wie gesagt, nicht mit dem letzten Punkt an, denn zunächst muss der Körper überhaupt erst wieder die Fähigkeit erlangen zu tragen. Danach kann das eigentliche Kraftausdauertraining stattfinden.

Wenn man die Ursache nicht abstellt, wird das Problem immer wiederkehren. Daher starten wir mit der Suche nach Stressoren. Dann kommt ein Punkt, der mir unfassbar am Herzen liegt: Wir brauchen eine Kommunikationsgrundlage und einen Beziehungsaufbau als Basis für mentale Losgelassenheit. Diese ist die unbedingte Voraussetzung für alles Weitere! Die Aufgabe des Rehabilitationsplans ist es, eine Balance zwischen Beweglichkeit und Stabilität herzustellen und das Pferd zum Tragen überhaupt erst mal zu befähigen. (Ich möchte noch mal betonen, dass mit „tragen" nicht nur das Tragen des Reiters gemeint ist.)

Dann erst kann das funktionale Training folgen: Zunächst können am Boden neue Bewegungsreize gesetzt werden. Diese werden immer weiter verinnerlicht und gefestigt, schließlich in neuen Situationen generalisiert. Zunächst erfolgt ein Aufbau von Kondition und ein Zurückgewinnen des natürlichen Gleichgewichts ohne Formvorgabe durch den Menschen und anschließend kann gymnastizierend an Koordination und Geschmeidigkeit und bereits ein wenig an Kraft gearbeitet werden. Erst für das Kraftausdauertraining nehmen wir wieder im Sattel Platz.

Gesundheits- und Trainingsmanagement ist immer eine Netzwerkarbeit. Liegt ursächlich eine akute Verletzung oder Krankheit zugrunde, muss diese zunächst ausheilen, bevor man mit den weiteren Schritten des Reha-Plans beginnen kann. Es ist nie verkehrt, zunächst einen Tierarzt zurate zu ziehen. Wichtig ist auch, die Spezialisten kritisch einzuschätzen: Beantworten sie Fragen, erkennen sie Ursachen? Manchmal ist ein Wechsel vonnöten, denn leider ist nicht jeder vermeintliche Fachmann auch wirklich kompetent. Sucht euch Trainer und Therapeuten, die sich mit Trageerschöpfung auskennen.

Ich weiß, ihr erwartet nun im Folgenden eine bestimmte Anzahl an Übungen, therapeutischen Kniffen zum Selbermachen oder sogar einen dezidierten Reha-Plan, der euch sagt, was genau ihr Tag für Tag üben dürft. Ich habe mich ganz bewusst dagegen entschieden, weil das ohne euch zu kennen gar nicht möglich ist und ich die Verantwortung nicht übernehmen kann. Leider habe ich nur einen begrenzten Buchumfang zur Verfügung und kann nicht detailliert über diverse Fachgebiete schreiben, denn dann käme nun jeweils ein Buch über Vertrauensaufbau und Bodenarbeit, eines über Kappzaumgymnastik, (m)eine Reitlehre (wie größenwahnsinnig wäre das denn?!), ein Gesundheits- und ein Fütterungsbuch ... Ach, und Haltung und Therapie dürften auch nicht fehlen ... Oder es würde stundenlanges Videomaterial erfordern und selbst dann ist es nicht so, als wenn ich vor Ort wäre, in das Pferd hineinfühlen könnte oder auch in euch, denn es gilt fasst immer der Satz: „Es kommt drauf an ...“

Ich hoffe ihr versteht: Ich möchte euch auf gar keinen Fall etwas Falsches raten – was für den Großteil der Pferde stimmt, beinhaltet immer irgendwo die besagte Ausnahme von der Regel und oft gibt es Kontraindikationen. Dennoch werde ich auf den nächsten Seiten versuchen, euch alles so gut es geht zusammenzufassen und euch eine Idee vermitteln, in welche Richtung ihr euch orientieren und weiterbilden dürft.

Zwischenfazit

Trageerschöpfung lässt sich behandeln, aber je ausgeprägter sie bereits war, desto langwieriger wird der Prozess. Um ein stark betroffenes Pferd wieder in ein gesundes Reitpferd zu verwandeln, vergeht einige Zeit. Es erfordert Wissen, Übung und Geduld und die körperliche und auch seelische Entwicklung zeigt dir, ob euer Weg der richtige ist. Zeit darf keine Rolle spielen, denn es dauert mehr als nur einen Moment, um Gangbilder anzupassen und ein besseres Bewegungsgefühl zu entwickeln!

Eine regelmäßige fotografische Dokumentation vereinfacht den Vergleich. Achte insbesondere auf die Position von Beinen und Kopf und auf den Erregungszustand, ansonsten ist die Interpretation schwierig. Außerdem kannst du das Stockmaß oder die Höhe der Sattellage unter möglichst ähnlichen Bedingungen messen.

Wichtig ist, die Bedürfnisse des einzelnen Pferdes zu beachten. **Ein Plan ist nur so gut wie die Bereitschaft zur Flexibilität, diesen immer wieder individuell anzupassen!**

Ursachenforschung und Stressabbau

Frei nach dem Motto: **Nicht, was ist nicht in Ordnung, sondern warum?**

Die Beseitigung der Ursache, auch kausale Therapie genannt, ist ein wichtiger Aspekt des

Reha-Programms. Im Gegensatz zur bloßen Symptombehandlung geht es darum, die einzelnen Gründe zu ermitteln und wenn möglich zu beseitigen. Dafür ist es oft notwendig, eine ganzheitliche Ursachenforschung durchzuführen, um herauszufinden, warum man sich am aktuellen Punkt befindet.

Ein wichtiger Schritt bei der kausalen Therapie ist es, Stressoren zu finden, denn sie stehen in direktem Zusammenhang mit geistigem und körperlichem Wohlbefinden und wirken sich so nicht nur auf die Psyche, sondern auch auf den Körper und dadurch seine Tragfähigkeit und Tragkraft aus. Zusätzlich hemmt Stress auch noch die Regeneration. Indem wir das Stressniveau senken, steigt die Belastbarkeit. Oft sind es vermeintliche „Kleinigkeiten", die eine große Auswirkung haben, manchmal bedarf es eines größeren Wandels.

Genauer betrachtet werden die großen Bereiche Haltung und Fütterung und alle Arten körperlichen Unwohlseins inklusive des Equipments. Unser eigener Anteil darf angeschaut werden und dann gilt es Umgang, Reitweise und die Form der Bewegungsmuster einzuschätzen. Man kann zwar nicht alles ändern, aber indem man an verschiedenen Stellen ansetzt, kann der aufsummierte Stress reduziert werden. Und das gilt nicht nur für das Pferd, sondern ebenfalls für den Stress, den wir selbst mitbringen.

Aber wie können wir das beurteilen und was sind unsere Parameter? Das Verhalten des Pferdes ist es, was wir neben seiner körperlichen Konstitution deuten können: Schaut den Pferden ins Gesicht und achtet auf Körperhaltung und -signale. Gestik und Mimik verraten euch alles, was ihr wissen müsst.

Ganz wichtig an dieser Stelle ist mir noch mal auf den Unterschied von akutem und chronischem Stress hinzuweisen: Es gilt nicht, Stress um jeden Preis zu verhindern. Wichtig ist nur, dass das System anschließend wieder zu seinem Gleichgewicht zurückkehren kann. Das ist nicht mit kompletter Vermeidung zu verwechseln! **Lernen findet nur außerhalb der Komfortzone statt** und dort ist es manchmal auch ein wenig unangenehm. Kurzzeitiger, leichter Stress zur Erweiterung der Grenzen darf auftreten, sollte aber unter keinen Umständen zu einem Dauerzustand werden.

> ***Komfortzone:*** *Altbekanntes, Wohlfühlen.*
> ***Dehnzone:*** *Unbekanntes, leichter Lernstress, neue Fähigkeiten und Sichtweisen.*
> ***Panikzone:*** *Zu hohe Anforderungen (individuell!) Flüchten, Kämpfen, Erstarren – Instinkte übernehmen, das heißt klares Denken, Fühlen und Lernen sind nicht mehr möglich.*

Körperlichen Stress abstellen

Ebenso wie die Zahngesundheit ist eine gute Hufbearbeitung Voraussetzung für gesunde Bewegungsmuster. Der Huf muss im Gleichgewicht sein. Die genaue Stellung ist für jedes Pferd individuell und richtet sich nach dem restlichen Exterieur. Auch der übrige Körper sollte möglichst frei von Schmerzen und Krankheiten sein.

Eine gute Prophylaxe ist ein sorgfältiges, durchdachtes Einreiten.

Unterbringung und Futter

Unterbringung und Fütterung haben einen großen Einfluss auf das Wohlbefinden sowie die körperliche und mentale Konstitution. Daher gehören Haltungsoptimierung und Futteranpassung in jede kausale Therapie. Eine ausgewogene und bedarfsgerechte Fütterung mit unbedingt ausreichend Raufutter und geringen Fresspausen in

Foto: Céline Rieck
Branderup B. & Skogan, C. (2021). Akademische Bodenarbeit - Interaktiver Workshop mit 20 Videoclips, (1. Aufl.). Müller Rüschlikon.

körperschonender Darreichungsform trägt zur Gesunderhaltung und somit direkt zur Tragkraft bei. Eine Blut- oder Haarmineralanalyse und eine Beurteilung des Fütterungszustandes sind sinnvoll; der Body Condition Score hilft bei der Einschätzung. Stoffwechselkrankheiten sollten erkannt und behandelt werden. Das Gebiet der Futterauswirkungen auf den Körper ist riesig – zieht bitte dazu gegebenenfalls Experten hinzu.

Natürlich ist es auch relevant, die anderen Verhaltensbedürfnisse zu befriedigen: Das Lauftier Pferd braucht so viel freie Bewegung wie irgend möglich. Allerdings ist zur Regeneration ein angemessener Muskeltonus notwendig – Abhängen an der Raufe zählt da leider nicht. Im besten Fall bietet die Unterbringung ausreichend Bewegungsanreize. Aber Vorsicht: Da trageerschöpfte Pferde schneller stürzen, sollten steile Hänge zunächst vermieden werden!

Eine täglich mindestens mehrstündige Weidehaltung (im Winter ist das natürlich vielerorts nicht realisierbar, aber da unbedingt auf ausreichend Auslauf achten), bei der das Pferd in einer natürlichen Körperposition fressen und sich frei bewegen kann, entspannt die Oberlinie und mobilisiert die Wirbelsäule. Das ersetzt viele therapeutische Einheiten, denn Grasen ist eine optimale Rückendehnung. Sonnenlicht wärmt die Muskulatur, Bocken kann Blockaden lösen und durch Wälzen kann das Pferd sich selbst massieren. Den Genuss der Massage mithilfe rund geschliffener Flusssteine sieht man an dem Mustang der folgenden Abbildung. Das Ausleben von Neugier- und Erkundungsverhalten fördert die Selbstbestimmtheit, die Möglichkeit freie Entscheidungen treffen zu können, hat einen enormen psychischen Einfluss. Eine Herde bietet Schutz und Komfort- und Spielverhalten können ausgelebt werden. Die gegenseitige Fellpflege löst nicht nur körperliche Verspannungen, sondern

wirkt nachweislich auch mental ausgleichend. Allerdings bevorzugen viele Pferde – besonders alte – nachts die Ruhe einer Box. Das ist individuell einzuschätzen. Mein Pony beispielsweise ist ein Freigeist und möchte das auch den ganzen Tag über ausleben.

Eine abwechslungsreiche Umgebung im ausgeglichenen Herdenverband mit viel Raum für freie Bewegung und Individualabstand mit entsprechenden Ruhemöglichkeiten – das stellt hohe Ansprüche an die Unterbringung.

Equipment kontrollieren

Um sicherzustellen, dass die Ausrüstung eines Pferdes angemessen ist, müssen mehrere Aspekte berücksichtigt werden. Beispielsweise ist es wichtig zu beachten, dass eine Anpassung des Sattels nur dann sinnvoll ist, wenn der Rücken des Pferdes bereits wieder ausreichend bemuskelt ist. Es ist unerlässlich, den Sattel regelmäßig zu kontrollieren, um sicherzustellen, dass er sowohl dem Pferd als auch dem Menschen passt. Er soll dem Reiter bestenfalls einen geschmeidigen Wechsel zwischen den verschiedenen Sitzpositionen ermöglichen und das Pferd muss sich ebenso frei bewegen können. Ansonsten darf sich jeder selbst aussuchen, in welchem Sattelmodell er ich am wohlsten fühlt.

Neben der Sattelkontrolle sollten auch alle anderen Ausrüstungsgegenstände des Pferdes auf Pflegezustand und Passform überprüft werden. Es ist wichtig, Hilfsmittel wie Ausbinder und Hilfszügel sorgfältig zu überdenken und – falls man auf sie wirklich nicht verzichten kann – diese unbedingt korrekt anzuwenden, um dem Pferd keinen Schaden zuzufügen. Zwangshaltungen führen immer zu Stress, und das gilt auch für das lange Verweilen in einer bestimmten Körperhaltung.

Entwicklungsmöglichkeit des Menschen
Da die Pferde uns spiegeln, gilt es, erst mal unser eigenes Stresslevel zu senken. Hektik und Hetze – der Tag hat zu wenig Stunden, weil wir einen Termin nach dem anderen haben und so viel schaffen wollen. Ich nehme mich da nicht aus. Zeitdruck herauszunehmen ist ein großer Schritt in die richtige Richtung. Achtsamkeit zu praktizieren und uns ganz auf unser Pferd einzulassen sollte daher eines unserer Ziele sein. Bedeutend ist auch die Arbeit an Erwartungshaltungen. Perfektion ist sowieso unerreichbar und der Feind jedes guten Trainings. Fehler gehören zum Lernprozess dazu und lassen Entwicklung überhaupt erst stattfinden. Nur die grobe Richtung von Idealen und Zielen sollte stimmen.

Ein Pferd kann nur so losgelassen sein wie sein Reiter. Unsere eigene Losgelassenheit hat etwas mit Vertrauen, Kontrollabgabe und Angstreduktion zu tun. Immer wieder hört man: „Der Reiter darf keine Angst haben, das überträgt sich auf das Pferd.“ Ja, Pferde spiegeln uns in Herzschlagfrequenz, Muskeltonus und Atemrhythmus, weil Herdentiere sich untereinander synchronisieren. ABER: Angst ist ein Überlebensgarant und unbedingt ernst zu nehmen! Ich würde mich als Reitlehrer nie über die Grenze meines Schülers hinwegsetzen. Allerdings obliegt es mir einzuschätzen, ob seine Komfortzone nicht erweiterbar wäre. Das funktioniert allerdings über Erklärungen und die finale Entscheidung liegt nicht bei mir. Den Druck des Galoppierens (manchmal sogar für Jahre) herauszunehmen hat schon so manchen zum wilden Stoppelfeldreiter gemacht – weil ich nichts erzwungen habe. Und ich kann es wirklich nachvollziehen, wenn einen die Urgewalt eines voll tragkräftigen Pferdes einschüchtert – das ist pure Energie!

Nun ist es so, dass eigentlich nur zwei grundlegende Gefühle alles andere beeinflussen: Liebe und Angst. Aus Angst folgen Wut, Aggression und Dominanz oder aber auch Selbstzweifel und Schuldgefühle, aber die tieferliegende Emotion ist und bleibt die Angst. Leider wird unser Körper davon psychosomatisch beeinflusst; es mangelt uns an Losgelassenheit und das Pferd spiegelt unser Stresslevel. Pferde können unsere Gedanken nicht lesen, aber sie können fühlen, welche Emotionen wir ausstrahlen. Besonders negativ wertende, dem nie erreichbaren Perfektionismus gezollte, haben schlechte Auswirkungen. Aggression oder übermäßige Härte ist meistens ein Zeichen von Hilfslosigkeit. Fehlende Selbstbeherrschung (auch der liegt Angst zugrunde) macht uns unvorhersehbar und setzt durch Verunsicherung die Stresskette in Gang. Ich weiß, wovon ich spreche, ich war in jüngeren Jahren sehr temperamentvoll und kenne die Schuldzuweisungstiraden, die man sich selbst nach einem Kontrollverlust hält. Und auch ich hatte grundlegende Ängste (zwar nicht vor Pferden, aber in anderen Bereichen), die dafür verantwortlich waren. Hat der Reiter Angst vor Kontrollverlust, lässt er im wahrsten Sinne des Wortes nicht los – weder die Zügel noch seinen Sitz. Wenn das so einfach abzustellen wäre ...

Atemübungen, Hypnose und Coachings können dabei helfen. Außerdem wird Angst durch Wissensaneignung und Übung aufgelöst. Je mehr das Verständnis über Verhalten, Bewegungsmuster und Trainingsmethoden wächst, desto bessere innere Bilder und Körpergefühle entstehen. Blick- und Sitzschulung geben Sicherheit und die Theorie ist mittlerweile nicht nur in Buch- sondern auch häufig schon in elektronischer Form erhältlich. Hilfreich ist es auch, unterschiedliche Pferde mit korrekten Bewegungsmustern zu reiten, um zu wissen, wie es sich anfühlt, wenn die Energie an der richtigen Stelle ankommt – **Gangqualität und Bewegungsvorstellungen des Reiters stehen in direkter Wechselbeziehung.**

Unser Pferd ist unserer Psyche ausgeliefert; Stolz und Machtausübung sind völlig fehl am Platz. Es ist wichtig, die eigenen Emotionen unter Kontrolle zu bekommen und das Ego hinten anzustellen. Empathie (auch uns selbst gegenüber) und Freude bilden die Grundlage eines pferdefreundlichen Umgangs.

Auch der Reiter darf an seiner körperlichen Beweglichkeit, Kondition und Koordinationsfähigkeit arbeiten und da geht es nicht nur um das absolute Gewicht. Wichtig ist es auch Rumpfstabilität im eigenen Körper zu finden und die Schiefe auszugleichen, um ein besserer Gast auf dem Pferderücken zu sein.

Eine große Relevanz hat, dass die aktuellen, exterieurbedingten Leistungsgrenzen des Pferdes erkannt und beachtet werden, damit keine Überforderung entsteht. Die eigenen Erwartungen sollten dafür hinterfragt und angepasst werden.

Ein guter Pferdemensch zu werden hat immer etwas mit Persönlichkeitsentwicklung und der Erweiterung der eigenen psychischen Belastbarkeit, der Resilienz, zu tun. Oft ist es eine systemische Geschichte oder bedarf einer Auseinandersetzung mit dem Generationengedächtnis. Und auch wenn wir uns manchmal vielleicht nicht besonders gut um UNS kümmern können: Vielleicht schaffen wir es ja für unser Pferd, ein Stück weiter zu uns selbst zu finden. Auch wir benötigen oft Heilung.

Selbstreflexion und die eigene körperliche und mentale Entwicklung tragen genauso zur Beseitigung der Trageerschöpfung bei, wie das Reha-Programm des Pferdes.

Grundlagenarbeit an Psyche und Kommunikation

Pferde sind Flucht-, Herden und Lauftiere mit einer Sinneswahrnehmung, die andere Prioritäten setzt als unsere. Ebenso unterscheiden sie sich in ihren Instinkten und in ihrer Art sich zu verständigen. Daraus ergeben sich gewisse Bedürfnisse an Umgang und Training. Viele unerwünschte Verhaltensweisen haben ihren Ursprung in einer unverständlichen Kommunikation.

Es gibt keine Problempferde, es gibt nur Pferde mit Problemen ...

Man kann NICHT NICHT kommunizieren! Ein großer Teil der Verständigung läuft neben akustischen Anteilen auch unter Menschen schon nonverbal. Da Pferde Beutetiere sind und lautlos weniger auffallen, erfolgt die Kommunikation bei ihnen sogar fast gänzlich über Gestik, Mimik und Körpersprache. Eine Kommunikation mittels Energie und gemeinsam entwickelten Signalen ergibt eine leise Verständigung. „Pferdeflüstern" basiert auf wissenschaftlichen Lernkonzepten gepaart mit ganz viel Gefühl. Diese Art der Hilfengebung endet übrigens nicht am Boden – auch im Sattel ist solch eine Kommunikation deutlich effektiver als ein „Anschreien in einer Fremdsprache". Lerne fair und artgerecht zu interagieren, denn eine unverständliche Kommunikation ist Dauerstress.

Einer der wichtigsten Punkte ist es zu lernen wie man zuhört, denn ein Dialog fördert die Motivation zur Mitarbeit. Die meisten Menschen halten ihren Tieren ausschließlich Monologe. Erst wenn wir den Pferden den Raum geben uns zu antworten und ebenfalls Fragen zu stellen, kommt es zu einer Unterhaltung. Dazu gehört es auch, Grenzen zu akzeptieren: Auch das Pferd darf „Nein" sagen. Relevant ist Kooperation – es geht um die

Entwicklung und nicht um Perfektion in der Ausführung ... Nur so können Selbstwirksamkeit und Verbundenheit entstehen.

Es ist dem Herdentier ein natürliches Bedürfnis sich anzuschließen. Schafft es der Mensch dem Pferd Sicherheit zu vermitteln, sinken Fluchtinstinkt und Stresslevel. Damit ist allerdings eine ruhige Souveränität und keine Dominanz oder harsche Signalgebung gemeint. Vielmehr ist es die Kompetenz in der Begleitung des Pferdes und ein Vertrauen in dieses – und eben gerade NICHT alles selbst bestimmen und kontrollieren zu wollen. Der psychologische Anteil des Loslassens, sowohl für das Pferd als auch für den Menschen ist hierbei nicht zu unterschätzen! Wenn das Ziel eine harmonische Partnerschaft ist, in der sich Pferd und Mensch aufeinander verlassen können, funktioniert eine ständige Kontrolle nicht. Daraus resultieren nur blinder Gehorsam oder ein reines Erdulden, die auf Angst und falsch verstandenem Respekt basieren. **Respekt ist ein Zustand gegenseitiger Anerkennung und hat nichts mit Angst zu tun!** Vielmehr strebe ich den Aufbau einer respektvollen Vertrauensbeziehung an, in der das Pferd sich sicher fühlt. Es bleibt in akuten Gefahrensituationen bei mir, nicht, weil es sich aus Angst vor den Konsequenzen gezwungen fühlt, sondern weil es sich am Menschen orientiert. **Sicherheit ist das größte Geschenk für ein Fluchttier!**

Das Lernverhalten der Pferde ist hauptsächlich erfahrungsbasiert und Gefühle werden immer mit verknüpft. Es besteht die Gefahr, dass negative Emotionen angestaut werden und die Akkumulation auch im Körper ablesbar sein wird. Die Kommunikation soll deshalb so stressfrei wie möglich gestaltet werden. Eine entspannte und wohlwollende Atmosphäre ist ein wichtiger Grundpfeiler für die Verständigung, denn das Pferd kann diese durch Stimmungsübertragung reflektieren.

Das Ziel des Basistrainings ist ein entspanntes, motiviertes und kooperatives Pferd, das uns versteht und sich in unserer Gegenwart wohlfühlt. Das Training sollte geprägt sein von Einfühlungsvermögen ohne zu vermenschlichen. Jedes Tier ist ein Individuum mit eigener Persönlichkeit und unterschiedlich gewichteten, nicht nur körperlichen, sondern auch psychischen, Bedürfnissen, an die wir unsere Arbeit entsprechend anpassen. Ein ängstliches Pferd lernt nicht, weil es nicht gut zuhören kann und es ist selbsterklärend, dass ein unsicheres Tier andere Bedürfnisse hat als ein mental stabiles. Die Geschwindigkeit und die Reihenfolge des Lernens gibt das Pferd vor. Eine pferdegerechte Kommunikation ist die Basis für Lernfähigkeit und Lernbereitschaft und Missverständnisse klären sich dann meist wie von Zauberhand von selbst.

In der Basisarbeit geht es um die Entwicklung einer Beziehung. Diese wird durch Raum- und durch Vertrauensübungen realisiert. Dabei gibt es eigentlich nur eine unumstößliche Regel: Mein Raum ist heilig und das ist auch nicht verhandelbar. Damit meine ich nicht, dass das Pferd mir nicht nah sein darf oder ich ihm nicht genauso Platz mache und Raum gebe, wie es mir. Vielmehr denke ich an Situationen, in denen meine Sicherheit in Gefahr ist, weil das Pferd zum typischen Fluchttier avanciert und seinen Kopf ausschaltet. Es muss dann unbedingt gelernt haben, dass es immer an mir vorbei eskaliert und sich dabei nicht losreißt. Ansonsten darf es gern seinen Instinkten folgen, denn ich möchte seinen Geist ja nicht brechen. (Ich liebe das englische Wort „Spirit" in seiner vielschichtigen Bedeutung – leider gibt es kein vergleichbares deutsches Äquivalent.) Training ist etwas Gemeinsames und die Würde des Pferdes von großer Bedeutung.

Neben der Gewöhnung an die alltäglichen Gegebenheiten des Lebens nutze ich formlose Führübungen für einen Beziehungsaufbau (ich gebe keine Idee zur Körperhaltung vor) und die Entwicklung einer Grundkommunikation. Diese bilden die unerlässliche Basis für eine Leichtigkeit in der folgenden, formgebenden Gymnastik. Auch ein formloses Longieren in niedrigen Gangarten aus einer Halbdistanz heraus und fließende Richtungswechsel gehören noch zur Grundausbildung. Das „Sich-Führen-Lassen" hat auch einen psychologischen Aspekt und kann nur freiwillig erfolgen. Ziel des Führtrainings ist ein Pferd, das dich wie ein Schatten begleitet, das nicht gezogen werden muss zum Folgen und nicht geschoben zum Weichen, das durchlässig Richtung und Tempo annimmt und deine Energie in unterschiedlichen Körperhaltungen spiegelt. Wichtig ist, dass die Hilfengebung verständlich und vorhersehbar ist. Ein Leitgedanke dabei ist: Hilfen werden so wenig wie möglich, aber so viel wie nötig gegeben. Zu viel Druck erzeugt immer Gegendruck.

Das Lob stellt die Grundlage einer pferdegerechten Kommunikation dar und ein Zusammenspiel aus Routine und Abwechslung gibt auf der einen Seite Sicherheit und erhöht auf der anderen die Aufmerksamkeit.

Ein großer Teil des Vertrauensaufbaus, und darin ist auch das Selbstvertrauen des Pferdes eingeschlossen, kann durch Gelassenheitsübungen und

Habituationen wie Equipmenttraining geschehen. Beispielsweise sollte die Gerte als Hilfsmittel nutzbar sein und keine Angst erzeugen. Ziel ist es, das Pferd zu einem Problemlöser heranwachsen zu lassen, seine Neugier zu befriedigen, den Fluchtgedanken zu minimieren und es auf unbekannte Situationen vorzubereiten. Gut dargeboten reduziert sich der Stress und die Sicherheit wächst. Aber Vorsicht: Manchmal überfordern wir, obwohl wir es nur gut meinen. Auch mal nichts zu wollen außer zusammen zu sein, gemeinsam zu entspannen und Nähe zuzulassen, ist wichtig. Entspannung ist immer die Voraussetzung für den nächsten Ausbildungsschritt.

Bei Trageerschöpfung geht es nicht nur um den Körper! Ich werde das noch einige Male wiederholen, weil das so immens wichtig ist. Eine gute Basis ist essenziell für die Losgelassenheit und direkt damit verbunden die Dehnungsbereitschaft. Was nützt es uns, wenn das Pferd vermeintlich gut läuft und wir unser komplettes Augenmerk darauf lenken, aber es ihm seelisch nicht gut geht? Dann liegt der Fokus an der falschen Stelle, denn für das Fluchttier ist der psychische Anteil von Losgelassenheit direkt gekoppelt mit Streckerkette und Muskeltonus (bei uns übrigens auch, deshalb leiden so viele Menschen unter Rückenschmerzen).

Traumaheilung und Verhaltenstraining sind Sonderformen der Therapie. Genau wie der Körper bedarf auch die Psyche des Pferdes häufig der Beachtung und Heilung, denn physische und psychische Trageerschöpfung hängen direkt zusammen. Sind Stress oder sogar vielleicht Traumen vorhanden, haben diese immer einen Einfluss auf die Gangqualität und man weiß, dass die Regenerationsfähigkeit sinkt, wenn die Psyche angeschlagen ist. Körperhaltung und Wohlbefinden gehen Hand in Hand. Ohne die erörterten Voraussetzungen werden wir niemals gesund erhaltende Bewegungsmuster von unseren Pferden geschenkt bekommen – der Weg zum Körper führt über die Seele! Die Basisarbeit von Grundkommunikation und Beziehungsaufbau wird langfristig die weitaus größeren Erfolge liefern als ein rein körperorientiertes Training. Es gibt keine Abkürzungen und schon gar nicht an dieser Stelle.

Wenn euch unklar ist, wie ein solches Training funktioniert, sucht euch Trainer, die sich mit Verhalten und Lernformen auskennen.

Fallbeispiel traumatisierte Stute

Ich wurde zu Hilfe gerufen, weil diese bezaubernde Kaltblutstute ihre Besitzerin mehrfach über den Haufen rannte und verletzte. In der Vergangenheit waren bereits einige andere Trainer an ihr gescheitert. Diese hatten versucht, über Raumübungen Sicherheit durch Distanz zu schaffen, was eine völlig verständliche Vorgehensweise ist. Nur leider löste das Panik aus. Ihr Verhalten wurde fehlinterpretiert, die Stute als gefährlich eingestuft und man riet zum Verkauf.

Ich traf auf ein traumatisiertes Pferd (und ich finde der Begriff Trauma wird inflationär häufig verwendet und meist verwechselt mit schlechten Erfahrungen und ich nutze ihn hier ganz bewusst trotzdem), neben dem man nicht mal den Arm in absoluter Zeitlupe heben durfte oder sogar nur seine Körpervorderseite in seine Richtung drehen, ohne, dass es kopflos wurde und versuchte zu entkommen – und manchmal stand der Mensch halt einfach im Weg. Wahrscheinlich wurde diese Stute nie eingeritten, Putzen war schwierig und Hufe Aufnehmen unmöglich, weil sie sich aufgrund fehlender Balance mit ihrem vollen Gewicht auf das hochgenommene Bein fallen ließ. Anscheinend war ihr Gesichtsschädel mal gebrochen (worden?).

Foto: Dr. Sandra Ruzicka

In freier Arbeit (aber ohne sie auch nur im Geringsten von mir aus zu bewegen) habe ich ihr Raum gegeben und sie immer wieder eingeladen. Schnell wurde sie zugewandt, jedoch genügten kleinste Trigger wie ein unbedachtes Naseputzen oder ein Berühren der rechten Schulter, um sie wieder in alte Verhaltensmuster zurückzuwerfen. Langsam bauten wir, unter unendlich vielen Versicherungen, dass egal wie häufig sie „Nein" sagte, wir niemals mehr als nur Vorschläge machen würden, eine gemeinsame Sprache auf. Mit viel Warten und Signalen in minimaler Stärke öffnete sie sich.

In nur vier Monaten wurde aus dem zusammengekauerten Pferd auf der linken Seite, das psychisch trageerschöpft war, weil es Menschen einfach nicht mehr ERTRAGEN konnte, eine zwar immer noch schüchterne und skeptische Stute, die heute jedoch viel mehr Raum einnimmt. Deutlich zu sehen auf dem Anfangsfoto ist der voll aktivierte Angstmuskel *M. psoas major*, der das Becken steil zieht und die Hinterbeine unter den Rumpf stellt. Tatsächlich wechselte sie zwischendurch immer mal wieder für kurze Momente in die für ihr Exterieur typischere durchhängende Art zu stehen mit hohem Kopf, Senkrücken und nach hinten weggestellten Beinen. Ich vermute, dass der Angstmuskel jedoch dominierte und sie immer wieder in diese hilflos und klein wirkende, trageerschöpfte Körperhaltung zwang.

Nun fragen sich sicher viel Leser, was wir genau für Körperübungen machten, um diese wirklich deutliche Änderung zum Positiven hervorzurufen. Und ich sage euch: so gut wie keine! Wir haben, außer Führübungen und einem Übertreten auf der Volte im Zeitlupenschritt, nichts gemacht außer Mobilisationen der Vorderbeine im Rahmen der Übungen zum Hufegeben und Schweiftraktionen. Da es die dunkle Jahreszeit war, ist sie nicht mal groß frei getrabt. Sie wurde nicht longiert, es wurde keine Handarbeit gemacht, gar nichts, nicht mal massiert, weil sie Berührungen so schwer ertrug. Es ging nur darum, dass sie Vertrauen aufbaut, Beweglichkeit in der völlig blockierten Schulter-Halsbasis-Region hergestellt wird und sie nicht über uns drüber, sondern an uns vorbei denkt, wenn sie sich erschreckt. Tatsächlich ist es in der Zwischenzeit einige Male vorgekommen, dass sie sich erschrak und dennoch beachtete, wo ihre Besitzerin sich befand – sicherlich auch, weil sie das mit ihrer neu gewonnenen Mobilität überhaupt erst konnte. Ganz behutsam haben wir ihr Kopfsenken auf Kommando beigebracht und ihr damit ein Stoppsignal in den

Berührungsgewöhnungsübungen gegeben. Diese Entspannungshaltung ersetzte als alternative Antwortmöglichkeit das Wegrennen, aber wie gesagt, mit geringstmöglichen Signalen in Zeitlupe und ganz viel Lob und Distanzvergrößerung als Belohnung. Was wir hatten, war ein Verständnis der Lernformen und wir haben immer auf ein exaktes Timing in der Verstärkung geachtet. Der Angstmuskel lässt nun immer häufiger los.

Dies gelang nur, weil die Besitzerin ihr Pferd nicht aufgab, die angeleiteten Übungen großartig umsetzte und mit größtmöglicher Geduld, völlig ohne Zeitdruck und Erwartungshaltungen, diesem Pferd immer mehr Sicherheit schenkte.

Die krasse physische Veränderung wurde durch Verhaltenstraining bewirkt. Was soll ich sagen – selbst ich war erstaunt, was die Psyche für körperliche Auswirkungen hat. Ohne mentale Losgelassenheit sind Körperübungen sinnlos. Die Beseitigung von Trageerschöpfung funktioniert nur ganzheitlich!

Der psychische Anteil als Ursache von Trageerschöpfung hat einen viel höheren Stellenwert als bisher angenommen!

Flow

Flow ist ein psychologischer Begriff aus der Glücksforschung. Dabei handelt es sich um einen Zustand, in dem eine Person in einem Gefühl von Energie, Fokus und Freude am Prozess in einer Tätigkeit versinkt. Im Wesentlichen bedeutet dies, dass man vollständig in dem aufgeht, was man tut und dabei das Gefühl für Zeit und Raum verliert. Der Zustand des Flow wird auch als Tätigkeits- oder Schaffensrausch bezeichnet und als sehr positive Erfahrung empfunden. Der Flow ist ein meditativer Glückszustand, den wir alle unbewusst in jedem Moment unseres Lebens anstreben. Man findet ihn in der Schnittmenge zwischen Wissen und Fühlen – zwischen der Analytik und dem Energetischen.

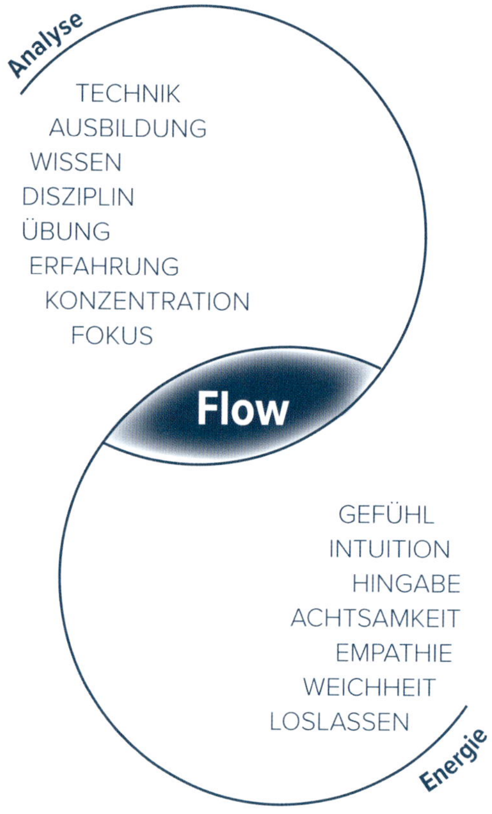

Auf der analytischen Seite befinden sich unter anderem Technik, Ausbildung (die eigene und die des Pferdes) Wissensaneignung, die Disziplin am Ball zu bleiben, Übung, Übung, Übung und Erfahrung, denn nur durch Fehler lernt man. Auch Fokus und Konzentration braucht es, um sich zu entwickeln. Zur Energie zähle ich große Worte wie ein Gefühl für Situationen und Atmosphäre, eine gute Intention (mit welcher Absicht ich etwas tue), die Hingabe, sich in einer Sache in Achtsamkeit aufzulösen und die Empathie dem Lebewesen Pferd gegenüber. Weichheit, Kontrollabgabe, Vertrauen und Loslassen sind erstrebenswerte, wenn nicht sogar unabdingbare Teilziele auf dem Weg hin zum Flow.

Nur wenn man lang genug übt werden Bewegungsabläufe intuitiv, das heißt sie laufen ab, ohne bewusst darüber nachdenken zu müssen. Und sind sie erst einmal verinnerlicht, erfordert es nur noch einen Gedanken, sie abzurufen. Daher braucht es eine Kombination beider Komponenten – Analyse ebenso wie Energie –, um den Flow-Zustand zu erreichen. Auf das Thema Pferd übertragen könnte man sagen, dass der Flow den Momenten reiner Harmonie entspricht und die ist ja bekanntlich des Reiters höchstes Ziel. Die Pferde als Spiegel ermöglichen uns achtsam im Hier und Jetzt zu agieren, falls wir uns darauf einlassen.

Wichtig für das Training ist: **Ohne Gefühl ist jede Technik sinnlos, weil sie auf pure Mechanik reduziert wird**. *Es geht nicht um eine bestimmte Übung oder Lektion, sondern darum, welche Emotionen das Pferd – und auch wir – damit verknüpfen!*

Therapie – und ihre Grenzen

Fakt ist: Der beste Therapeut kann Trageerschöpfung nicht wegbehandeln! Mit einer vorausgehenden oder auch begleitenden Therapie wird zunächst TragFÄHIGKEIT überhaupt erst ERMÖGLICHT. Es gibt einen Unterschied zwischen TragFÄHIGKEIT und TragKRAFT: Die Fähigkeit bezieht sich darauf, dass der Körper überhaupt in der Lage ist, gesund erhaltende Bewegungen auszuführen. Tragkraft meint die Kraftausdauer, diese über einen längeren Zeitraum oder auch mit Reiter zu halten – vor der Tragkraft kommt also zwingend die Tragfähigkeit. Ansonsten werden falsche Bewegungsmuster immer weiter vertieft. Der Erhalt dieser zurückgewonnenen Kompetenz und das eigentliche Tragkrafttraining obliegt dem Besitzer – es sei denn, er kann sich den Therapeuten mehrmals wöchentlich leisten.

Therapie regt den Körper zur Selbstheilung und zum Energieausgleich an, indem Mobilität, Blut- und Lymphfluss wiederhergestellt werden. Das fördert den Stoffwechsel und reduziert Schmerzen. Manualtherapeuten entspannen Muskulatur und Fasziensystem, führen Beweglichkeitstests durch, lösen Blockaden und beseitigen Bewegungseinschränkungen. Sie verbessern Schonhaltungen und Bewegungsmuster, indem sie Körper- sowie Gangbildanalysen durchführen und ihre Therapie dementsprechend abstimmen. Besonders die Aufwölbefähigkeit von unterer Hals- und Brustwirbelsäule ist meist eingeschränkt und bedarf der Wiederherstellung. In der Therapie geht es darum, eine Balance zwischen Mobilität und Stabilität herzustellen. Dafür müssen zunächst die Rumpf und die Gliedmaßenträger der Vorhand gelöst und stabilisiert werden, was insbesondere bei hypermobilen Exemplaren eine anspruchsvolle Angelegenheit ist. Die Bewegungsmuskeln sollen ihrer Funktion als Beweger nachkommen können.

Foto: © iStockphoto.com/GlobalP

Schmerzen und fehlende Entspannung stehen in einem direkten Zusammenhang. Jeder Muskel, der verspannt ist, ist auch berührungsempfindlich. Daher ist eine Schmerztherapie so relevant. Die Behandlung kann mit Phytotherapie oder Homöopathie unterstützt werden; besonders gut funktionieren auch Akupunktur und Akupressur. Bei chronischen Schmerzen hilft Wärme. Diese kann in Form von Infrarotbestrahlung, Wärmedecken, Salben, heißer Rolle, Solarium, Wärmflasche und Moorpackung dargeboten werden. Aber Vorsicht: Bei akuten Geschehen, die mit Entzündungsprozessen einhergehen, ist diese kontraindiziert!

Manchmal ist es ratsam, einige Wochen Ruhe oder eine medikamentöse Behandlung vorausgehen zu lassen. So haben Entzündungsprozesse und einhergehende Schmerzen Zeit auszuheilen. Dies sollte bestenfalls auf einer artgerechten Weide geschehen. Boxenruhe ist damit nicht gemeint, es sei denn natürlich, sie ist aufgrund aktueller Geschehnisse indiziert.

Therapie findet im Stand und vor allem auch in Bewegung statt, denn eine nachhaltige Beseitigung der Trageerschöpfung ist ausschließlich über eine Anpassung des Körpers, hervorgerufen durch gesunde Bewegungsmuster möglich. Nur so kann er dauerhaft tragkräftig werden. Auch ist ein funktionelles therapeutisches Bewegungstraining zum Aufbau von Tragkraft gleichzeitig als Prävention und Rehabilitation anwendbar. Man macht nie etwas falsch, wenn man jedes Pferd behandelt, als wäre es trageerschöpft, denn entweder befindet man sich in der Aufbau- oder in der Erhaltungsphase. Im besten Fall kooperieren Tierarzt, Therapeut und Trainer. Das Erstellen eines Behandlungs- und eines Trainingsplans ist sinnvoll. Wichtig zu wissen ist: weil der Brustkorb wie in einem Gefängnis aus verspannter Muskulatur gefangen ist, beginnt die Therapie an der vorderen Gliedmaße und den umliegenden Bereichen von Hals und Widerrist.

Nun kommt immer wieder die Frage auf: Was macht man mit Pferden, die taktunklar gehen? Sollte man sie wegstellen und mit dem Trainingsbeginn warten, bis sie wieder sauber laufen? Schmerzen erzeugen Ausweichbewegungen und Schonhaltungen. Wenn die akute Phase vorbei ist, muss man dem Pferd da unbedingt heraushelfen, auch wenn eine Taktreinheit vielleicht noch nicht gegeben und die Bewegung unter Umständen sogar etwas unangenehm ist. Ansonsten verbleibt es dauerhaft in diesen Mustern! Schonung und ein Warten auf Taktklarheit startet eine Abwärtsspirale, weil Muskulatur abgebaut wird und durch die Mangelbewegung die Tragkraft immer weiter abnimmt – eine Regeneration zurück zur vollkommenen Taktreinheit findet ohne unsere Unterstützung oft nicht von allein statt. **Schonen ist außer in akuten Phasen kontraproduktiv**. Und so manches „austherapierte" Pferd kann durch korrekte Bewegungstherapie wieder schmerzfrei laufen.

Es gibt diverse körperliche Therapiemethoden – von Physiotherapie über Osteopathie zu Chiropraktik und energetischer Körperarbeit ist alles vertreten. Besonders die Faszienbehandlung gewinnt in den letzten Jahren immer mehr an Bedeutung. Faszientherapie und Massage sind Formen der manuellen Therapie, die sich auf das Bindegewebe des Körpers konzentrieren. Durch die Verbindung zwischen Faszien und dem parasympathischen Nervensystem fördern entsprechende Techniken nicht nur die körperliche, sondern auch die mentale Entspannung. Spezielle Grifftechniken, Schüttelungen und Dehnungen lockern, lösen, durchwärmen und verbessern die Geschmeidigkeit. Gearbeitet wird vornehmlich mit den Händen, aber auch Geräte wie Faszienrolle oder -räder, Massagepistole und Kinesiotapes kommen zum Einsatz. Zunächst ist wichtig, dass die verspannte Muskulatur – besonders die der Oberlinie – wieder gelöst wird und eine funktionale Beweglichkeit gesunde Gangbilder zulässt.

Im Detail werde ich nicht auf alle Methoden eingehen, aber eine Technik möchte ich dennoch besonders hervorheben, weil sie häufig fälschlicherweise von Laien durchgeführt wird: die Dehntechnik. Ihr Ziel ist Muskelrelaxation und Flexibilitätsverbesserung, indem der Dehnreflex herabgesetzt wird. Ein weiteres Ergebnis ist das Vergrößern des Bewegungsspielraums der Gelenke auf ein physiologisches Maß. Auch das fasziale System wird angesprochen.

Dehnmethoden können passiv und aktiv geschehen – entweder der Mensch dehnt oder das Pferd führt die Dehnung selbst aus. Da man bei der passiven Methode bis ans Bewegungsende geht, können – wenn die Schmerzgrenze am Weichteilstopp nicht erkannt wird und das Bewegungsausmaß zu groß ist oder auch bei zu schnellem Vorgehen – durch Überdehnung Verletzungen resultieren. Daher ist die korrekte Ausführung essenziell und diese Technik sollte nicht von Laien vorgenommen werden! Sie bedarf Übung und erfordert Wissen um Physiologie und Biomechanik. Außerdem bestehen Kontraindikationen wie Wunden, Entzündungen, Infektionen, Tumore und vieles mehr. Dehnen ist nicht ungefährlich! Ein Beispiel ist die oft gesehene übertriebene Dehnung der Vordergliedmaßen nach vorn und oben: Diese zieht eine eventuell bereits vorbelastete Brustwirbelsäule in eine vermehrte Streckung, insbesondere wenn der breite Rückenmuskel verspannt ist. Schmerzempfindliche Verengungen der Dornfortsatzzwischenräume erfahren unter Umständen weitere Irritationen, die ihre Situation verschlimmern und auch diverse andere Läsionen können hervorgerufen werden.

Eins ist mir deshalb ganz besonders wichtig: Überlasst die Therapie den Fachleuten! Ich weiß, es kursieren etliche Videos mit Anleitungen zu Selbstversuchen wie Dehnungsübungen von Beinen, Reflextests und so weiter – man kann Strukturen dabei zerstören und großen Schaden anrichten, werden sie falsch angewandt. Therapeuten lernen nicht umsonst viele Jahre, um das Gefühl zu entwickeln, das dafür erforderlich ist. Auch das Verständnis der funktionellen Anatomie ist essenziell. Manche Verspannungen dürfen beispielsweise überhaupt nicht gelöst werden, da sie dem Körper Stabilität geben und er sie gerade benötigt. Bitte ruckt nicht an Beinen herum oder versucht den Rücken auf Teufel komm raus mit Hufkratzer und Co. aufzuwölben. Und eine Rückenmassage bringt diesen unter Umständen noch weiter in die schmerzhafte Hohlkreuzsituation. Wenn ihr es euch dennoch zutraut – lasst euch anleiten.

Im Folgenden werde ich euch Ideen zu therapeutischen Maßnahmen geben, die ihr (mit Gefühl) selbst durchführen könnt. ABER: Bitte fragt einen kompetenten Therapeuten, der sich mit Trageerschöpfung auskennt, was in eurem individuellen Fall nützlich sein könnte und ungefährlich ist. Der darf euch auch gerne noch weitere Übungen empfehlen. Bitte lasst euch die kurz umrissenen Übungen weiter erläutern.

Euer Pferd sollte entspannt mitmachen und am besten frei stehen; es darf sich bewegen, denn Weggehen ist eine aussagekräftige Antwort. Seine Schmerzgrenzen sind unbedingt zu achten! Führt die Übungen an einem ruhigen Ort, achtsam und ohne Zeitdruck durch.

Übungen

1. Langsame Ausstreichungen am ganzen Körper in Fellrichtung können Wärmeunterschiede und verschiedene Muskeltoni bemerkbar machen. Sie sind eurer Verbindung zuträglich und haben auch einen wunderbaren psychologischen Effekt der Entspannung. Lasse dabei immer mindestens eine Hand am Pferd.

2. Das energetische Putzen kommt aus der traditionellen chinesischen Medizin. Es zielt darauf ab das Energie-Gleichgewicht im Körper wiederherzustellen, indem man Oberlinie und Unterlinie in einem Kreislauf verbindet. Dies kann mit einer weichen Bürste oder der Hand geschehen. Startpunkt ist die Nase. Über die Stirn fährt man achtsam und sanft direkt neben der Mittellinie entlang des Halses, über den Rücken Richtung Kruppe und Schweifansatz, an der Außenseite der Hinterbeine herunter, am Kronrand nach innen und dort wieder hoch, an der Bauchlinie zum Vorderbein, dort an der Rückseite nach unten und an dessen Vorderseite hoch, an Brust, Hals und Kehle entlang zum Kinn. Der Kontakt wird dabei in keinem Moment unterbrochen. Diesen Kreislauf durchläuft man von beiden Seiten bis zu jeweils dreimal und achtet auf die Reaktionen des Pferdes. Nach Gefühl kann man an bestimmten Orten verweilen. Manchmal lösen sich dann energetische Blockaden auf, was durch Reaktionen wie Kauen oder Gähnen sichtbar wird.

3. All die Bereiche (außer #9 und #14), die im Kapitel über die typischen Verspannungszonen aufgelistet sind, kannst du versuchen mit Massage zu entspannen. Das Pferd wird dir die Druckstärke zeigen, die es als angenehm empfindet. Vorsichtig kannst du versuchen mit unterschiedlichen Grifftechniken immer tiefer ins Gewebe zu gelangen. Achtet unbedingt darauf, den Rücken nicht versehentlich noch weiter in seine Ausweichhaltung zu massieren.

4. Wenn du beherzt dicht am Mähnenkamm in die Mähne greifst, sie hebst und schüttelst oder auch den Mähnenkamm knetest, lockerst du das Nackenrückenband, löst Faszien und hebst die Halsbasis. Probiere unterschiedliche Intensitäten und Frequenzen aus.

5. Isometrische Übungen fördern die Stabilisierung, indem sie eine Muskelanspannung fordern, die ohne Längenänderung einhergeht. Das ergibt einen maximalen Trainingseffekt bei minimaler Bewegung und kann auch von Pferden durchgeführt werden, die aktuell eine Stehpause verordnet bekommen haben. Dafür baust du seitlich vom Pferd stehend an unterschiedlichen Stellen seines Körpers (inklusive Vorhand und Hinterhand – lass nur Beine und Hals aus) mit der flachen Hand langsam Druck auf und hältst diesen bis zu einer Minute. Die

Aufgabe des Pferdes besteht darin standzuhalten und sich dagegenzustemmen. Nicht mehr und nicht weniger. Diese Haltearbeit ist eine sehr effektive Kraftübung. Bitte lass zum Beenden nicht plötzlich los, sondern löse gemächlich auf.

6. Da mit Trageerschöpfung das Absinken des Brustkorbs einhergeht, kannst du diesen anheben. Lege dazu deine flachen Hände unter der tiefsten Stelle des Rückens an die Bauchnaht (oder etwas weiter vorn) und gehe auch mit den Unterarmen in Kontakt. Konzentriere dich auf die Atmung deines Pferdes und verhindere, dass sich der Bauch bei der Einatmung nach unten wölbt, sondern sich stattdessen der gesamte Thorax etwas nach oben hebt. Es muss keine deutliche Bewegung erkennbar sein! Es reicht ein Verlängern des Halses, ein kleines Auffächern des Widerrists und ein Gedanke nach oben. Diese Position kannst du so lange halten, wie es deine Kraft zulässt. Diese Übung funktioniert auch gut mit einer Hilfsperson und einem Handtuch, das unter dem Bauch entlanggeführt wird. So könnt ihr den Rumpf ebenfalls sanft heben und oben halten. Das entspannt die Muskulatur der Oberlinie effektiver als ein reflexartiges Aufwölben.

7. Kombiniert mit der vorherigen Übung könnt ihr das Pferd mit einer Hand am Widerrist schaukeln, indem ihr langsam mit geringem Druck sein Körpergewicht durch diesen Hebel von der einen auf die andere Seite schwingen lasst. Erkennbar ist dies am besten am Grad der Durchfesselung. Auch hier geht es nicht um die absolute Amplitude, sondern eher um eine Verlagerung des Gewichts – weniger ist mehr! Sonst spannt das Pferd dagegen und die Übung ist wirkungslos. Das Schaukeln spricht die Tiefenmuskulatur an. Aber Achtung: Bei Veränderungen der Dornfortsätze werden Abwehrreaktionen gezeigt – dann macht die Übung bitte nicht oder fragt euren Therapeuten um Rat.

8. Sanfte Traktionen an Ohren, Schopf oder Schweif lassen die Gewebespannung in der gesamten Oberlinie nachlassen. Dabei wird der Zug langsam aufgebaut und vor allem auch langsam gelöst. Lasst euch das unbedingt vorher zeigen, denn besonders beim Schweif kommt es auf die Zugrichtung an; normalerweise geschieht dies in Verlängerung des Kreuzbeines, aber bitte lasst euch anleiten.

9. Auch bei den Möhrchenübungen für die seitliche Flexion kann vieles falsch laufen. Achte bei diesen Übungen immer darauf, dass die Wirbelsäule vorher lang und aufgewölbt ist. Dann erfolgt ein Anbieten des Leckerlis maulnah, um ein Schnappen zu verhindern. Im besten Fall steht ihr mit dem Rücken zur Gurtlage und führt den Kopf tief und lang Richtung Sprunggelenk um euch herum, das birgt die geringsten Fehlerquellen.

10. Völlig unterschätzt ist meiner Meinung nach das Putzen mit einem weichen Gummistriegel. Dies löst wunderbar Verspannungen. Gerade im Zeitalter von Fellwechslern geht die Wirkung eines guten Durchrubbelns verloren. Besonders nach getaner Arbeit darf man Sattel- und Gurtlage massieren, um Faszienverklebungen vorzubeugen.

11. Häufig werden Abkauübungen genannt, um sie zu Hause nachzumachen. Aber dabei kommt es auf so viele Facetten an, dass ich an dieser Stelle nur sage: Lasst sie euch im Detail erklären, dann habt ihr ein effektives Werkzeug zum Lösen von Kiefergelenken, Zungenbein und

Genick, aber ein Erläutern der genauen Durchführung würde an dieser Stelle zu weit führen.

12. Zu guter Letzt möchte ich euch noch auf alle Körperübungen der wundervollen Linda Tellington-Jones aufmerksam machen. Lest euch dort ein; die Pferde lieben ihre sanften Techniken.

Formloses Training ohne Reiter

Man unterscheidet zwischen formloser und formgebender Bodenarbeit. Bei Erstgenannter ist das Ziel, den Körper möglichst viele unterschiedliche Bewegungsmuster erfahren zu lassen, die Propriozeption zu schulen und Kondition aufzubauen, bei Letztgenannter werden dem Pferd Ideen zu Körperhaltungen in bestimmten Übungen vorgeschlagen.

***Propriozeption** bezieht sich auf die Fähigkeit des Körpers, seine eigene Position und Bewegung im Raum wahrzunehmen. Spezielles propriozeptives Training stimuliert das Gleichgewicht und fördert die wirbelsäulennahe Tiefenmuskulatur. Koordination und Reaktionsfähigkeit werden geschult, indem abwechslungsreiche Bewegungsaufgaben gestellt werden.*

Im formlosen Training kann das Pferd seinen Körper durch immer neue Bewegungsanreize ausprobieren und das Fasziensystem in seiner Gesamtheit aktivieren. Durch Erlebnisvielfalt und Abwechslung entwickelt sich das Wahrnehmungs- und Bewegungsorgan am besten. Deshalb wollen wir dem Pferd in dieser Phase des Reha-Plans durch immer neue Situationen möglichst viele Bewegungsvorschläge unterbreiten und so sein Körpergefühl schulen. Wichtig ist, dass es seinen Körper ausprobieren darf. So kann es ohne zusätzliche Belastung durch das Reitergewicht Bewegungskompetenz erlangen. Natürlich sollten wir dabei die Gefahr von Verletzungen einigermaßen realistisch einschätzen und es nicht vor Aufgaben stellen, die es momentan körperlich oder auch psychisch überfordern würden.

Generell gilt: Lieber regelmäßig weniger machen als nur alle paar Tage ein großes Programm. So gelingen Muskelaufbau und Koordinationsentwicklung und ein Übertraining wird vermieden. Die Belastung sollte allmählich gesteigert werden und intelligent gesetzter Pausen bedarf es auch. Das Ziel ist an dieser Stelle der Aufbau von Ausdauer und Fitness sowie der Erhalt und das Festigen der im vorangegangenen Schritt neu gewonnenen Bewegungsmöglichkeiten. Besonders vor dem Hintergrund der immer beweglicher werdenden Pferde wird es zunehmend erforderlicher, auf eine ausreichende Stabilisierung Wert zu legen. Unbedingt sollte auf Ermüdungszeichen geachtet werden. Diese werden manchmal als Widersetzlichkeiten fehlinterpretiert, dabei sind sie Signale für das Erreichen der Leistungsgrenze.

Foto: © iStockphoto.com/KatPaws

Neue Bewegungsvorschläge machen und Raum zum Ausprobieren geben.

Besonders vorteilhaft ist ein Training im Gelände, da dort Unebenheiten und unterschiedliche Untergründe den gesamten Körper sensomotorisch[31] ansprechen, mobilisieren und kräftigen. Fußungsintelligenz und Gehfreude lassen sich ausbilden, während die Fitness fast spielerisch gesteigert wird. Besonders abseits der Wege (falls es erlaubt ist) wird der Körper gefördert und gefordert. Klettern an Steigungen und Gefällen sind gut für die Balance – bergauf benötigt vermehrt Schub- und bergab eher Tragkraft. Wassertreten oder sogar Schwimmen tragen zur Vielfalt der Bewegungsmuster bei. Extreme Trails beanspruchen Kopf und Körper gleichermaßen und sind eine wundervolle Alternative, sollte Querfeldein nicht erlaubt sein.

Und welche Gangart ist die richtige? Jede hat ihre Vor- und Nachteile: Im Schritt werden die Gliedmaßen wenig belastet, allerdings herrscht im formlosen Schritt wenig Rumpfspannung, was gezielten Tragemuskelaufbau schwierig gestaltet. Prinzipiell ist mehr Schritt nie verkehrt, weil das dem natürlichen Bewegungsverhalten nah kommt. Wenn das Pferd dabei entspannt bleibt, ist eine Führanlage für zusätzliche Bewegung eine gute Sache. Obwohl der Schritt für den Trageapparat reizarm ist, hat er dennoch den großen Vorteil, dass – freie Halsbewegung vorausgesetzt – die Wirbelsäule eben gerade durch die geringere Rumpfspannung in großem Bewegungsausmaß mobilisiert wird. Er ist von daher eine meist unterschätzte Trainingsgangart. Besonders nach Schäden des Bewegungsapparats bietet sich eine Schritt-Reha in Kombination mit Propriozeptionstraining an.

Eine dynamische Stabilisation durch das notwendige Ausgleichen der Federkräfte erfolgt in den höheren Gangarten. In diesen wird Schwung trainiert – und damit meine ich ein Schwingen des tensegralen Systems und nicht nur die Hinterhandaktivierung – und der Rumpftrageapparat gefordert.

Im Trab erhöht sich der gesamte Muskeltonus, deshalb ist er bei schlaffen Pferden zunächst die Gangart der Wahl, Lahmfreiheit vorausgesetzt. Die gleichmäßige, rhythmische Bewegung mit ihren Federkräften spricht den *M. serratus ventralis*, den stärksten Rumpfträger, besonders gut an, da dieser sehnig durchzogen ist. Aber Vorsicht: Ein dauerhaft aktiver Unterhals verhindert das Schwingen der thorakalen Muskelschlinge. Von daher befinden wir uns eher in einem Übergangsgebiet zwischen formloser und formgebender Bodenarbeit. Außerdem kann sich das Pferd, wird es nicht zwischendurch galoppiert, unbemerkt in einer Extensionsstellung festhalten.

Meiner Meinung nach ist die sicherste Variante, zwischendurch die Wirbelsäule zur Aufwölbung zu animieren, indem immer mal wieder ein

31 **Sensomotorik** meint die Wechselwirkung zwischen Sinneswahrnehmung und motorischer Fähigkeit; sensorische Informationen der Umwelt werden aufgenommen, verarbeitet und daraufhin entsprechend motorisch geantwortet.

Angaloppieren gefragt wird. Selbst wenn das Pferd noch nicht über ausreichend Tragekompetenz verfügt, um länger durchzugaloppieren fordert das Anspringen den Rücken in einem gänzlich anderen Muster und wirkt lösend, weil eine Welle der Flexion von hinten nach vorn durch die Wirbelsäule läuft. Das lockert überstreckte Strukturen. Am leichtesten fällt der Galopp dem Pferd auf gerader Strecke; dafür müssten wir allerdings zurück in den Sattel oder sehr schnell laufen können – eines der Hauptargumente, zügig an diesen Punkt zu gelangen.

Der Galopp bietet neben dem aufwölbenden Effekt noch andere Vorteile: Das Pferd hat in dieser Gangart nur wenig Einfluss auf seine Atmung, denn diese ist durch die Organbewegungen an den Sprungvorgang gekoppelt. Pro Sprung atmet es regelmäßig und tief einmal ein und aus, weil zunächst der Bauchrauminhalt nach hinten rutscht; das zieht am Zwerchfell und lässt einatmen. In der Fußungsphase gleitet alles wieder nach vorn und verursacht die Exspiration. Das verhindert ein stressinduziertes Luftanhalten oder flaches Atmen und fördert so die Entspannung[32]. Außerdem kann überschüssige Energie abgebaut werden und der Galopp ist ein hervorragendes Bauchmuskeltraining.

Die exzentrische Arbeit des Schultergürtels – das Auffangen des Brustkorbs in der Landephase – ist im Galopp am höchsten. Folglich kräftigt der Galopp besonders gut den Rumpftrageapparat. Allerdings belastet er gleichzeitig auch am meisten, denn wenn in der Landephase der Rumpf nach vorn rutscht, fordert das besonders die Brustmuskeln und den unteren Schlüsselbeinmuskel (*M. subclavius*). Der CTÜ wird in Streckung belastet und die Einbeinstütze vorn bringt entsprechende Kräfte auf das jeweilige Vorderbein. Pferde mit Problemen in Halsbasis, distaler Vorhand oder mit extremer Trageerschöpfung sollten daher zunächst nicht galoppieren. Bei Verbesserung von Körper und Gangbildern muss dann individuell geschaut werden, wann sie in dieser Gangart schmerzfrei sind – man sollte sie nicht dazu nötigen. Immer wieder ein kurzes Angaloppieren anzufragen und sie nicht zu zwingen ist am pferdegerechtesten. Allerdings sollte man sich der Vorteile des Galopps bewusst sein und ihn nicht absichtlich dauerhaft ausklammern.

Allgemein kann man sagen: In höheren Gangarten sind die Gliedmaßen stärkeren Kräften ausgesetzt, besonders, wenn die Gangqualität noch nicht sonderlich gut ist. Dazu kommen Scherkräfte auf der Kreisbahn. Von daher ist es am sinnvollsten, direkt eine Kombination aus Formgebung und diesem Punkt des Reha-Plans anzustreben – ihr seht, alles greift ineinander.

Was nun kommt, ist ein bedeutender Punkt: Es gibt nicht die eine Übung, die immer funktioniert; es ist nicht das Stangentraining, es ist nicht „rückwärts den Berg hoch“ und es ist auch nicht die eine Gymnastik mit der bestimmen Zäumung. Warum nicht? Es kommt immer zum einen auf die Manier an, das meint die typische Art, in der man etwas tut und bezieht sich auf die Qualität der Bewegung, zum anderen braucht es leistungsphysiologisch die Varianz. Tägliches Krafttraining ist wahrscheinlich Übertraining, das gleiche gilt für Kondition. Zum Trainingsaufbau gehört einiges an Methodik und ich sage quasi permanent: **„Es kommt drauf an!“** mit nur ganz wenigen Ausnahmen wie: „Es wird nie für Angst gestraft!“

32 **Vorsicht ist geboten bei atemkranken Pferden:** Diese galoppieren schneller, weil im Verhältnis pro Sprung zu wenig Luft ankommt. Das erweckt den Anschein, als würden sie gerne flott galoppieren und gaukelt eine vermeintliche Fitness vor; dabei rennen sie nur, um durch die größere Anzahl an Sprüngen ihre erforderliche Sauerstoffzufuhr zu decken.

Stangen, Cavaletti und kleine Sprünge sind wundervolle Hilfsmittel, weil der Rumpf deutlich mehr Bewegung erfährt, ABER NUR wenn das Pferd diese ruhig und mit gut aufgewölbtem Widerrist und einem funktionalen tensegralen System inklusive vor allem schwingender thorakaler Muskelschlinge überquert. Auf keinen Fall sollte es mit hohem Kopf und weggedrücktem Rücken darüber stürmen. Gerade für trageerschöpfte Pferde ist es besonders schwierig, eben diese Körperhaltung einzunehmen. Und ja, dabei kann ein gut dargebotenes Stangentraining helfen, aber es ist nicht das Allheilmittel. Ansonsten verschleißen Strukturen eher als dass wir sie unterstützen. Auch hier gilt das Konzept der Zwanglosigkeit – wir erhalten Losgelassenheit nicht durch Ausbinden. Ich höre immer wieder, dass Tierärzte dazu raten – bitte entwickelt erst gute Bewegungsmuster durch Therapie und formgebende Bodenarbeit!

Ähnliches gilt für Zirkuslektionen. Das Kompliment überdehnt häufig die Karpalgelenke und überstreckt den vorderen Rücken (der bei trageerschöpften Pferden ja bereits abgesackt ist). Die Bergziege forciert das Gliedmaßen-„V“, das wir ja eigentlich verbessern wollen … Das sind Körperhaltungen, die in der Natur nur kurz gezeigt werden würden – das Verharren in diesen verursacht in manchen Fällen Fehlbelastungen. Bitte versteht es nicht falsch: Ich finde Zirkuslektionen großartig und bastle auch immer mal wieder mit meinem Pony daran herum, aber hinterfragt sie.

Obacht vor „rückwärts bergauf“! Wenn ein Pferd bergab steht, fällt es oft in ein Hohlkreuz und der LSÜ wird zu einem unphysiologischem Öffnen gebracht – wenn die Manier gut ist, ist das eine hervorragende Übung, aber wie gesagt: „Es kommt drauf an!“

Sollte das Pferd nicht in der Lage sein, die Übungen in guter Manier auszuführen, wird erst das Körpergefühl in formgebender Bodenarbeit gefördert. Es kommt in jeder Übung auf die Ausführung an und Qualität hat Vorrang vor Quantität.

Natürlich gibt es in diesem Bereich unfassbar viele Sachen, die ihr ausprobieren könnt – der Fantasie sind keine Grenzen gesetzt, solange es sicher für euch und euer Pferd ist. Schützt gegebenenfalls mit Gamaschen, wärmt auf, legt besonders viel Wert auf eine intensiv gefestigte Grundkommunikation und habt Freude am Ausprobieren – der Weg ist das Ziel! Und auch hier gilt: Sucht euch gegebenenfalls kompetente Hilfe, um die Übungen stressfrei ausführen zu können.

Übungen

1. Stellt das Pferd vorn erhöht an einen Hang, auf ein Podest oder auch auf Balancepads. Das öffnet Widerrist und Halsbasis. Um den Effekt zu verstärken, füttert in tiefer Position ein Leckerli oder senkt den Kopf, falls ihr nicht mit Futter arbeiten möchtet. Zusätzlich kann man das Pferd seitlich schwingen lassen oder auch die Mähne ziehen und schütteln.

2. Fragt alle paar Schritte nach schnellen Schritt-Halt-Übergängen und achtet auf prompte Umsetzung. Das Pferd versammelt sich dann quasi von allein, ohne dass wir auf die Form Einfluss nehmen, weil direkt der nächste Übergang folgt.

3. Hat man einen Hang zur Verfügung, an dem man longieren kann, ist das ein ideales Ganzkörpertraining. Der schnelle Wechsel zwischen Steigung und Gefälle fördert Tiefenstabilität und Fußungsintelligenz und unterstützt ein schwungvolles Gangbild. Aber bitte schätzt

die potenzielle Sturzgefahr realistisch ein, die mit der Trageerschöpfung einhergehen kann. Verzichtet lieber zunächst auf diese Übung, bis sich das Gesamtbild verbessert hat.

4. Längs- und Querwippen sind großartige Hilfsmittel. Die Längsvariante fordert die gesamte Wirbelsäule, die Querwippen stärken besonders gut die Rumpfträger, wenn man sie für die Vorhand nutzt.

5. Übt, das Pferd langsam und mit Bedacht rückwärts über eine Stange treten zu lassen. Das fördert Wahrnehmung und Hankenbeugung.

6. Lasst die Vorderbeine einzeln über eine bis 15 Zentimeter erhöhte Stange vor und auch wieder zurück heben. Je langsamer diese Bewegungen erfolgen, desto effektiver ist das Krafttraining. Das lockert die gesamte Schulter-Hals-Region.

7. Das Mitführen als Handpferd ermöglicht flotte Bewegung ohne Reitergewicht im Geradeaus.

8. Fahrt zu einem Extreme Trail und probiert euch aus.

9. Ausgedehnte Spaziergänge, besonders über Unebenheiten, sind nie verkehrt.

10. Spielt mit unterschiedlichen Untergründen wie Matratzen, Steinen, Waldboden, Asphalt. Das alles fördert die Propriozeption.

11. Wenn euch nur ebenes Gelände zur Verfügung steht, dann legt euch Stangen kreuz und quer – sie dürfen gern überlappen, damit unterschiedliche Höhen resultieren – ähnlich einem Mikado und lasst das Pferd LANGSAM darübersteigen. Ganz wichtig: Es muss sich hindurchDENKEN. Auf gar keinen Fall in höheren Gangarten ausführen, das hat Verletzungspotenzial.

Formgebendes Training ohne Reiter

Jedes Pferd braucht eine Grundausbildung mit guter Gymnastik und das Erlernen von korrekten Bewegungsabläufen, um seinen Reiter lange Jahre tragen zu können. Und selbst Pferde, die gar nicht geritten werden, benötigen gutes Training, um gesund zu bleiben.

Der nächste Punkt im Reha-Plan ist deshalb die gymnastische Formgebung vom Boden aus, in dem gemeinsam konkretere Bewegungsabläufe und Lektionen erarbeitet werden. Da kein Reitergewicht den Rücken belastet, ist es eine effektive Methode für die Rehabilitationszeit und auch generell eine fabelhafte Ergänzung.

Zu Beginn steht die Analyse des Gleichgewichts und der Schiefe; wo liegt der Schwerpunkt und welche Seite ist die hohle? Essenziell ist es auch zu erkennen, ob das Pferd insgesamt fest ist oder Hypermobilität durch Verspannung geschützt wird. Kein Pferd muss ausschließlich mobilisiert werden; häufig wird die Stabilisierung vergessen. Findet elastische Stabilität!

Aber was genau ist Gymnastizierung überhaupt? Gute Gymnastik ist gezielte Bewegungstherapie; sie richtet gerade, stellt Balance her und verschiebt den Schwerpunkt sukzessive nach hinten.

Achtet dabei immer besonders auf die Ausrichtung der Schlüsselstellen. Ist der CTÜ offen und der Rumpf aktiv gehoben? Dann besitzt das Pferd

Thoraxkontrolle. Allerdings sollte der Mensch sich nicht anmaßen, alles haarklein kontrollieren zu wollen; besser ist es, gut vorzubereiten, den entsprechenden Raum zu öffnen und dem Pferd Freiraum zum Ausprobieren zu lassen. Gymnastizierung kommt einem angeleiteten Formen gleich.

Bewegungsideen werden langsam und kontrolliert gepflanzt und erst dann mit mehr Energie versehen. „Energisch, aber ohne viel Vorwärts" ist dabei die Devise!

Ganz besonders wichtig ist es, gesunde Gangbilder auf der Kreisbahn mit korrekten Bewegungsachsen und gleichmäßiger Beinbelastung zu entwickeln.

Die Arbeit auf mehreren Hufschlägen in den Seitengängen hilft, Kraft und Geschmeidigkeit zu stärken. Allerdings ist ein ausschließliches Arbeiten in diesen genauso falsch wie sie gänzlich auszuklammern. Wie immer kommt es auf die Mischung an.

Seitengänge *sind wichtige Lektionen und kein Selbstzweck, die nicht nur zur Mobilisierung und Förderung der Beweglichkeit beitragen, sondern auch dem Geraderichten dienen. Zudem werden Koordination und Balance verbessert. Dabei ist es wichtig, die Seitengänge nicht auf beiden Seiten in gleichem Ausmaß zu nutzen, sondern intelligent zu variieren, um die Schiefe auszugleichen und nicht ungewollt noch weiter zu verstärken. Eine unabdingbare Voraussetzung für Seitengänge ist die korrekte Biegung.*
Ein Fluchtgedanke, der die Rückenlinie aktiviert, kann über die reziproke Hemmung das Zusammenspiel von dorsaler und ventraler Kette hemmen, weil die Bauchlinie quasi weggeschaltet wird. Durch ein Dehnen in Seitengängen der jeweils äußeren Körperhälfte kann dies sanft aufgelöst werden. Man kann also extrapolieren, dass korrekt ausgeführte Seitengänge ein Pferd nicht nur im Sinne der Geraderichtung, sondern ebenso in seiner mentalen Ausgeglichenheit fördern.
Die Seitengänge bringen das Pferd an die Hilfen und sollten zunächst im ruhigen Schritt ausgeführt werden, um die Koordination zu erleichtern und Hankenbeugung sowie Geschmeidigkeit zu fördern.
Seitengänge ermöglichen es dem Reiter, die Beine des Pferdes einzeln anzusprechen und zu plazieren, die dann wiederum die Energie zum Rumpfheben zur Verfügung stellen können. Sie wirken aufrichtend.

Die erste Formgebung findet am Kappzaum und später auch mit einer Zäumung inklusive Zügeln statt. Dazu wird aus der Nähe zunächst eine korrekte Biegung und daraus eine Lastaufnahme entwickelt.

Ich persönlich liebe die akademische Bodenarbeit am Kappzaum. In ihr werden dem Pferd Gerten- und Zügelhilfen einzeln erklärt, Übungen im Stand vorbereitet und eine korrekte Thoraxrotation und auch seine vertikale Ausrichtung in unterschiedlichen Führpositionen ausgebildet. Eine gemeinsame Sprache wird etabliert, die perfekt mit in den Sattel übertragen werden kann, die Schwierigkeiten der Kurvenbewältigung auflöst und mithilfe von differenzierten Paraden die Lastaufnahme der Hinterhand fördert. Ich finde, es ist die eleganteste und pferdefreundlichste Art, die Basis der Gymnastik zu entwickeln.

Nur auf dieser oder einer ähnlichen Grundlage ist eine Abstandsvergrößerung bis hin zu einer Longierdistanz gesund erhaltend möglich. Ist die Körperhaltung auf der Kreisbahn verschleißfrei, können höhere Gangarten oder auch ein fortgeschrittenes Longieren inklusive aller Seitengänge auch aus der Entfernung entwickelt werden. Distanz – besonders auch im Hinblick auf Kommunikation – verdient man sich.

Das Pferd sollte sich beim Training in keiner Gangart (egal ob mit oder ohne Reiter) in die Kurve legen, indem es sich auf die innere Schulter schmeißt. Außerdem zu vermeiden ist das Gegenteil: ein Überbiegen.

Die Formgebung findet nicht über Hilfszügel, sondern über eine gefühlvolle Technik statt. Den Galopp würde ich erst dazunehmen, wenn ausreichend Balance vorbereitet ist und mich anfangs auf wiederholtes Angaloppieren beschränken.

Um die Vorzüge eines Außenzügels nutzen zu können, kann die Kappzaumarbeit von der Handarbeit ergänzt werden. Diese eignet sich außerdem hervorragend zur Erklärung vom Gebiss in Vorbereitung auf das Reiten. Ziel ist ein Pferd in verschleißfreier Selbsthaltung, das nicht mehr auf der Hand liegt.

Die Zügelführung kann beidhändig, einhändig, von innen in der Biegung, von außen, vorwärts und rückwärtsgehend sein. Man kann ohne Gebiss genauso arbeiten wie mit und es gibt diverse Kombinationsmöglichkeiten mit vier Zügeln. In der Handarbeit kann bis zur hohen Schule alles ausgebildet werden. Sie ist daher die perfekte Methode, wenn man (aus welchem Grund auch immer) auf das Reiten verzichtet.

Sowohl Kappzaum- als auch Handarbeit füllen ganze Bücher und sind genauso anspruchsvoll zu lernen wie Reiten. Ich werde daher nur grobe Ideen als Übungen aufzählen und möchte mit Nachdruck darauf hinweisen, dass dazu kompetente Hilfe in Anspruch genommen werden sollte.

Übungen

1. Lasst euer Pferd in Zeitlupe übertreten – Langsamkeit ist pures Krafttraining!

2. Korrekter spanischer Schritt und Piaffe verbessern Schulterfreiheit und Lastaufnahme.

3. Versucht in der Handarbeit bei gleicher Kopfhöhe die Schrittlänge zu variieren.

4. Lauft am Kappzaum eine große Acht und behaltet dabei die Biegungsrichtung bei.

5. Schaukelt im Halt den Schwerpunkt vor dem Angehen zunächst nach hinten.

6. Wechselt Schulterherein auf der Geraden mit einer Dehnungshaltung auf der Volte ab.

7. Longiert Volten und Geraden im Wechsel. Aus einer korrekten Biegung heraus bringt das Geradeaus Schubkraftmomente und ist gut für den LSÜ.

8. Achtet bei allen Übergängen auf einen entspannten Unterhals, eine geöffnete Halsbasis und einen gehobenen Rumpf.

9. Trabt am Kappzaum in einer Handarbeitsposition in gebogener Dehnungshaltung an und unterstützt das Pferd direkt an der Gurtlage. Aber seid vorsichtig – viele Pferde reagieren symptomatisch wehrhaft. Seid einfühlsam und verständnisvoll.

10. Richtig durchgeführt sind die baucheristischen Abkauübungen und Flexionen, wie sie in der

Ecole de Légèreté gelehrt werden, nicht nur ein wundervolles Mittel der Mobilisierung von Genick, Kiefergelenken, Zungenbein und Hals. Auch die Rumpfhöhe kann beeinflusst werden, weil bei KORREKTER Ausführung damit sein aktives Heben ausgelöst werden kann.

11. Longiert fließende Richtungswechsel, aber legt diese groß an, um die Beine zu schonen und reguliert das Tempo. Vermeidet dabei ein Herausdrehen der Hinterhand.

12. Beschäftigt euch mit den Qualitätsmerkmalen des Rückwärtsrichtens und nehmt das mit ins Training auf. Achtet auf eine gerade Ausführung, im Zweitakt mit offenem CTÜ und funktionalem LSÜ. Schlurfen ist ein Zeichen mangelnder Hankenbeugung. Ein zu deutliches Abkippen im Becken muss ebenfalls vermieden werden, weil der LSÜ dabei absolut öffnet. Schaut auf den Bereich am und etwas hinter dem Widerrist – bei einer guten Ausführung wird dieser breit und hebt sich. Und bitte nutzt das Rückwärts niemals als Strafe!

13. Wenn ihr gut im Timing seid, dann könnt ihr eurem Pferd beibringen, den Rumpf gegen eure im Widerristbereich liegende Hand nach hinten und oben aufzuwölben und so quasi ein Signal für die Aktivierung des Schultergürtels zu entwickeln.

Training im Sattel

Durch die vorherigen Stufen des Reha-Plans haben wir dem Pferd geholfen, Bewegungskompetenz zu entwickeln. Allerdings lernt es das Tragen eines Reiters schlussendlich nur durch das Ausbalancieren eines Menschen auf seinem Rücken. Ziel ist,

Foto: Dr. Sandra Ruzicka

ein gemeinsames Gleichgewicht in den unterschiedlichsten Situationen zu finden.

Dabei geht es natürlich immer um die großen Worte wie Takt, Losgelassenheit Anlehnung, Schwung, Geraderichtung und Versammlung. Auch wenn die unterschiedlichen Reitweisen verschiedene Reihenfolgen für sie haben, Prioritäten anders gewichten und sich im Detail leicht unterscheiden – in der Grundessenz ihrer Ideale stimmen die meisten überein. Die genaue Umsetzung liegt allerdings in der Verantwortung des Einzelnen. Über diese wundervollen Begriffe gibt es bereits diverse Bücher und deshalb werde ich an diese Stelle nur darauf verweisen. Aber ein Ausdruck liegt mit besonders am Herzen und deshalb werde ich ihn näher erläutern. Ich durfte darüber unter anderem von der großartigen Dr. Vivian Gabor lernen:

Durchlässigkeit: Als Bedeutung von Durchlässigkeit wird vielfach die „unverzügliche Hilfenumsetzung in jedwede Richtung" genannt. Leider wird dabei häufig die psychische Komponente vergessen. Ist das Pferd mental in der Lage, uns angemessen zu antworten und weder zu blockieren noch überzureagieren? Nur angstfreie Pferde sind in Gänze lernfähig und nur kooperative lernbereit. Allein unter diesen mentalen Voraussetzungen ist eine körperliche Durchlässigkeit überhaupt möglich.

Durchlässigkeit betrifft ebenso den Reiter: Erst gilt es sich in die Bewegungen des Pferdes einzufühlen, **sie durchzulassen** und sich anzupassen, bevor begonnen wird sie beeinflussen (oder sogar manipulieren und vorgeben) zu wollen. Ein guter Gast hört erst mal zu. Das gilt auch für die Bodenarbeit.

Wenn der Input (Signalstärke) dem Output (Intensität der Antwort) entspricht, bleibt keine Energie irgendwo stecken. Nach dem Energieerhaltungssatz der Physik gilt: Energie geht nicht verloren, sie wird ausschließlich umgewandelt. Das gleiche Prinzip ist auch hier gültig: Die Energie eines unbeantworteten Dauertreibens beispielsweise verpufft nicht, sondern staut sich an und verursacht Stress. Dieser wird sich seinen Weg entweder irgendwann an die Oberfläche bahnen und das erfolgt meist in vermeintlichem Ungehorsam, oder er richtet sich nach innen und führt zu Krankheit. Die Durchlässigkeit hat also ihre volle Berechtigung als eines der höchsten Ziele der Reiterei.

Sie ist die Balance zwischen Habituation und Sensibilisierung, zwischen Gewöhnung und Verfeinerung! Ein durchlässiges Pferd sollte nicht vor dem Schenkel weglaufen müssen, sondern den Reiter zum Treiben kommen lassen, dennoch auf feinst mögliche Signale reagieren und nicht abgestumpft sein.

Durchlässigkeit bedeutet das Durchlassen von Energie in allen Richtungen und zwar nicht nur von etwas weg, sondern vor allem auch auf etwas zu: Ich kann dem Widerrist Raum geben für Aufrichtung oder ich kann in Seitengängen nicht primär den weichenden Schenkel im Takt näher ans Pferd bringen, sondern über den anderen gleichzeitig Raum frei machen; dann gleitet das Pferd unter mir in die richtige Richtung und ich muss es nicht drücken – was eh den Sitz negativ beeinflusst.

Unbedingte Voraussetzungen sind GEGENSEITIGES Vertrauen und Respekt. Ich weiß, ich wiederhole mich, aber es gelten nicht plötzlich andere Regeln, wenn man auf dem Pferderücken Platz nimmt. Die Basis von Beziehung und Kommunikation bildet sich am Boden und auf dieser Grundlage kann eine Übertragung aller ethisch vertretbaren Lernformen in den Sattel stattfinden. **Nur wenn Selbstwirksamkeit und Würde des Pferdes intakt bleiben, ist eine dressurmäßige Ausbildung pferdegerecht.** Ein Pferd, das so geritten wird, behält den Glanz in seinen Augen, den Stolz im Ausdruck und sein freies Herz. Vergesst nicht: Es ist ein Privileg, dass wir sie reiten dürfen, kein Anrecht!

Grundprinzipien

Ehe es zurück in den Sattel geht, sollte dieser unbedingt kontrolliert werden, da sich der Rücken durch das Aufbautraining mit ziemlicher Sicherheit verändert hat. Im besten Fall ist der Reiter leicht und mit guter Balance ausgestattet. Steigert die Anforderungen langsam, reitet zu Anfang nur wenige Minuten und nicht jeden Tag und beurteilt individuell. Die Art und die Intensität des Reitens sollten dauerhaft angepasst werden, denn das Tragen eines Menschen bedarf eines gezielten Kraftausdauertrainings.

Essenziell ist, dass die Bewegungen physiologisch ausgeführt werden. Nur so baut sich der Körper in die gewünschte Richtung auf. Der Spruch „richtig reiten reicht" zeigt die Verantwortung, die uns obliegt. Bildet euch weiter und sucht nach kompetenten Trainern und guten Vorbildern. Diese erkennt man daran, dass sie Fragen beantworten und auch mal zugeben, wenn sie etwas nicht wissen. Sie vertreten nicht dogmatisch eine Sichtweise und kennen sich mit Lernverhalten und Gangbildern aus.

Im Sattel geht es für Mensch und Pferd zunächst darum, die Grundlagen der Hilfengebung zu entwickeln, um auch hier eine gemeinsame Sprache zu sprechen. Alles baut auf der Formgebung ohne Reiter auf und die gemeinsamen Signale können nach oben übertragen werden. Und dann ist auch das Reha-Training im Sattel **ganz viel Basisarbeit!** Wie erlange ich eine korrekte Biegung, damit das Pferd auch unter mir gesund erhaltend einer Kreisbahn folgen kann? Wie kann es Rumpf und Halsbasis heben und wann schwingt der Rücken? Allein dafür kann man Jahre verwenden. Und eine gute Basisarbeit ist effektiver als ein falsches Umsetzen höherer Lektionen. Ich hoffe ihr versteht, warum an dieser Stelle keine Reitlehre folgt.

Generell gilt, dass das Pferd nicht müde longiert wird, bevor man aufsteigt, denn es braucht die Kraft für das Reitergewicht. Effektiver ist, in der Lösungsphase seinen Kopf anzusprechen und Priorität auf die psychische Losgelassenheit zu legen. Das schließt die Arbeit an der Longe nicht aus, aber die Intention ist eine andere. In den vorangegangenen Kapiteln steht Etliches über Bewegungsmuster geschrieben. Sucht nach gesunden Gangbildern und helft dem Pferd auch unter dem Sattel aus seinem Fluchtmodus heraus. Übrigens kann man ganz hervorragend seinen Atemrhythmus als Parameter der Bewegungsqualität nehmen. Je losgelassener es läuft, desto tiefer und regelmäßiger ist die Atmung.

Nutzt Aufstieghilfen und übt das Erklimmen von beiden Seiten. Das ist nicht nur gut für eure Koordination, sondern schont auch den Pferderücken. Vermeidet Warm- oder Trockenreiten am losen Zügel. Gute Schrittarbeit ist eine Alternative, nur leider ist Schrittreiten nicht automatisch verschleißfrei. Besonders große Pferde mit langen, weichen Rücken, aber auch die meisten anderen können einen Reiter am hingegebenen Zügel nur schwer tragen. Natürlich muss man dennoch kurze Schrittpausen in Entspannungshaltung für Psyche und Lockerung der Oberhalsmuskulatur ins Training einbauen. Versteht das bitte nicht falsch! Wägt beides gegeneinander ab. Korrekte Schrittarbeit lässt die Nickbewegung zu und ist ein großartiges Training. Lasst sie euch erklären. Oder führt stattdessen warm, macht währenddessen formlose Übungen und stimmt euch schon mal aufeinander ein oder bereitet eure beiden Körper mit Handarbeit vor. Der Reiter gilt übrigens als der am schlechtesten aufgewärmte Sportler überhaupt, wusstet ihr das? Und bitte bleibt nach getaner Arbeit nicht auf dem Rücken sitzen; steigt lieber ab und führt trocken.

In kurzen Reprisen, mit intelligent gesetzten Pausen für Körper und Geist, erzielt man leistungsphysiologisch die besten Ergebnisse. Übt lieber kurz und korrekt als lange das Falsche und vermeidet Übertraining. Ich möchte noch mal ins Gedächtnis rufen, dass isometrische Muskelarbeit höchst anstrengend ist; ein ständiger Wechsel von Körperhaltung, Zügelmaß, Gangart, Tempo, Versammlungsgrad und Biegungsrichtung verhindert Ausgleichsbewegungen. Das gilt eigentlich für alles: Schafft Abwechslung.

Eine ganz wundervolle Art, Vielseitigkeit ins Training zu bringen, ist das Geländereiten. Die Vorteile sind bereits zum großen Teil im Kapitel über das formlose Training aufgezählt worden. Was nun unter dem Reiter dazukommt ist die Möglichkeit zu Strecke und Geschwindigkeit. Pferde sind Bewegungstiere und brauchen auch mal Distanz, um sich auszupowern. Ein flottes Vorwärts geht nur unter dem Reiter im Gelände. Gehfreude und Fitness, Schubkraft und Ausdauer sind unsere Ziele. Viele Pferde gehen draußen motivierter und ein Geradeaus ist sehr viel einfacher zu koordinieren. Und auch wenn das Pferd in der Reitbahn noch nicht unter dem Sattel galoppieren kann – im Gelände, bestenfalls noch leicht bergan, fällt es ihm leichter, weil nicht alle paar Meter die nächste

Kurve ausgeglichen werden muss. Bietet es allerdings nur Renngalopp oder Nähmaschinentrab an, dann hat das mitunter körperliche Ursachen.

Unbekannte Wege öffnen den Geist und befriedigen die Abenteuerlust – jedenfalls geht es meinem Pony und mir so. Lasst einfach mal die Seele baumeln und habt gemeinsam Freude an Bewegung. Versucht die Pferde so wenig wie möglich einzuschränken; gebt den Weg grob vor und lasst sie die Aufgaben, die das Gelände stellt, selbst lösen. Aber bitte helft ihnen die Halsbasis zu heben. Ein lockeres Gangbild mit langem Hals und gehobenem Rumpf wie in der Remontehaltung sollte angestrebt werden. Ich setze das durch Zugelhilfen um, die ich in der Ecole de Légèreté lernen durfte, gepaart mit Stabilitätsübungen aus der Sitzschulung und guten Bewegungsvorstellung. Und ganz wichtig ist: Sobald ihr merkt, dass der Pferderücken müde wird: Runter mit euch! Macht es euch zur Gewohnheit, regelmäßig längere Strecken zu führen und vermeidet auch im Gelände ewiges Schrittreiten am losen Zügel.

Reitersitz

Der Sitz ist unser Hauptverständigungsinstrument. Daher ist es unvermeidlich, sich mit den unterschiedlichen Sitzformen auseinanderzusetzen. Häufig wird den Pferden Unrecht getan, wenn sie doch eigentlich nur Sitzmängel spiegeln. Deswegen eine schärfere Zäumung zu nutzen ist unfair und setzt an der falschen Stelle an. Die Ursache – der Reitersitz – sollte stattdessen verbessert werden.

Ich werde drei der vielen Sitzvarianten erläutern, mit denen ein Großteil der Pferdebewegungen geschmeidig begleitet werden kann. Dies geschieht nur in absoluter Kurzform. Ich rate jedem sich intensiv mit dem Thema zu beschäftigen.

Foto: © iStockphoto.com/Erstudiostok

Häufig wird den Pferden Unrecht getan, wenn sie doch eigentlich nur Sitzmängel spiegeln. Deswegen eine schärfere Zäumung zu nutzen ist unfair und setzt an der falschen Stelle an.

Manche Reitweisen arbeiten ausschließlich über den **Vollsitz**, weil ein falsches Bewegungsmuster des Reiters im Leichttraben die Vorhandlastigkeit verstärkt. Problematisch gestaltet sich das allerdings, wenn das Pferd noch nicht losgelassen läuft. Weil es dann besonders im Trab schwer auszusitzen ist, wird daraufhin entweder in untertouriger Gangart mit tendenziell eher langem Bodenkontakt geritten oder der Reiter weicht in den Liege-Schiebe-Sitz aus (der NICHT dem Vollsitz entspricht), welcher für die Bewegungsmuster katastrophale Auswirkungen hat. Ein gesund erhaltendes Gangbild wird in beiden Fällen verhindert. Ein flexibler und funktionaler Vollsitz hingegen, der sich einem federnden System anpasst, ist optimal für die Dressurarbeit geeignet. Nur, wenn es die Situation zulässt, kann der Reiter immer weiter Richtung Vollsitz Platz nehmen, um dann wieder in den entlastenden Sitz oder das Leichttraben zu wechseln.

Der **Entlastungssitz** ist eine Sonderform des leichten Sitzes, allerdings bleibt das Gesäß mit dem Sattel in Kontakt. Der große Vorteil dieses Sitzes ist, dass der Pferderücken entlastet wird und dennoch die Bewegungen des Rückens weiterhin erfühlt und die Hilfen im Takt gegeben werden können. Ein großes Problem ist, dass meist nur den Oberkörper nach vorn gelehnt wird; dies bewirkt häufig ein Nach-Hinten-Rutschen der Unterschenkel. Der Reiter bringt sich selbst aus der Balance und seine Last vermehrt auf die Vorhand. Das gleicht das Pferd in der Regel mit erhöhter Geschwindigkeit aus. Schiebt er stattdessen sein Gesäß nach hinten und faltet sich in Hüfte und Knie etwas zusammen, dann verlagert sich der Oberkörper dadurch ebenso etwas in Schräglage, aber der gemeinsame Schwerpunkt bleibt unverändert und das Gewicht des Reiters über seinen Füßen.

Leichttraben ist sehr störanfällig und bringt das Pferd schnell aus der Balance. Sein größter Nachteil ist, dass Schenkelhilfen nur auf jedem zweiten Tritt gegeben werden können. Gut ausgeführt erleichtert es dem Reiter längere Strecken zurückzulegen, ohne das Pferd großartig zu behindern. Die größten Fehlerquellen sind: ein Aufstehen, bei dem das Becken weit vorgeschoben wird, der Versuch, den Oberkörper senkrecht zu halten, übermäßig große Bewegungen, um mehr Schwung ins Pferd zu bringen und die Hacken beim Aufstehen hochzuziehen. All das schmeißt dem Pferd zusätzliches Gewicht auf die Vorhand.

Lernt fließend zwischen den einzelnen Sitzarten zu wechseln. Ach, und versucht nicht Idealen nachzueifern und euch in eine Form pressen zu wollen: Funktionell muss der Sitz sein (schön kommt später) und zügelunabhängig. Genau wie die Körperhaltung der Pferde in den Bewegungsmustern entwickelt sich der Reitersitz mit der Zeit. Auch für den Reiter gilt es, eine positive Spannung anzustreben: weder ein schlaffer noch ein verspannter Mensch ist leicht zu transportieren.

Reitlehren sind häufig vornehmlich auf die Hilfen der Unterschenkel und Hände ausgerichtet. Leider konzentriert man sich dann allzu sehr auf diese und unser Körper hört dadurch auf, mit den Bewegungen mitzuschwingen und diese im Ganzen wahrzunehmen.

Eine sehr elegante Art sein Reiten zu verbessern ist, sein BewegungsGEFÜHL zu schulen statt nur auf die Hilfengebung zu achten. Die Ideokinese („Ideo“ = Idee und „Kinesis“ = Bewegung) ist eine Methode, bei der eine bildhafte Vorstellung genutzt wird, um Koordination und Bewegung zu verbessern. Mittlerweile gibt es diverse Lehrsysteme, die mit inneren Bildern arbeiten. Eins meiner Lieblingsbilder ist die aufgehende Widerrist-Sonne.

Oft genügt auch die Vorstellung der korrekten Bewegungsmuster. Das Wissen, dass das Pferd nur während der ersten Stützbeinphase der Vorhand den Rumpf nach hinten/oben anheben kann, war eines meiner Aha-Erlebnisse der letzten Zeit und hat meinen Sitz gravierend zum Positiven verändert.

Ein anderes Bild ist, dass der Hals bereits in der Sattellage beginnt. Oder stellt euch vor, euer Pferd würde von unten gegen den Sattel drücken und groß und breit werden.

Sammelt innere Bilder und kombiniert sie mit Vorstellungen gesunder Bewegungsmuster. Dann rutscht der Schenkel ganz von allein in die richtige Position. Ich will nicht sagen, dass man sich nicht auch mal mit der exakten Hilfengebung auseinandersetzen darf, aber innere Bilder sind höchst effektiv. Probiert es aus!

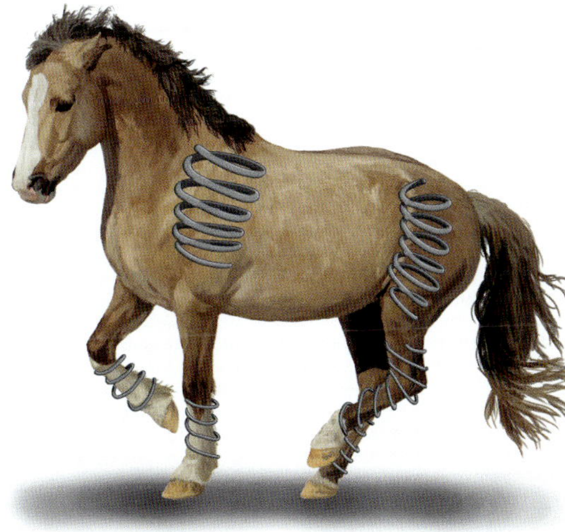

Das Faszienfedersystem – Federn im gesamten Körper

Gesunde Bewegungsmuster schwingen im kompletten tensegralen System. Damit ist auch gemeint, dass die Bewegungen rhythmisch federn und deutliche Schwebephasen im Trab und Galopp erkennbar sind. Stellt euch vor, ihr wärt wieder ein Kind, habt so richtig gute Laune, die Sonne scheint, ihr strotzt vor Energie und seid gerade auf dem Weg zur Eisdiele. Ihr hüpft auf der Stelle und federt und vibriert vor euch hin. Könnt ihr die Energie fühlen?! Dieses Gefühl sucht ihr auch gemeinsam mit dem Pferd.

Langsames Dehnen leiert aus. Von daher dürfen die Hufe den Boden schnell wieder verlassen; der Bodenkontakt soll so kurz wie möglich sein, ähnlich einem Barfußlaufen auf heißem Sand. Ziel ist ein energetisches und möglichst leises Gangbild!

Latschende Bewegungen haben nicht genug „Wumms“, um den Rumpf zu heben, aber zu viel Schub kann wiederum die Stoßdämpferfunktion der Vorhand nicht kompensieren. Reite energetisch, aber dennoch ruhig und ohne Eile, und zwar nur so schnell, wie der Schultergürtel noch den Abstand zum Boden wahren kann. Das ist das Geheimnis des Arbeitstempos.

Passende **innere Bilder**, die eure Körperhaltung gewaltig verändern werden, sind folgende:

- Denkt nicht herunter zum Auffußen, sondern hoch ins Abfußen. Ihr wollt kein Loch in den Boden treten, sondern euch von diesem abstoßen.
- Denkt statt an Trab an Passage.
- Saugt den Widerrist gedanklich an und gebt ihm Raum zum Aufwölben.
- Die Hinterbeine des Pferds sind Sprungfedern.
- Ihr joggt auf einem Trampolin.
- Stellt auch währenddessen den LSÜ vor: Ist er noch in einer funktionalen Position und schickt die Kraft der Hinterbeine nach vorn und oben?

Ein Pferd kann immer nur so losgelassen sein wie sein Reiter! Es geht nicht um die Kontrolle des Pferdes, sondern um die Selbstkontrolle ... Wir selbst müssen in der Lage sein loszulassen.

Eigentlich ist es simpel: Der Reiter muss in seinem Körper erst genau das finden, was er vom Pferd möchte. Ein eigenes Hohlkreuz verhindert ein Aufwölben, ein verspannter Nacken wird keine Losgelassenheit im Pferdegenick zulassen, weil unser restlicher Körper sich mit verspannt.

Die eigenen Bauchmuskeln dürfen aktiviert werden für eine stabile und elastische Mittelpositur. Euch fallen sicher weitere Beispiele ein.

Der Begriff Hilfe kommt von „helfen“ und meint eine Unterstützung des Pferdes. Wir können Aufgaben vorbereiten und Ideen geben und dann sollten wir einfach erst mal nicht mehr stören! Ziel ist die Leichtigkeit. Eine verständliche Kommunikation geschieht auch im Sattel über Körperspannung, indem die Energie des Reiters gespiegelt wird. Und ich bin ein großer Freund des Signalreitens.

Lernt zu fühlen, welches Pferdebein sich wann und wie bewegt. So erst kann mit entsprechendem Timing sanft Einfluss genommen werden. Überhaupt sind Timing und Gefühl Grundvoraussetzungen für eine feine Hilfengebung.

Ich liebe dieses Thema und ich könnte noch seitenweise weiterschreiben, aber die habe ich leider nicht mehr. Deshalb kommen nur noch drei Informationen: Es gibt keine schiebenden oder auswischenden Körperhilfen, egal in welcher Gangart. Sporen aktivieren die Hinterbeine nach oben, das heißt sie sind als vorwärtstreibende Hilfe sinnlos und die wichtigste Zügelhilfe ist die nachgebende!

Übungen

1. Verkürzt und verlängert nur über den Sitz, indem die Beine einmal wie im Rückwärts-Fahrradfahren und einmal wie im Vorwärts-Fahrradfahren bewegt werden.

2. Eine wunderbare Art Spaß zu haben, gleichzeitig die eigene Hilfengebung zu überprüfen, auch mal die Kontrolle abzugeben und im wahrsten Sinne des Wortes loszulassen, ist das Halsringreiten. Pferde lieben es. Dies muss natürlich vorbereitet werden. Bitte nehmt nicht einfach das Zaumzeug ab und schaut, ob es funktioniert.

3. Versucht euch an der Schaukel; das ist ein fließender Wechsel aus Rückwärts und Vorwärts und eine wundervolle Überprüfung der Durchlässigkeit.

4. Reitet einen Übergang aus dem Galopp bis unmittelbar vor einer Stange. Der Trab beginnt direkt darüber. Das verhindert ein Fallen auf die Vorhand im Übergang nach unten.

5. Reitet eine vorher festgelegte Anzahl Schritte und Tritte, zum Beispiel 5 Schritte und 10 Tritte. Versucht exakt zu sein und zählt laut. Ihr könnt auch den Galopp hinzunehmen. Das ist schwerer als es klingt!

6. Reitet Übergänge in Seitengängen ohne diese aufzugeben.

7. Verschiebt den Fokus und probiert euch an Hindernissen wie dem Stangenquadrat oder einem Rückwärts-L. Oder ihr reitet einen Extreme Trail.

8. Richtet das Pferd nach jedem Halten immer erst mal einige Tritte rückwärts.

9. Seid mal für zehn Minuten in einem begrenzten Areal nur Passagier am langen Zügel. Ihr dürft die Gangart bestimmen; Richtung und Körperhaltung liegen beim Pferd. Ihr werdet erkennen, was ihr alles versucht zu beeinflussen.

10. Lasst euch so oft es geht an die Longe nehmen und probiert euch aus. Schließt zum Beispiel die Augen und fühlt welches Pferdebein sich bewegt, was der Rücken macht, wie ihr bewegt werdet.

11. Vergesst die Konterstellung nicht! Der Weg zur Innen- führt über die Außenstellung.

12. Trabt leicht und bleibt zweimal stehen und einmal sitzen.

Achtet auf die Manier, in der die Übungen absolviert werden. Wenn es sich leicht anfühlt, sind die Bewegungen in der Regel richtig. Aus der Ferne kann ich leider keine genaueren Anweisungen und Hilfestellungen geben. Meist nutzt der Reiter zu viel Zügel, aber manchmal braucht das Pferd auch mehr Unterstützung. Das gilt für so gut wie alles: „Es kommt drauf an".

Wir MÜSSEN immer zuerst UNS reflektieren, denn Reiten zu lernen ist ein nie endender Prozess. Wenn man Fehler erst mal bei sich selbst sucht und diese als Entwicklungsmöglichkeit ansieht, hat man bereits einen großen Schritt in die richtige Richtung getan. Lächeln und das Positive in einer vielleicht mal nicht optimalen Einheit zu sehen – das macht einen guten Reiter aus. Je mehr man dies verinnerlicht, desto schöner und friedlicher wird das Training, denn die Stimmung überträgt sich. Feiert euer Pferd, wenn eine Aufgabe zum ersten Mal gelingt und lobt auch sonst ausgiebig, denn es spürt eure Freude!

Und setzt euch mit eurer Angst auseinander. Es erfordert Mut zu sagen: „Ich habe Angst zu reiten", besonders, wenn es das eigene Pferd ist und die Personen im Umfeld das vielleicht nicht verstehen. Es ist eure Entscheidung es nicht zu tun und man kann Pferden auch durchaus gerecht werden, ohne dass man in den Sattel steigt.

Experten repräsentativer Ansätze beschreiben ihre jeweils eigene METHODIK ZUR TRAGKRAFTENTWICKLUNG

Ich fühle mich sehr geehrt, dass wundervolle Menschen mit ihrem Wissen mein Buch bereichern und bedanke mich hier schon mal für die Expertise!

Uwe Spenlen

Vorstandsmitglied im Deutschen Reiter- und Fahrerverband DRFV, Träger des deutschen Reiterkreuzes in Gold und langjähriger Internationaler FEI-Dressurrichter

Eigentlich ist bereits vieles zum Thema pferdegerechtes und pferdefreundliches Reiten gesagt worden. Über lockere, schwingende Rücken, über fallen gelassene Hälse, über von hinten nach vorne arbeitende und damit herangeschlossene Hinterbeine, über die Entwicklung von Schub- und Tragkraft und über das physisch und psychisch gesund erhaltende Reiten. Und für die Praxis durchaus sachlich und für jedermann verständlich beschrieben worden. Also kein Buch mit sieben Siegeln.

Wo es dran zu hapern scheint, ist, dass viele Reiter es zwar gelesen, aber es nicht verinnerlicht und sich mit der Thematik beschäftigt haben.

Die Deutsche Reitlehre basiert seit mehr als einhundert Jahren auf den Erkenntnissen und Erfahrungen bedeutender Praktiker, nicht auf Funktionärswissen. Sie wurde zwischenzeitlich mehrfach sprachlich modernisiert und ist mittlerweile als Weltkulturerbe anerkannt, hat sich überaus bewährt und wird sogar als „klassisch" bezeichnet. Sie ist zweifelsfrei mit den Facetten der Ausbildungsskala und den überlieferten Grundsätzen der rote Faden und der praktizierte Tierschutz, der zu folgen sich für jeden Reiter Erfolg versprechend lohnt. Wenn da nicht die

Skeptiker, Ignoranten, Besserwisser und Trickser wären, die all diese bewährten Erfahrungen in Abrede stellen ...

Artgerechtes Reiten, also das Reiten, welches der Spezies Pferd, seinem Wesen, seinen Möglichkeiten und Fähigkeiten entspricht, beginnt unter anderem beim Reiter bei der Überprüfung, ob seine eigene Fitness der Voraussetzung fürs Reiten entspricht. Wer von seinem Pferd Fitness und Leistungsbereitschaft verlangt, sollte vergleichbare Maßstäbe auch bei sich anlegen. Auch das gehört zu den besonderen Beziehungen von Reiter und Pferd, von denen oft vollmundig die Rede ist.

Es gehört zu der Verpflichtung und Verantwortung, die man als Reiter eingeht, wenn man sich mit Pferden einlässt. Verschleißarmes, stressfreies und gesund erhaltendes Reiten beinhaltet kritisches Hinterfragen aller Bedürfnisse der Pferde und ist, zum wiederholten Male, der beste praktizierte Tierschutz. Alle Pferde brauchen mitdenkende Reiter.

Celina Skogan

Lizenzierte Bent-Branderup-Trainerin, Cranio- und Osteotherapeutin, Ernährungsberaterin, Fachbuchautorin und Gründerin der Equidemia Online Academy

Die Entwicklung der Tragkraft in der Akademischen Reitkunst

Gesunde Pferde stehen im Quadrat. Und jetzt mal Hand aufs Herz. Wie viele Pferd, die immer im Quadrat stehen, kennt ihr? Mit ihrem durchdachtem Ausbildungsaufbau ist die Rehabilitationsarbeit eine Kernkompetenz der Akademischen Reitkunst geworden, weil so jedes Pferd abgeholt werden kann. Voraussetzung dafür ist mindestens ein lahmfreier Schritt. Diagnostik des Tierarztes sowie Grundfitness sind Voraussetzung für gelungene Reha. Ist das Pferd noch nicht so weit, muss aber zum Beispiel nach langer Boxenruhe wieder kontrolliert bewegt werden, gehört es nicht in die Reithalle. Ich empfehle gerne Spazierengehen am langen Strick, idealerweise im Gelände.

Rehabilitationsarbeit ist heikel, da so viele Ebenen zu berücksichtigen sind. Ein verbreiteter Mythos ist der Glaube, nur geritten oder mit Gebiss können Pferde gymnastiziert werden. Das Gegenteil ist der Fall. Wie soll ein Pferd, das den eigenen Rücken nicht tragen kann, einen Reiter tragen? Die akademische Boden- und Longenarbeit setzt hier an. So bekommen auch Pferde, die nicht (mehr) als Reitpferd in Frage kommen, die Möglichkeit, einen Erhaltungszustand zu finden.

1. Bodenarbeit

Die Hilfen der Bodenarbeit entsprechen den reiterlichen Hilfen eins zu eins. Das Pferd darf uneingeschränkt Schüler sein und diese erlernen. So gelingt es, in jeder Situation den Schulungsmoment zu erkennen. Körperliche und geistige Grenzen werden respektiert. Überforderung, egal ob geistig oder körperlich, führt zu gestressten Pferden. Und Stress macht nicht nur dumm: Hoher Cortisolausstoß verzögert den Heilungsprozess. Ein guter Trainingsplan bezieht neben der Grundfitness ebenso den pädagogischen Prozess mit ein, der notwendig ist, um Koordination und Geschmeidigkeit zu schulen.

Ist die Sprache der Hilfen etabliert, schließt sich formgebende Arbeit nahtlos an. Biegung und Stellung öffnen die Tür für das Erarbeiten von Seitengängen. Diese sind elementar, um ein Ausweichen der Hinterhand zu vermeiden und das Pferd geradezurichten. Erst dadurch können die verschiedenen Kräfte, die auf den Körper in der Reitbahn einwirken, kontrolliert werden. Dazu gehören Akzelerationskraft (Schubkraft), Tragkraft, Dezelerationskraft (Bremskraft) und Federkraft. Abhängig von Zucht, Exterieur, Krankengeschichte und Exposition mag die eine Fähigkeit stark ausgeprägt sein und eine andere dafür verkümmern. Das geht zulasten der Strukturen im Pferd. In der Ausbildung ist es Ziel, ein gesundes Gleichgewicht zwischen den Kräften herzustellen.

Verschiedene Kräfte, verschiedene Funktionen

1. *Akzeleration*: Schubkraft, verantwortlich für die Geschwindigkeit und dafür, dass die Kraft vorwärts durch das Pferd transportiert wird.

2. *Tragkraft*: Das stehende Hinterbein, das die Masse stützt. Basis für die Beine in der Luft.

3. *Dezeleration:* Bremskraft. Die Fähigkeit, die eigene Masse aus der Hinterhand heraus in allen Gangarten aufzufangen.

4. *Federkraft*: Das aktive Abfedern der Kräfte durch das Beugen der Hanken, bei dem der aktive Trageapparat beteiligt ist. Beim Abfußen wird Federkraft vorwärts produziert, ohne die Gelenke zu überstrecken. Diese Federkraft ist nicht zu verwechseln mit der natürlichen „Stoßdämpferfunktion" der thorakalen Schlinge, die zulasten der Vordergliedmaßen geht. Je besser die Hinterhand die Kräfte abfedern kann, desto weniger wird der natürliche Stoßdämpfer gebraucht, weil das Pferd nicht „hüpft", sondern aus dem eigenen Motor heraus vorwärtsgetragen wird. Federkraft wird erst sehr spät ihre Vollendung finden, darf aber verstanden sein, um die Basis korrekt auszubilden.

Die Paraden – ein wichtiges Element beim Thema Tragkraft

Auch Paraden müssen erlernt werden, damit sie mit Leichtigkeit gelingen. Zu unterscheiden sind der einfache Stopp, das Anhalten auf der Vorhand, und die geschulte Parade, die Dezeleration der eigenen Masse, die zum Halten führen kann, aber auch in der Bewegung stattfindet.

Von Natur aus wird jedes Pferd bei Einwirkung am Kopf den Hinterfuß nach hinten herausdrücken und lang im Rücken werden. Die Aufgabe der Parade ist aber das genaue Gegenteil: Der Hinterfuß soll unter den Schwerpunkt geführt werden. Es ist also nicht mechanischer Einfluss über Druck oder einen Hebel am Kopf, welcher das Pferd dazu bewegt, vermehrt zu tragen. Die körperliche Befähigung muss mit dem geistigen Verständnis der Botschaft, die der Ausbilder gibt, einhergehen. Dieses Verständnis muss auf allen drei Ebenen der Biegung geschult werden: lateral, horizontal und vertikal. In der ersten Parade (lateral) wird Biegung und Stellung geschult, Durchlässigkeit und Losgelassenheit überprüft. Diese Arbeit ist Voraussetzung für ein Gleichgewicht zwischen Akzeleration und Dezeleration. In der zweiten Parade (horizontal) lernt das Pferd auf dem vorfußenden Hinterfuß Last aufzunehmen und dieser nicht auszuweichen. Tragkraft wird hinzugefügt, der Brustkorb hebt sich. Die dritte Parade (vertikal) befähigt das Pferd die Hanken zu beugen und Federkraft zu entwickeln. In der Praxis sind die Grenzen zwischen den Paraden fließend. Die Basis der ersten beiden Paraden zu „überspringen" und rein vertikal zu arbeiten ist dumm und nimmt dem Pferd die Chance auf nachhaltigen Erfolg, auch wenn sie den Nicht-Reiter kurzfristig täuschen mag. Mit Fokus auf das Thema Trageerschöpfung ist die Parade ein wichtiges Werkzeug in der gerittenen Arbeit. Ein Pferd, das auf die Hand fällt, hängt auch im Rücken durch und liegt mit dem Brustkorb buchstäblich auf der Vorhand. Ist die Parade aber als eine Aufforderung verstanden, die Hinterhand unter den Schwerpunkt zu bringen, kann so der Brustkorb wieder gehoben werden – die körperliche Fähigkeit vorausgesetzt. Und wenn nicht, bleibt ja immer noch die Bodenarbeit.

Sabine Mosen

Master Teacher der Ecole de Légèreté, Diplomagraringenieurin und Pferdewirtschaftsmeisterin

Entwicklung der Tragkraft in der Ecole de Légèreté (EDL), gegründet von Philippe Karl
Grundsätzlich wird mit dem Muskelaufbau unausgebunden an der Longe mit Kappzaum begonnen, bevor das Pferd an der Hand und dann unter dem Sattel trainiert wird. Die verschiedenen Kopf-Hals-Positionen und Tempi werden individuell der Leistungsfähigkeit und dem Ausbildungsstand des Pferdes angepasst. Unterschiedliche Trainingsreize wie verschiedene Böden im Gelände, Cavaletti- und Springtraining fördern zudem die Motivation, Aktivität, Elastizität und Entwicklung von Schub- und Tragkraft.

Da das Jungpferd den Hals zum Balanceausgleich nutzt, werden die Hände ruhig im Bezug zum Maulwinkel gehalten. So werden Zunge und Laden verschont. Vertrauen zum Gebiss und zur Reiterhand kann entstehen.

Die Erklärung der verschiedenen „Vokabeln" des Gebisses erfolgt am Boden im Stand, in der Arbeit an der Hand und unter dem Sattel. Dafür werden die von Philippe Karl ausgewählten und ergänzten Abkau- und Biegeübungen nach F. Baucher benutzt. Das Augenmerk liegt darauf, dass der Schwerpunkt bei bester lateraler Gewichtsverteilung nach hinten (vertikale Balance) verlagert wird.

Das Barometer für Entspannung und Balance ist die Mobilität des Kiefergelenks und der Zunge. Das „Kosten des Gebisses" wird bei stolzer Kopfhaltung durch sanften Druck in die Maulwinkel angeregt. Das Pferd lernt der Reiterhand in alle Richtungen zu folgen und sich zunehmend in die Hand stellen zu lassen (*Mise en main*). Dazu gehört nicht nur das mobile Kiefergelenk (*Cession de mâchoire*), eine Stirn-Nasen-Linie leicht vor bis in der Senkrechten, sondern auch das Genick als höchster Punkt. Der *Demi-arrêt* (nach de la Guérinière und Baucher) dient dem Herstellen der Selbsthaltung, dem Durchparieren, dem Anheben der Vorhand (thorakale Muskelschlinge) und der Beizäumung. Ihm folgt das Nachgeben, das *Descente de main*, ein Sinkenlassen der Hand. Zügel- und Schenkelhilfen werden zeitlich getrennt eingesetzt und setzen bei korrekter Antwort des Pferdes sofort aus.

Um den gemeinsamen Schwerpunkt so auszurichten, dass er sich in passender Lage zur Unterstützungsfläche und gefragten Lektion befindet, wird nach F. Bauchers Prinzip der „Position vor Aktion" gearbeitet. Von Anfang an gilt es für Geraderichtung zu sorgen und das Gewicht mehr und mehr symmetrisch auf die vier Beinachsen zu verteilen. Das Pferd baut, während Balance und Aktivität gefördert werden, die für die Entwicklung der Tragkraft wichtigen Muskelgruppen auf und wird somit unabhängiger von seinem Hals. Dieser tritt als Schwungpendel und Balancierhilfe in den Hintergrund, zu erkennen am gut ausgebildeten Halsfundament und der Bemuskelung um den Widerrist.

Beispiele zur Vorgehensweise

Einfache Übergänge zwischen und innerhalb der Gangarten stellen einen Wechsel der Anforderung an Schub- und Tragkraft dar. Diese sollen so passend zusammenwirken und aufeinander abgestimmt sein, dass die Übergänge widerstandslos, harmonisch und ausbalanciert erfolgen. Absteigenden Übergängen wird besondere Aufmerksamkeit gewidmet, da sie ein untrügerisches Indiz guter Balance sind.

Fortgeschrittene Übergänge auf gerader und gebogener Linie kombiniert mit Seitengängen (Schulterherein, Travers, Renvers, Pirouetten) fördern Kadenz und Stilisierung der Gangarten. Begonnen wird mit Übergängen im Schulterherein (beispielsweise Trab-Schritt-Trab, Trab-Halt-Trab etc.), da zunächst die Hankenbeugung nur eines Hinterbeins trainiert wird. Für einen ausbalancierten Galopp-Schritt-Übergang muss das Pferd in Schrittgeschwindigkeit galoppieren können, was schon einen hohen Versammlungsgrad voraussetzt (beispielsweise Galopp-Schritt-Übergänge auf dem Zirkel im Travers bis hin zur Galopppirouette).

Häufige Übergänge aus dem Trab (je nach Pferd auch Schritt) zum versammelten Halt und zum versammelten Rückwärts unterstützen die Erarbeitung der Piaffe. Die Übergänge sollen innerhalb weniger Tritte ohne Widerstände möglich sein. Anfangs darf das Pferd dabei leicht vortreten, bis es die ersten diagonalen Tritte auf der Stelle ausführen kann. Die Hohe Schule der Übergänge (beispielsweise Piaffe-Passage-Piaffe) beginnt, wenn die Voraussetzungen annähernder Geraderichtung, Mobilität (Geschmeidigkeit) sowie notwendiger Kraft und Ausdauer erfüllt sind. Häufige Übergänge Piaffe-Trab führen zum majestätischen Trab der Passage, falls nötig mithilfe des spanischen Schritts.

Versammlung hat somit zwei Formen

1. Versammlung in der Vorwärtsbewegung = Gewinn an Erhabenheit bei gleichbleibender oder sogar erweiterter Unterstützungsfläche, etwa bei brillanten Passagen

2. Versammlung auf der Stelle = Gewinn an Erhabenheit bei von hinten verkürzter Unterstützungsfläche, etwa Piaffe, Galopppirouette, versammelter Halt. Das Überführen einer Piaffe in eine Levade stellt eine extreme Kraftanstrengung dar.

Mit dem wohlabgestimmten Maß an Impulsion (erwünschte Reaktivität auf die Schenkel) und den unentbehrlichen Elementen Losgelassenheit und Balance wird mithilfe eines logisch aufgebauten Ausbildungsplans nahezu jedes Pferd in die Lage versetzt, ein Höchstmaß an Légèreté und Versammlung zu entwickeln. Der Wechsel zwischen korrekter Dehnungshaltung und Aufrichtung bei gleichzeitiger Stärkung des Halsfundaments (Tragkraft der thorakalen Muskelschlinge, Federung der Vorhand) und der Tragkraft der Hinterhand führt zu einer ruhigen Kopf-Hals-Position, deren Konsequenz in der Ecole de Légèreté die ruhige Hand am Widerrist ist. Das Pferd kann aus dem Sitz in „Freiheit auf Ehrenwort“ gearbeitet werden.

Ralf Döringshoff

© Ralf Döringshoff

Pferdewirtschaftsmeister, osteopathischer Pferdetherapeut, Begründer des Trainingskonzeptes „Gerittene Osteopathie" und Dozent für Osteopathie

Tragkraftentwicklung – gerade in der Regeneration besser Schritt für Schritt
Es darf hier noch mal klar benannt werden, dass die Rumpftrageerschöpfung auf vielen Ebenen schädlich ist. Das statische Modell auf Seite 101f zeigt, dass ein Absinken des Brustkorbs die Effizienz des „Hebels" Hals reduziert. Die verspannende Antwort des langen Rückenmuskels begünstigt nicht nur das beklagte Phänomen, es reduziert auch die bedeutende Nickbewegung von Kopf und Hals im Schritt und Galopp, was die gefürchtete Rückzieharbeit der Vorhand begünstigt. Diese gilt als bedeutende Vorschubleistung für die Ermüdung und Schwächung einer weiteren bedeutenden tragenden Struktur, des Fesseltrageapparats. Im fortgeschrittenen Stadium vergesellschaften sich diese beiden Trageerschöpfungen im Pferdekörper und potenzieren sich dann gerne gegenseitig.

Das Wäscheleinenmodell offenbart: Letztlich trägt das Pferd den Menschen idealerweise mit der Spannung im Nackenrückenband, der sogenannten positiven Spannung der Oberlinie. Diese wird – für den ganzen Körper sinnvoll – über beide „Hebel", also Hals und Kruppe erreicht. Fazit: Das Pferd trägt den Menschen mit seinen Bauchmuskeln.

Tragkrafttraining heißt also primär Training der benannten Bauchmuskeln, die den „Hebel" Kruppe aktivieren. Das können sie aber nur, wenn der absolut stärkste Muskel im Pferdekörper, der lange Rückenmuskel nebst Synergist, dem mittleren Kruppenmuskel, entspannt ist.

Daraus folgt:

Nur in Losgelassenheit ist Tragkraftentwicklung und Förderung möglich. Das macht den Schritt auf psychischer Ebene so interessant, denn er ist die einzige Gangart, die dem Pferd auf psychischer Ebene signalisiert, dass man sich entspannen kann.

Das Trainingskonzept *Schritt für Schritt Tragkraft entwickeln* braucht vorbereitende Schritte.

1. **Harmonie mit dem Pferd – Harmonie mit seinen Bewegungen**
   Ein bewegungsbegleitender „leichter" Sitz, der die Bewegungszentrale Pferderücken fühlt, aber nicht mit Druck stört: Schultern vor und tief sind eine klare Einladung zum Vorwärts-Abwärts, wobei zu viel und zu lange das Risiko von Kompression im LSÜ erhöht. Darum wird gleichzeitig mit den Unterschenkeln das Bauchpendel bewusst begleitet bis unterstützt. Die Frage, ob das Pferd dabei „auf die Vorhand kommt" wird über das Ausmaß der Nickbewegung beantwortet, nicht über die Höhe des Pferdekopfes.

   Der erste Schritt zur Vorbereitung auf das Bauchmuskeltraining ist also, sich vollständig in die Eigendynamik des Pferdekörpers zu integrieren, in Harmonie mit diesen Bewegungen zu sein: Die Hände erlauben dabei in Kontakt zum Pferdekopf/Gebiss die Nickbewegung, die Unterschenkel unterstützen das Bauchpendel zugunsten der natürlichen Eigendynamik des Pferdekörpers in der Wohlfühlgangart Schritt.

2. **Schrittlängenvariationen**
   Das Schrittverkürzen wird idealerweise durch die eigene Bauchmuskulatur erreicht. Man darf kurz an das Kippeln auf einem Stuhl denken, idealerweise in dem Moment und für die Zeit, in der die Hände von der Nickbewegung nach vorne gezogen werden. Wichtig: Die Oberkörperposition wird nicht nach hinten verändert, sonst fällt man dem Pferd in den Rücken, sondern die Hüfte wird den Händen hinterher unter die eigenen Schultern gezogen. So verkürzt man den Schritt ohne Handeinwirkung. Nach dem Verkürzen erfolgt die Fleißabfrage und Raumgrifferweiterung durch klar wechselseitiges Treiben mit der Idee, den Bauch des Pferdes deutlicher pendeln zu lassen. Das eigene Becken lässt sich dabei voll vom Pferderücken bewegen.

   Dieses Treiben darf nur aus den Kniegelenken mit den Unterschenkeln geschehen. Ein „Schaukeln" mit dem Oberkörper, ein „Schieben" mit der Hüfte erhöhen den Druck auf den Pferderücken. Das stört die natürliche Bewegung und die Entspannung massiv.

   Wir reden hier, insbesondere mit Blick auf den Fesselträger, über zunächst feine, fühlbare Unterschiede. Gelingen die Schrittlängenvariationen unspektakulär, aber sicher mit sich selbstverständlich entwickelnder Deutlichkeit, dann kann man übergehen zu Schritt 3, dem eigentlichen Bauchmuskeltraining:

3. **Haltungsvariationen – Sit-ups fürs Pferd**
   Aus der klaren Vorwärts-Abwärts-Tendenz gibt man nun gleichzeitig die beschriebene Hilfengebung der Schrittlängenvariation. Die eigene Bauchmuskelspannung dosiert die Beckenbewegung im Sattel, die „Bremswirkung" gleichen die das Bauchpendel unterstützenden Unterschenkel aus. Bei dieser gleichzeitigen Hilfengebung beginnt das Pferd den Kopf zu heben. Zu Beginn reicht es vollkommen, wenn das Pferd „nur" leichter wird in den Händen. Viele Reiterinnen beschreiben, dass das Pferd die Zügel in die Hände schiebt. Diese beginnende Selbsthaltung oder relative Aufrichtung basiert auf höherer Effizienz des Hebels Kruppe durch stärkere Kontraktion der zu trainierenden Bauchmuskulatur.

Schon augenscheinlich minimale Unterschiede fordern die Bauchmuskulatur!

Fotos: Emma Gültzow

Bedenke
In dieser Situation kann das Pferd nicht voll einatmen, darum empfiehlt sich, zunächst nur zwei bis vier Schritte dieser Situation zu erarbeiten, dann entlässt man das Pferd wieder für vier bis sechs Schritte ins Vorwärts-Abwärts. Die so errittenen Haltungsvariationen sind wie Sit-ups, sie stärken die Bauchmuskulatur und damit die Tragkraft des Pferderückens.

Selbstverständlich ist der Trab die Gangart, mit der man den Brustkorb „anheben" und so dem Hebel Hals seine volle Effizienz wiedergeben kann. Aber gute Bauchmuskulatur und eine hohe Belastungstoleranz der sensiblen Strukturen im unteren Bereich der Gliedmaße sind dafür Grundvoraussetzung. Die mit der Rumpftrageerschöpfung einhergehende Überlastung der Gliedmaßen und die Strukturschädigung von Sehnen, Bändern und Gelenkknorpel regeneriert übrigens auch am besten Schritt für Schritt.

Christine Hlauscheck

Pferdewirtschaftsmeisterin, Fachbuchautorin, Entwicklerin des Kreis-Meister-Konzepts mit eigener Trainerschule

Dekonstruktion ist mein Zauberwort!
Ich fürchte, ich starte mit einer schlechten Nachricht: Der Weg zurück zu gesunden Bewegungen führt für mein Verständnis **nicht** über bestimmte Übungen.

Ich würde Ihnen wahnsinnig gerne sagen, dass Ihr Pferd rumpfstabiler wird, wenn Sie an der langen Seite drei Schulterherein, zwei Volten in Konterstellung und ein Rückwärtsrichten kombinieren, aber das wäre schlicht und einfach gelogen. Übungen wie die genannten sind für sich gesehen komplexe Ansammlungen von Haltungs- oder Bewegungsanweisungen für den Körper und in dieser Komplexität bieten sie deutlich zu viel Fehlerpotenzial für ein Pferd, dass sich längere Zeit in kompensatorischen Mustern bewegt hat.

Dabei ist Kompensation ja zunächst einmal nichts Schlechtes. Es ist die völlig logische Lösung des Körpers, ein nicht ganz so funktionales Rädchen im Getriebe zu entlasten und dessen Arbeit auf andere Rädchen in (zunächst) unmittelbarer Umgebung zu übertragen. Ein ansonsten gesundes System kann diese Vorgehensweise durchaus eine gewisse Zeit aushalten ohne größeren Schaden zu nehmen und nach vollständiger Genesung des kaputten Rädchens zu seiner vollen Leistungsfähigkeit zurückkehren.

In der Praxis läuft es aber nicht immer so ab. Da ist das kleine erste Rädchen, das seinen Dienst quittiert, oft der erste Dominostein in einer längeren Reihe. Und ähnlich einer Dominoreihe zieht sich die Schadenskette nach und nach unbemerkt durchs ganze Pferd, um dann irgendwo deutlich zu Tage zu treten. Wann diese Kettenreaktion erkannt wird, hängt zuallererst davon ab, wie aufmerksam und geschult der Mensch ist, aber auch davon, wie stark das Pferd Anzeichen erkennen lässt und um welche Kompensationsmuster es sich handelt.

Gerade bei trageermüdeten Pferden werden die Probleme häufig erst dann erkannt, wenn sie nicht mehr zu übersehen sind. Für unseren Vergleich mit der Dominoreihe bedeutet es, dass wir sie erst erkennen, wenn schon jede Menge Steine gefallen sind. Die Kompensationsmuster in Bewegung und Haltung bestehen also bereits über längere Zeit und haben sich somit auch eingeprägt. Ein Pferd, dass längere Zeit in ungesunden Bewegungsmustern unterwegs war, hat diese so gefestigt, dass es sie in jede noch so gut gemeinte Übung mitnehmen wird. Somit werden Schulterherein und Co. tatsächlich nutzlos.

Mein Motto lautet: „Das WIE verleiht dem WAS den Wert".

Lassen Sie uns ein konkretes Beispiel konstruieren. Der Lusitano-Wallach Odo ist mittelgradig trageermüdet, er zieht sich über die Vorderbeine, hat dadurch unter anderem eine stark ausgeprägte Trizepsmuskulatur, der *Latissimus dorsi* ist verkürzt und verspannt. Die Vorderbeine haben wenig Vorgriff, die Protraktionskette (zuständig für die Vorführung des Beins) ist gering, die Retraktionskette (Rückführung des Beins) übermäßig entwickelt. Odo wird diesen für ihn zwar logischen und ökonomisch sinnvollen, aber physiologisch schlechten Bewegungsablauf in jede Übung mitnehmen, einfach weil er gar nicht anders kann. Jeder einzelne schlecht ausgeführte Schritt, Tritt oder Sprung festigt und stärkt das bestehende System jedoch zusätzlich. Bevor wir also darüber nachdenken können, welche Übungen wir mit einem solchen Pferd machen können, sollten wir zunächst über einzelne Bewegungen nachdenken. Wir sollten bessere Voraussetzungen schaffen, damit die angestrebte Übung irgendwann sinnvoll und mit Mehrwert für das gesamte Bewegungssystem ausgeführt werden kann. Deshalb plädiere ich dafür, jede Übung zu dekonstruieren, sie also in ihre Einzelteile zu zerlegen und dann zu prüfen, wie die Bewegungskompetenz, die für jedes dieser Einzelteile nötig ist, erlangt werden kann.

In Odos Fall würde das bedeuten, die Dysbalancen zwischen der Retraktionskette und der Protraktionskette auszugleichen. Die Regel hierbei lautet: „Erst mobilisieren, dann stabilisieren!" Da die Retraktionskette der limitierende Faktor für den Vorgriff des Vorderbeins ist, können zum Beispiel massierende und lösende Techniken für den *Latissimus dorsi* und zwei der drei Trizepsanteile sowie das passive Dehnen der Schulterregion in Vorbereitung auf das Training helfen. Hierbei werden Verklebungen und Verfilzungen gelöst und die Gleitfähigkeit der Strukturen zueinander wieder hergestellt.

In Bewegung sollte der Fokus zunächst auf der Abduktion (dem seitlichen Wegführen des Beins) und der Adduktion (dem Kreuzen über die Körpermitte) der Vorderbeine liegen. Dies hat gleich mehrere Vorteile:

1. Die dominante Retraktionskette wird dazu nicht benötigt, somit auch nicht angesprochen. Es erfolgt kein weiteres „Trainieren" der dazugehörigen Muskulatur.

2. Abduktion und Adduktion dehnen unter anderem die gleichseitigen Brustmuskeln und die *Mm. deltoideus* und *infraspinatus*. Dies verbessert die Mobilität der gesamten Schulterpartie.

3. Mit diesen optimierten Voraussetzungen hat nun die Verbesserung der Rumpfstabilität unter Aktivierung des *M. serratus* eine echte Chance.

Statt der Übung, die Sie sich vielleicht von mir erhofft haben, hätte ich einen Rat, der (wie ich glaube) viel nachhaltiger wirkt: Treten Sie im wahrsten Sinne des Wortes einen Schritt zurück und betrachten Sie Ihr Pferd. Suchen Sie nach Dysbalancen. In den meisten Fällen liegen Leere und Fülle (Muskellöcher und Muskelberge), Hypertrophie und Atrophie (zum Beispiel

M. rhomboideus und *M. serratus*) ganz dicht beieinander. Das eine Rädchen steht still (Stoßdämpfer Rumpftrageapparat), das andere arbeitet doppelt so viel (Stoßdämpfer Fesselgelenk). Wenn Sie diese Dysbalancen entdeckt haben, sorgen Sie für Ausgleich. Dies tun Sie, indem Sie zuerst die limitierenden Faktoren lösen! Dann beginnen Sie mit der stabilisierenden, der kräftigenden Arbeit. Wenn Sie anfangen in Bewegungszusammenhängen zu denken, werden Sie nie mehr darauf angewiesen sein, dass Ihnen jemand eine Übung vorschlägt.

Maren Altekruse

Systemische Tierenergetikerin, Tierheilpraktikerin und -physiotherapeutin, energetische Tierosteopathin, spiritueller und körperorientierter Coach für Menschen mit Tieren und Gründerin der Mensch-Tier-Seele-Akademie

Die Trageerschöpfung aus traumasensibler und systemischer Sicht

Trauma ist nicht das, was einem Lebewesen passiert. Trauma ist die Reaktion auf ein überwältigendes Erlebnis und Gefühle wie Hilflosigkeit, Ohnmacht und Lebensgefahr im Körper. Nicht jedes Lebewesen reagiert gleich auf ein bestimmtes Erlebnis. Deshalb sind Traumata und ihre Folgen immer individuell zu betrachten.

Trauma wirkt sich bei Pferden und Menschen gleichermaßen auf den Hirnstamm und das limbische System sowie auf das autonome Nervensystem aus. Diese Strukturen steuern die Wahrnehmung des eigenen Körpers und dessen Position im Raum sowie die Entstehung von Emotionen. Durch Trauma wird hier die Verbindung zum Selbstempfinden getrennt und das autonome Nervensystem, das das Überleben sichert, in Daueralarm versetzt. Anstatt also den eigenen Körper zu überwachen, kommt es zur permanenten Außenwahrnehmung und Gefahrenabwehr. So entsteht chronischer Stress, der den Körper nicht nur erschöpft, sondern Gesundheit und Tragkraft unmöglich macht.

Erinnerungen an traumatische Erlebnisse werden immer mit einer emotionalen Ladung im Körper abgespeichert. Sie führen zu chronischem Unwohlsein und können jederzeit durch Außenreize getriggert werden. Diese Erinnerungen sind höchst unangenehm, weil sie den alten Schmerz wieder und wieder durchleiden lassen. Eine Bewältigungsstrategie ist, den Körper aus der bewussten Wahrnehmung zu verbannen. Dies betrifft ganze Muskelgruppen und Körperpartien oder sogar den gesamten Körper. Ohne Körperwahrnehmung sind jedoch ein Gefühl von Sicherheit und auch die Abwehr von Schäden an körperlichen Strukturen unmöglich. Das heißt konkret, dass Pferde sich möglicherweise nicht wehren, obwohl eine Trainingsmethode große Schmerzen und Schäden verursacht – sie schalten stattdessen ihre Wahrnehmung ab, was ihr Leid jedoch nicht verhindert.

Es gibt verschiedene Situationen im Leben eines Pferdes, die zu Traumatisierungen führen können, zum Beispiel:

- Verlust der Mutter und zu frühes Absetzen (Spannung im Nabel-, Nieren- und Herzbereich);
- Kastration eines Hengstes (Narbe kann gesamte Hinterhand, hinteren Rücken und benachbarte Organe stören);

- Verlust der Herde oder gewohnten Umgebung (kann den gesamten Körper in Starre versetzen, insbesondere über das Zwerchfell als zentrale Struktur des Körpers);
- Überforderung, ungeeignete Trainingsmaßnahmen, körperliche und/oder psychische Gewalt und
- Unfälle und Verletzungen, aber auch Hunger, Eingesperrtsein und Isolation.

Für ein Herdentier, das nach Verbundenheit sucht, hat jede negative Erfahrung in Beziehungen mit Menschen traumatisierendes Potenzial – erst recht, wenn der Mensch als unberechenbar wahrgenommen wird, weil Verhalten und Innenleben nicht zusammenpassen. Das kann sein, wenn ein Mensch selbst an den Folgen eines Traumas leidet und sich nicht spürt.

Alles zum Trauma Geschriebene betrifft uns Menschen genauso. Wir sind auf sichere Bindungen ausgerichtet, da sie in den ersten Lebensjahren unser Überleben sichern. Und häufig erleben wir gerade in dieser Zeit Situationen, deren Auswirkungen uns ein Leben lang begleiten.

Ohne gutes Körpergefühl und vor allem Einfühlungsvermögen können wir uns nicht sicher in uns fühlen und auch nicht empathisch mit unseren Pferden sein. Wenn wir, oft ohne es zu merken, an Folgen traumatisierender Ereignisse leiden, dann tragen wir das nicht nur als „unser Päckchen" mit uns herum, sondern auch in die Beziehung zu unserem Pferd hinein.

Treffen zwei Lebewesen aufeinander, gehen sie sofort in Co-Regulation. Die feinen Antennen der autonomen Nervensysteme prüfen in kürzester Zeit, ob wir es mit Freunden oder Feinden zu tun haben. Auf diese Weise können Stimmungen und Emotionen übertragen werden – man kann sich zum Beispiel gegenseitig aufheitern oder „runterziehen".

Außerdem gibt es Spiegelneuronen im Säugetiergehirn – bei Pferd und Mensch gleichermaßen. Sie aktivieren bei Beobachtung eines Verhaltens die Hirnareale, die auch bei Ausführung dieses Verhaltens aktiv wären und ermöglichen so Mitgefühl und Nachahmung.

Verhaltensbiologisch konnte gezeigt werden, dass Säugetiere im Kontakt mit Menschen ähnliche Hormonmuster ausprägen. Hormone sind in alle körperlichen Prozesse involviert, auch in die Entstehung von Emotionen, Stress und Krankheiten.

Es besteht also begründeter Anlass zu der Annahme, dass die Verbindung mit unseren Pferden weit über eine Trainingspartnerschaft hinausgeht. Was wir in uns tragen, wirkt sich auch auf unsere Pferde aus – und umgekehrt. Nicht jeder von uns ist traumatisiert, aber viele von uns tragen die Folgen nicht verarbeiteter Erlebnisse in sich – und sei es „nur" der tagesaktuelle Stress. Das wirkt auf uns und unsere Pferde. Und dieses ewige *Tragen* des „eigenen Päckchens" kann wirklich *erschöpfend* sein.

Die gute Nachricht ist: Wir müssen das nicht ewig tragen, also weder unsere Pferde noch wir. Die Folgen von Traumata lassen sich aus dem Körper lösen. Dann wird es leichter. Und dann kann man sich, den eigenen Körper und das Leben – anstatt es nur zu ertragen – wieder spüren und genießen.

Osteodressage

Fachbuchautorinnen Katharina Möller (FN-Trainerin A) und Claudia Weingand (osteopathische Pferdetherapeutin) mit eigenem Online College

„Wir trainieren in der Dauermethode (beginnend mit 16 Minuten, Handwechsel alle 4 Minuten) im Trab an, zunächst an der Longe. Der dauerhafte, rhythmische Trab kräftigt den Serratus, zunächst natürlich ohne Reitergewicht.

Wir wählen zum Auftrainieren gern die Basisübung unseres Longierkonzepts *Longieren als Dialog*, da so auch die Bauchmuskulatur gekräftigt wird: Das Pferd geht immer eine 10- bis 15-Meter-Volte (Biegung ist Bauchmuskeltraining, genau erklärt in unserem Buch *Biegung*) und dann einige Meter geradeaus, die Trainingsgangart ist Trab (Serratus-Training). Trainiert wird jeden zweiten Tag, um den Strukturen Regenerationspausen zu geben. Am Pausentag machen wir gern mobilisierendes Training im Schritt, etwa Übertreten, Übersteigen von Stangen oder Seitengänge an der Hand.

Nach sechs bis acht Wochen sollte die Trageschwäche bei richtiger Durchführung des Trainings deutlich weniger ausgeprägt sein."

Weiterführende Literatur

Bücherquellen

Ackermann, C. (2020). *Auf der Suche nach dem Gleichgewicht ... im Sinne einer ehrlichen Reiterei* (1. Aufl.) Crystal Verlag.

Beran, A. (2021). *Blickschulung: Pferdegerechte Ausbildung erkennen*. (1. Aufl.) Crystal Verlag.

Branderup, B. & C. Skogan (2021). *Akademische Bodenarbeit – Interaktiver Workshop mit 20 Videoclips.* (1. Aufl.) Müller Rüschlikon.

Branderup, B. & A. Keller (2016). *Die Logik hinter den Biegungen: Gustav Steinbrecht neu erklärt.* (1. Aufl.) Franckh Kosmos Verlag.

Budras, K., Sack, W. O. & Röck, S. (2012). *Atlas der Anatomie des Pferdes*, mit Aaron Horowitz and Rolf Berg. Schlütersche.

Deutsche reiterliche Vereinigung (2014). *Grundausbildung für Reiter und Pferd: Richtlinien für Reiten und Fahren*, Band 1. FN-Verlag.

Diehl, M. (2019). *Biotensegrity – jenseits der Biomechanik*. spiritbooks.

Diehl, M. (2014). *Die Pferde sind nicht das Problem: Keine Reitlehre*. spiritbooks.

Döringshoff, R. (2017). *Die klassische Reitlehre*. Selbstverlag.

Ettl, R. (2021). *Bildatlas der Manuellen Therapie am Pferd*. JP Oversized.

Harris, S. E. (2016). *Pferde in Bewegung: Gangarten – Balance – Anatomie* (1. Aufl.). Müller Rüschlikon.

Hlauscheck, C. (2016). *Steile Schulter, kurzer Rücken und Co.: Ausbildung und Korrektur von Pferden mit Exterieurmängeln* (2. Aufl. 2017). FN Verlag.

Karl, P. (2009). *Irrwege der modernen Dressur: Die Suche nach der klassischen Alternative* (2. Aufl.). Cadmos Verlag.

Magiera, A. (2018). *Praxisbuch Handarbeit: Vom Führen bis zur Piaffe*. Cadmos Verlag.

Richter, T. (2015). *Illusion Pferdeosteopathie: Von ausgerenkten Wirbeln und anderen Märchen.* (2. Aufl.) Franckh Kosmos Verlag.

Richter, T. (2013). *Manuelle Therapie der Pferdewirbelsäule*. Sonntag.

Volesky, B. (2020). *Das Topline Syndrom: Warum die Rückenschwäche des Pferdes nur ein Symptom ist.* (1. Aufl.) BoD – Books on Demand.

Von Bismarck, J. (2020). *Zusammenhänge im Pferd Teil II*. Verlag von Bismarck.

Wendt, M. (2018). *Was fühlt das Reitpferd? Signale richtig deuten - Partnerschaft verbessern* (1. Aufl.). Franckh Kosmos Verlag.

Wieland, M., Schebsdat, C. & Rentsch, J. (2021). *Bewegungsapparat Pferd: Praxisbezogene Anatomie und Biomechanik*. Georg Thieme Verlag.

Elektronische Quellen

Hybrid-Wandkalender Teil 1+2 | EQUO VADIS SHOP (equovadis-shop.com)

Webinar Trageerschöpfung Bückeburg: Wege aus der Trageerschöpfung (hofreitschule.de)

https://elopage.com/payer/s/PferderehaFriesland/courses/kraftt-konzept-tragekurs-fuer-freizeitpferde-basic

SCHLUSSWORT

Dieses Buch ist für die Pferde, denn unerkannt hat Trageerschöpfung weitreichende Auswirkungen. Ich habe versucht ein wenig Ordnung in dieses riesige Thema zu bringen, indem ich in der Diversität von Kompensationsmustern und Ursachen Regelmäßigkeiten aufzeige. Trageerschöpfung lässt sich behandeln, weil sich das Exterieur zum Glück unaufhörlich verändert, aber körperorientiertes Training ist dabei immer nur ein Teilaspekt. Ein Pferd gesund zu erhalten funktioniert nur ganzheitlich, denn alles ist verbunden.

Alles steht und fällt mit Losgelassenheit und Dehnungsbereitschaft! Ein Fluchtmodus löst unmittelbar eine Trageunfähigkeit aus, selbst wenn das Pferd potenziell tragkräftig ist, weil die Aktivierung der Streckerkette beide Schlüsselstellen blockiert. Es resultieren IMMER verschleißende Gangbilder – es geht gar nicht anders, denn ob die Bewegung im Pferdekörper gut wird, entscheidet sich in Halsbasis und Becken-Lenden-Region sowie in der Anordnung der Wirbelkörper. Überstreckt den CTÜ nicht und überbeugt den LSÜ nicht. Nur in Kombination mit einer entspannten Oberlinie und Harmonie zwischen passivem und aktivem Trageapparat entstehen Schulter- und Hüftfreiheit. Es ist wichtig, dass das Pferd lernt sich auch in der Vorhand aktiv zu tragen und ich hoffe, ich konnte die Bewegungsvorstellungen zum LSÜ verändern.

Ist die Relevanz der psychischen Komponente und ihre unmittelbare Verbindung zur Trageerschöpfung ausreichend verdeutlicht worden? Chronischer Stress reduziert die Regenerationsfähigkeit und verspannt das myofasziale System, Depression verändert die Körperhaltung negativ, Atmung und Stofftransport werden beeinflusst, die passiven Stehmechanismen und damit die Erholungsqualität leiden unter der trageerschöpfungsinduzierten Stellungsveränderung der Gliedmaßen. Rückenmuskulatur und großer Lendenmuskel reflektieren unmittelbar die Stimmungslage und beeinflussen die Körperhaltung.

Schaut auf die Psyche und bildet euch über die unterschiedlichen Lernformen weiter, denn eine nachhaltige Gesunderhaltung gelingt nur über eine sorgfältige Ausbildung auf der Grundlage von verständlicher und fairer Kommunikation und Verbundenheit!

Ideen zu meinen Thesen kamen aus ganz unterschiedlichen Bereichen und ich habe versucht die inspirierenden Gedanken anderer in einen sinnhaften Zusammenhang zu bringen. Der Untertitel dieses Buches „Wege zu einem tragfähigen Pferderücken“ kann an dieser Stelle beantwortet werden mit: Der Rücken allein kann nicht tragfähig sein; vielmehr bildet ein elastisches Ganzkörperfedern in einem positiv aufgespannten tensegralen System die Grundlage für Tragkraft.

Bevor ich anfing zu schreiben war mir nicht klar, dass Trageerschöpfung differenziert werden kann in einen mentalen und einen körperlichen Anteil. Und Letzteren können wir noch weiter herunterbrechen in eine Trageerschöpfung vorn und eine hinten. Ich war selbst erstaunt, welches Bild die ganzen Puzzleteile in meinem Kopf schlussendlich geformt haben und ich bin mehr als gespannt, was ihr davon haltet! Ich würde mich freuen, wenn ich das eine oder andere Missverständnis aufklären konnte. Lasst uns diskutieren und uns gegenseitig weiterbilden. Bleibt neugierig und wissbegierig, denn Lernen hört nie auf.

Ich freu mich auf euch!

DANKSAGUNG

Ich habe ein Netzwerk wundervoller Menschen um mich herum, ohne die dieses Herzensprojekt niemals entstanden wäre:

Danke Miriam für deine grandiosen Illustrationen! Das Schicksal hat uns einander genau im richtigen Moment vorgestellt. Ohne dich wäre dieses Buch nicht möglich gewesen – glücklicherweise wusste ich das nicht, als ich den Vertrag unterschrieb; da kannten wir uns nämlich noch nicht. Du hast jedes Detail verwirklicht und die anspruchsvolle Aufgabe, die Abbildungen aus meinem Kopf in die Realität umzusetzen, mit Bravour gemeistert. Ich verbeuge mich vor deinem Talent und danke dir von Herzen, dass du es mir zur Verfügung gestellt hast. Ich hoffe auf viele Folgeaufträge für dich – an alle Autoren oder Menschen, die solche Bilder zu schätzen wissen: Miriam kann man buchen!

Danke an meine Familie! Meine Kinder Felix und Hannah haben viel auf mich verzichten müssen und auch wenn ich körperlich zwar anwesend war, war mein Geist doch meist woanders ... Meine begabte Schwester hat Korrektur gelesen, obwohl sie sich selber in einer anspruchsvollen Zeit im Studium befand. Mein Bruder hat mich in Computerfragen unterstützt und ohne meine Eltern müsste ich das Geld, das ich verdiene, in eine Unterkunft stecken und hätte nicht die Kapazitäten für dieses Buch besessen.

Danke Yvonne, du wundervolle Freundin! Danke für stundenlanges Zuhören und das Verköstigen – ich glaube ohne dich wären mein Pony und ich verhungert! Überhaupt haben mich auch andere Freunde mit Mahlzeiten versorgt und sich um meine Kinder gekümmert – ihr seid großartig!

Ich danke den Experten, die nicht nur ihren Beitrag in Form eines kleinen Kapitels geleistet haben, sondern im Hintergrund immer ein Ohr für meine unendlichen Fachfragen hatten – ohne eure Bestätigung hätte ich mich sicher nicht getraut, das Buch in dieser Form zu schreiben.

Danke Celina, Hannes, Sabine, Daniela und Ralf, dass ihr mir Bilder zur Verfügung stellt und danke an alle, die Textabschnitte lektorierten!

Ein Extradank gilt noch mal dir, lieber Ralf, dass du mir mit deinem unfassbar umfangreichen Wissen für alle Fragen, die die funktionelle Anatomie betreffen, zur Verfügung standest.

Ein Danke geht an die Besitzer der Fallbeispiele. Ich schätze es ins Unermessliche, dass ich Erklärungen anhand eurer Pferde tätigen darf. Ihr seid ein besonders wichtiger Teil dieses Buches!

Danke Vivian, dass du bereits an mich geglaubt hast, bevor ich selbst es tat. Es war deine Idee, aus dem Vortrag ein Buch entstehen zu lassen.

Und ich danke Claudia König vom Verlag Müller Rüschlikon für ihr Vertrauen in mich, nachdem sie bloß ein Sammelsurium aus Stichpunkten als Grundlage erhielt.

Ein besonderer Dank geht an meine Ponystute Quilly, die stolz ist und wild und frei. Danke, dass du mir ein Spiegel bist und mich Demut lehrst.

Ich bin noch nie so dankbar gewesen!

Dr. Sandra Ruzicka

aus PFERDESICHT
DR. SANDRA RUZICKA